普通高等教育“十二五”规划教材

# 机械原理课程设计

**第 2 版**

**主　编**　陆凤仪
**副主编**　李小江　杨向太　杨建伟
**参　编**　朱建儒　王春燕
　　　　　张志鸿　岳一领
**主　审**　陶元芳

机 械 工 业 出 版 社

本书是在第1版的基础上，根据“高等学校机械原理课程最新教学基本要求”，总结多年教学经验修订而成的。第2版新增了平面机构分析与设计系统（MAD），可进行平面机构的分析、设计及运动分析和受力分析。

全书共分九章，内容包括机械原理课程设计概述，平面连杆机构的分析与设计，凸轮机构的分析与设计，齿轮机构的分析与设计，机械系统动力性能的分析及飞轮设计，机械运动方案与创新设计，机械原理课程设计示例，平面机构分析与设计系统（MAD），以及机械原理课程设计题选。

本书可作为高等院校机械类、近机类各专业机械原理课程设计的教材，也可供有关工程技术人员参考。

**图书在版编目（CIP）数据**

机械原理课程设计/陆凤仪主编．—2版．—北京：机械工业出版社，2011.3（2017.1重印）

普通高等教育“十二五”规划教材

ISBN 978-7-111-33406-4

Ⅰ.①机… Ⅱ.①陆… Ⅲ.①机构学-课程设计-高等学校-教材 Ⅳ.①TH111

中国版本图书馆CIP数据核字（2011）第021185号

机械工业出版社（北京市百万庄大街22号 邮政编码100037）

策划编辑：刘小慧 责任编辑：刘小慧 周璐婷

责任校对：李秋荣 封面设计：张 静 责任印制：常天培

北京机工印刷厂印刷（三河市南杨庄国丰装订厂装订）

2017年1月第2版第8次印刷

184mm×260mm·9.75印张·236千字

标准书号：ISBN 978-7-111-33406-4

定价：20.00元

凡购本书，如有缺页、倒页、脱页，由本社发行部调换

| 电话服务 | 网络服务 |
|---|---|
| 服务咨询热线：010-88379833 | 机 工 官 网：www.cmpbook.com |
| 读者购书热线：010-88379649 | 机 工 官 博：weibo.com/cmp1952 |
| | 教育服务网：www.cmpedu.com |
| 封面无防伪标均为盗版 | 金 书 网：www.golden-book.com |

# 序

为了培养适应21世纪需要的人才，培养学生开发和创新的能力，“高等学校机械原理课程基本要求”中对机械原理课程设计提出的要求是：“结合一个简单的机械系统，综合运用所学理论和方法，使学生受到拟定机械运动方案的初步训练，并能对方案中某些机构进行分析和设计。”因此在机械原理课程中，加强课程设计这一重要的实践环节，已成为教育界的共识。随着教学改革的深入发展，必然要求有相适应的教材。但机械原理课程设计的教材颇为匮乏，不能满足教学的需要。为此，陆凤仪同志主编了适应新专业培养目标和教学要求的教学用书——《机械原理课程设计》。

本书的编者都是具有多年机械原理课程教学经验的教师。在教材编写过程中，他们注意吸收国内其他院校和本校课程内容和课程体系改革研究成果。在内容取舍上，注重先进性与适用性相结合。在分析方法上，保留有实用价值的图解法，突出用解析法与计算机辅助设计相结合的方法。为了培养学生的创新能力和机械运动方案设计能力，加强了机械运动方案设计的内容，并适量增加了机构创新的内容。为满足各专业不同的要求，本书提供了较多的课程设计题目。

因此，本书是一本加强素质教育、培养创新能力、适用性强的教材。

李永堂

# 第2版前言

本书是在第1版的基础上，根据“高等学校机械原理课程最新教学基本要求”，结合多年的教学改革和教学实践经验修订而成的。在修订过程中，力求体现普通高等院校培养高级应用型工程技术人才的特点，精选内容、启发思考、利于教学；又从工程实际出发，加强了机构设计和机械运动方案设计的内容，适量增加了机构创新设计的内容；同时增加了自行研制的平面机构分析与设计系统软件介绍和应用实例，能够满足新的教学基本要求中提倡采用解析法，培养学生创新能力的要求，并有助于学生在规定的课程设计时间内顺利完成设计。同时对部分章节的内容、插图和例题进行了调整、增删及更换。

本书由太原科技大学陆凤仪任主编，同济大学李小江、太原科技大学杨向太、北京建筑工程学院杨建伟任副主编。第一章、第六章由陆凤仪编写，第二章由杨向太、陆凤仪、岳一领编写，第三章和第七章的第三节由杨向太编写，第四章、第五章、第七章的第一节、第九章的第八、九节由杨建伟编写，第七章的第二节、第九章的第四、五、六、七节由朱建儒编写，第九章的第一、二节由王春燕编写，第九章的第三节由岳一领编写，第九章的第十节由张志鸿编写，第八章由李小江编写。陆凤仪负责全书修订的组织和最后定稿。

本书由太原科技大学陶元芳教授担任主审，他对书稿进行了认真细致的审阅，并提出了宝贵的意见和建议，在此表示衷心的感谢。

尽管全体编者都尽心尽力，但由于编者水平所限，书中的缺点和错误在所难免，恳请读者批评指正。

编　者

# 第 1 版前言

本书是根据“高等学校机械原理课程教学基本要求”，为配合学生进行课程设计而编写的。

本书在编写过程中总结了多年的教学经验，精选内容，启发思考，利于教学；又从工程实际出发，为培养学生的机械设计能力和创新能力，加强了机构设计和机械运动方案设计的内容，适量增加了机构创新设计的内容；并通过机械原理课程设计实例，较详细地介绍了设计方法和步骤，便于学生自学，有利于学生高质量地独立完成设计；书中还提供了不同类型的设计题目可供选用。

本书在课程设计方法上，从教学实际出发，考虑到各院校的不同条件，既介绍了图解法，又介绍了解析法，给读者以选择的余地。随着机械原理学科的发展以及电子计算机的普及，运用解析法与计算机解决工程实际问题得到很大发展，并趋于主导地位。因此在编写时，增强了解析法设计机构的内容，并给出了必要的程序。这样，不论是以解析法或是以图解法为主进行课程设计，本书都是适用的。

本书一方面是《机械原理》的配套教材，简明扼要，便于使用；另一方面，也可作为简明机械原理设计指南，供有关工程技术人员参考。

本书由陆凤仪任主编，杨向太、杨建伟任副主编。第一章、第七章由陆凤仪编写，第二章、第三章、第六章、第八章的第三节由杨向太编写，第四章、第五章、第八章的第一节、第九章的第八、九节由杨建伟编写，第八章的第二节、第九章的第四、五、六、七节由朱建儒编写，第九章的第一、二节由王春燕编写，第九章的第三节由岳一领编写，第九章的第十节由张志鸿编写。

本书由太原重型机械学院教务处处长陶元芳教授担任主审，他对书稿进行了认真细致的审阅，并提出了宝贵的意见和建议，在此表示衷心的感谢。

教材编写过程中得到太原重型机械学院有关领导的大力支持和热情关注，太原重型机械学院副院长李永堂教授为本书作了序，在此也表示衷心的感谢。

尽管全体编者都尽心尽力，但由于水平所限和成书时间短促，书中的缺点和错误在所难免，恳请读者批评指正。

编　者

# 目　　录

# 第一章　概　　述

## 第一节　机械原理课程设计的目的和任务

### 一、课程设计的目的

机械原理课程是培养学生具有进行机械系统运动方案设计初步能力的技术基础课。课程设计则是机械原理课程重要的实践环节。其基本目的是：

1）通过课程设计，综合运用机械原理课程的理论和实践知识，分析和解决与本课程有关的实际问题，并使所学知识进一步巩固、加深。

2）使学生得到拟定运动方案的训练，并具有初步机械选型与组合以及确定传动方案的能力，培养学生开发和创新机械产品的能力。

3）使学生对运动学和动力学的分析与设计有一较完整的概念。

4）通过课程设计，进一步提高学生运算、绘图、表达、运用计算机和查阅有关资料的能力。

### 二、课程设计的任务

机械原理课程设计的任务一般可分成以下几部分：

1）根据机械的工作要求，进行机构的选型与组合。

2）设计该机械系统的几种运动方案，对各运动方案进行对比和选择，确定运动方案。

3）对选定方案中的机构（凸轮机构、连杆机构、齿轮机构、其他常用机构、组合机构等）进行设计和分析。

4）拟定、绘制机构运动循环图。

5）设计飞轮；进行机械动力分析与设计。

## 第二节　机械原理课程设计的内容和方法

### 一、课程设计的内容

为了培养学生开发和创新机械产品的能力，根据高等学校最新的《机械原理课程教学基本要求》对课程设计的基本要求，其内容应包括以下三个方面：

1）机械方案的设计与选择。

2）机构运动的分析与设计。

3）机械动力的分析与设计。

课程设计题目，可由教师根据本校的具体情况及不同专业的需要选定。但为了保证课程设计的基本内容，以及一定程度的综合性和完整性，课程设计的选题应注意以下几方面：

1）一般应包括三种基本机构——凸轮机构、连杆机构和齿轮机构的分析与综合。

2）应具有多个执行机构的运动配合关系，包括运动循环图的分析与设计。

3）运动方案的选择与比较。

### 二、课程设计的方法

机械原理课程设计的方法大致可分为图解法和解析法两种。图解法是运用基本理论中的基本关系式，用作图求解的方法求出其结果。这种方法具有几何概念清晰、直观、定性简单、可用来检查解析计算的正确性等特点。解析法是通过建立数学模型、编制框图和计算机程序并借助于计算机运算求出其结果。这种方法具有计算精度高、避免大量重复的人工劳动、可迅速得到结果、便于确定机构在整个运动循环内各位置的未知量等特点。同时，利用计算机的绘图功能，绘制机构运动线图，为机构的选型和尺寸综合提供了重要的资料。

图解法和解析法各有优点，可互为补充。工程实际中要求工程技术人员熟练地掌握这两种方法，故在设计中提倡采用两种方法进行分析或设计。

### 三、课程设计的教学进度

课程设计的教学进度见表 1-1。表中内容和时间安排仅供参考（适用于 1 周或 1.5 周）。

**表 1-1　教学进度安排**

| 序　号 | 内　　容 | 时　间/天 | |
|---|---|---|---|
| 1 | 布置题目、方案讨论 | 1 | 1 |
| 2 | 确定方案 | 0.5 | 1 |
| 3 | 平面机构的运动分析 | 0.5 | 1 |
| 4 | 平面机构的动态静力分析 | 1 | 1.5 |
| 5 | 齿轮机构设计 | 0.5 | 0.5 |
| 6 | 凸轮机构设计 | 0.5 | 0.5 |
| 7 | 其他机构设计 | | 1 |
| 8 | 飞轮设计 | 1 | 1 |
| 9 | 整理设计说明书 | 1 | 1.5 |
| 共计 | | 6 | 9 |

## 第三节　机械原理课程设计的总结和要求

### 一、编写课程设计说明书

课程设计说明书是技术说明书中的一种，是整个设计计算的整理和总结，同时也是审核设计的技术文件之一。学生毕业后要面对实际的技术工作，编写技术说明书是科技工作者必须掌握的基本技能之一。因此，学生在校学习期间应接受这方面的训练。

1. 课程设计说明书内容

课程设计说明书的内容针对不同设计题目而定，其内容大致包括：

1）目录（标题、页次）。

2）设计题目（包括设计条件、要求等）。

3）机构运动简图或设计方案的拟定和比较。

4）制定机械系统的运动循环图。

5）对选定机构的运动、动力分析与设计。

6）完成设计所用方法及原理的简要说明。

7）列出必要的计算公式及所调用的子程序。

8）写出自编的主程序、子程序及编程框图。

9）对结果进行分析讨论。

10）参考资料（资料编号、主要作者、书名、版本、出版地、出版者、出版年份）。举例如下：

[1] 孙桓，陈作模．机械原理 [M]．北京：高等教育出版社，1997.

[2] 曲继方．机械原理课程设计 [M]．北京：机械工业出版社，1989.

2. 课程设计说明书的要求

1）设计说明书必须用蓝、黑色钢笔或圆珠笔书写，不得用铅笔或彩色笔。要求书写工整、文字简练、步骤清楚。

2）计算内容要列出公式、代入数值、写出结果、标明单位，中间运算应省略。

3）说明书中应编写必要的大、小标题，应注明所用公式和数据的来源（参考资料的编号和页次）。

4）说明书用 B5 纸书写，并装订成册，封面格式和书写格式如图 1-1a、b 所示。

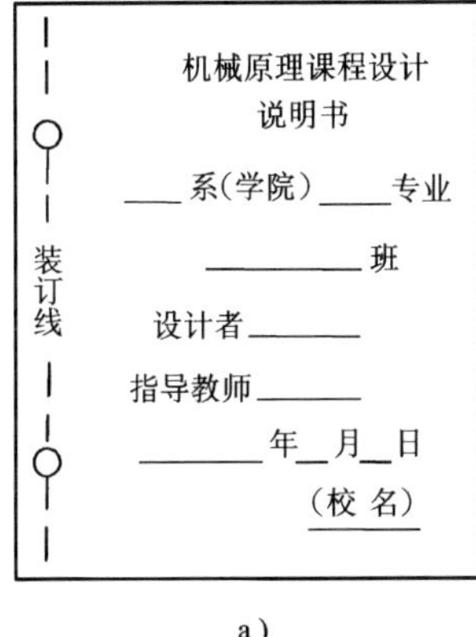


a）

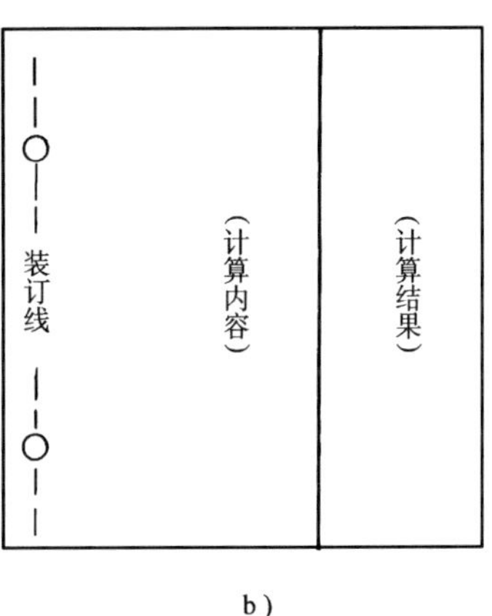


b）

图 1-1

## 二、图样整理

图样是课程设计的又一组成部分，是设计的成果之一。设计图样要达到课题规定的要求。对设计图样的质量要求：作图准确、布图匀称、图面整洁、标注齐全。图样上的中文用仿宋体、数字和外文字母用斜体字母书写，图纸规格、线条、尺寸标注等均应符合国家制图标准的规定。标题栏的格式如图 1-2 所示。

## 三、准备答辩

答辩是课程设计的最后一个重要环节，通过准备和答辩，可以总结设计方法、步骤，巩固分析和解决工程实际问题的能力。答辩也是对课程设计中各个问题理解深度、广度及基本理论掌握程度进行检查和评定成绩的重要方式，对整个设计质量的提高大有好处。

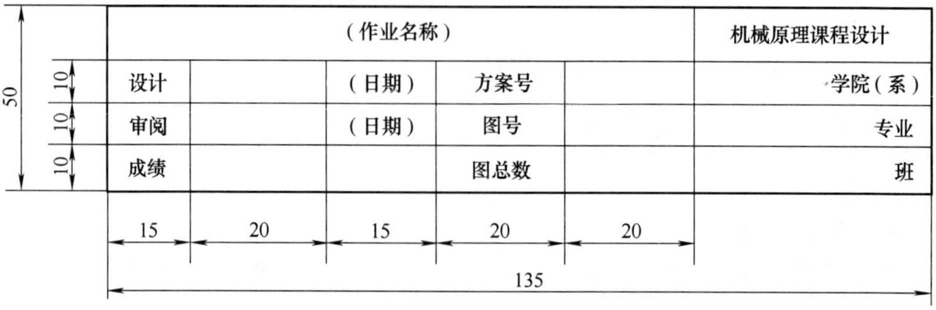
（作业名称）
机械原理课程设计
设计
（日期）
方案号
学院（系）
审阅
（日期）
图号
专业
成绩
图总数
班
50
10
10
10
15
20
15
20
20
135

图 1-2

## 四、成绩的评定

课程设计的成绩单独计分。课程设计成绩的评定，应以设计说明书、图样和在答辩中回答问题的情况为根据，参考设计过程中的表现，由指导教师按五级记分制（优、良、中、及格、不及格）进行评定。

# 第二章　平面连杆机构的分析与设计

## 第一节　平面连杆机构设计的基本知识

平面连杆机构是由许多刚性构件且多为杆状构件用低副连接而成的，所以又称为平面低副机构。连杆机构传动的优点是：低副连接使得构件的接触为面接触，并且经常是圆柱面或平面，传力压力小，便于润滑，磨损轻，且结构简单易于制造，同时又能实现可靠的几何封闭；杆状构件可用于传递远距离的运动和动力，另外杆上丰富的高次曲线可满足不同的轨迹要求；通过机架倒置、运动副和杆件形状尺寸变化等，可获得各种类型的常用连杆机构。而其主要缺点有：构件和运动副的数目较多，运动累积误差大，低副连接增加自锁的可能性，也使传动的机械效率降低；难以精确地实现所要求的运动规律；工作中，连杆所作的平面一般运动使机构的平衡困难，不宜用作高速传动。设计中应尽可能发扬其长处，抑制其缺点。

**一、常用四杆机构的用途、运动和动力特性**

1. 曲柄摇杆机构

（1）用途　曲柄摇杆机构一般用在：运动形式的改变，由曲柄的整周转动变为摇杆的往复摆动，反之亦然；曲柄匀角速转动，输出具有急回特性的摇杆摆动；依据连杆上各点不同形状的高次曲线，实现预定的轨迹要求；当摇杆作为原动件时，机构止点的利用。

（2）运动和动力特性　曲柄匀角速转动时，摇杆变速摆动。工作中经常应用摇杆的急回特性，它靠行程速比系数 $k$ 来衡量

$$k = \frac{180° + \theta}{180° - \theta} \tag{2-1}$$

式中　$\theta$——极位夹角，其值与机构四根杆的长度有关。

在机构设计时，不仅要求机构能实现预期的运动，而且还要使传递的动力尽可能发挥有效作用。图 2-1 所示的曲柄摇杆机构中，曲柄 $AB$ 为原动件，摇杆 $CD$ 为从动件。设计中必须保证在 $CD$ 杆的摆动过程中，机构的最小传动角 $\gamma_{min}$ 不小于许用值（一般为 40°或 50°）。其最小传动角 $\gamma_{min}$ 出现的位置可用如下方法求得：当 $\angle BCD \leqslant 90°$ 时，$\gamma = \angle BCD$；当 $\angle BCD > 90°$ 时，$\gamma = 180° - \angle BCD$。因此，最小传动角将出现在如下两个位置之一：

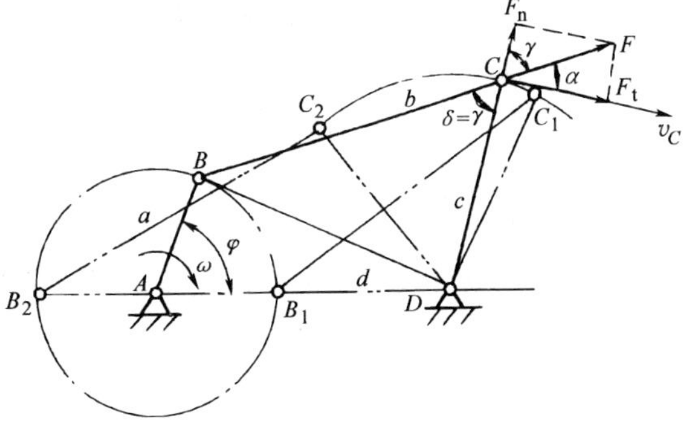

图　2-1

1）曲柄 $AB$ 转到与机架 $AD$ 重叠共线位置 $AB_1$ 时，$\angle BCD$ 最小，其值为

$$\angle B_1C_1D = \arccos\frac{b^2 + c^2 - (d - a)^2}{2bc} \tag{2-2}$$

2）曲柄 $AB$ 转到与机架 $AD$ 拉直共线位置 $AB_2$ 时，$\angle BCD$ 最大，其值为

$$\angle B_2C_2D = \arccos\frac{b^2+c^2-(d+a)^2}{2bc} \tag{2-3}$$

若 $\angle B_2C_2D$ 为锐角，则 $\gamma_{\min}=\angle B_1C_1D$；若 $\angle B_2C_2D$ 为钝角，则 $\gamma_{\min}$ 为 $\angle B_1C_1D$ 与 $180°-\angle B_2C_2D$ 中的小者。

当摇杆为原动件时，应注意机构中存在连杆与曲柄拉直和重叠共线的两个止点位置。

2. 双曲柄机构

（1）用途　如图 2-2 所示，当主动曲柄 $AB$ 作匀角速转动时，从动曲柄 $CD$ 作变速转动，这样的输出可以获得较大的加速度。

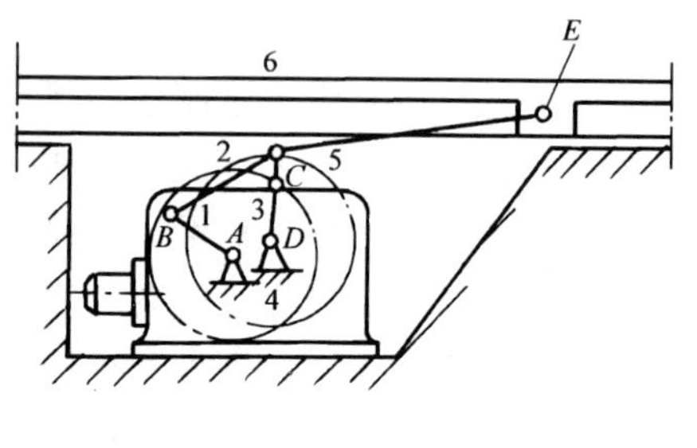

图 2-2

（2）运动和动力特性　当主动曲柄转动一周时，从动曲柄也转动一周，所以其平均传动比 $n_3/n_1=1$；可是两个曲柄的瞬时传动比 $i_{31}=\omega_3/\omega_1\neq$ 常数。任一曲柄为原动件时，这种机构均无止点，其最小传动角的求法与曲柄摇杆机构相同。

在双曲柄机构中，有一特例为平行四边形机构，其主要特点是连杆作平动（$\omega=0$），两曲柄的瞬时传动比 $i_{31}=\omega_3/\omega_1=$ 常数。在一周回转运动中，四根杆有两个共线位置，必须利用构件的惯性、装飞轮或增加辅助构件等方法来保证机构具有确定的运动方向。

3. 双摇杆机构

（1）用途　由于两个摇杆只能作摆动，所以双摇杆机构常用作操纵机构（如车辆前轮的转向机构）或与其他机构联用。具体应用中，可以实现摆角放大及连杆获得翻转 360°、180°、90°等。

（2）运动和动力特性　对于最短杆与最长杆的长度之和小于另外两杆长度之和且将最短杆对面的构件固定为机架的双摇杆机构，如图 2-3a 所示，其中转动副 $B$ 和 $C$ 为周转副，连杆 $BC$ 可以翻转 360°。

对于最短杆与最长杆的长度之和大于另外两杆长度之和的双摇杆机构，其四个转动副 $A$、$B$、$C$、$D$ 都为摆转副。图 2-3b、c、d 分别表示最长杆为摇杆、机架、连杆时机构的运动范围。

在图 2-3 中，当 $AB$ 为原动件时，机构的止点位置出现在 $AB_1$ 和 $AB_2$；当 $CD$ 为原动件时，机构的止点位置为 $C_1D$ 和 $C_2D$。

4. 曲柄滑块机构

（1）用途　该机构可将曲柄的圆周运动变为滑块的往复移动或将滑块的移动变为曲柄的转动。对于偏置的曲柄滑块机构，曲柄作匀角速转动时，滑块有急回作用。

（2）运动和动力特性　如图 2-4 所示，对心曲柄滑块机构的滑块行程 $s=2a$，而偏置曲柄滑块机构的滑块行程为

$$s=\sqrt{(a+b)^2-e^2}-\sqrt{(b-a)^2-e^2}>2a \tag{2-4}$$

偏置曲柄滑块机构的急回特性用行程速比系数 $K$ 表示，仍用式（2-1）计算。如图 2-4b 所示，极位夹角 $\theta$ 可由下式计算

$$\theta=\arccos\frac{e}{a+b}-\arccos\frac{e}{b-a} \tag{2-5}$$

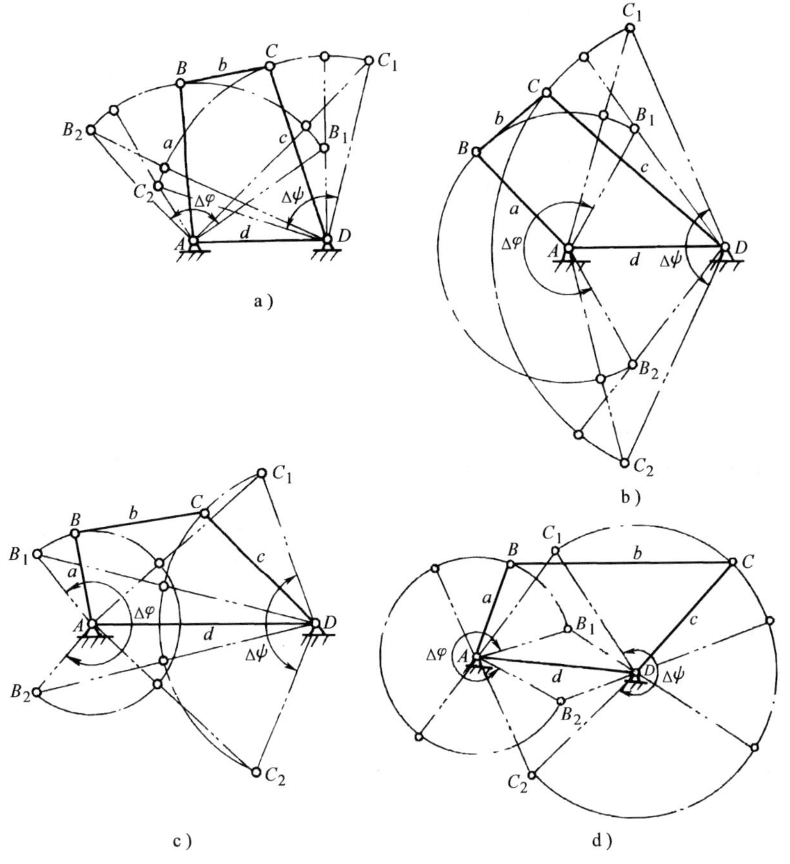


图 2-3

当 $a$ 或 $e$ 增加时，$\theta$ 角增大，急回作用增强；当 $b$ 增大时，$\theta$ 减小。对心曲柄滑块机构的最小传动角 $\gamma_{\min}=\arccos(a/b)$（图 2-4a 位置Ⅲ），$\gamma_{\max}=90°$。偏置曲柄滑块机构的最小传动角 $\gamma_{\min}=\arccos[(a+e)/b]$（图 2-4b 位置Ⅴ），当 $e<a$ 时，$\gamma_{\max}=90°$（图 2-4b 位置Ⅲ和Ⅳ），当 $e>a$ 时，$\gamma_{\min}=\arccos[(e-a)/b]$。

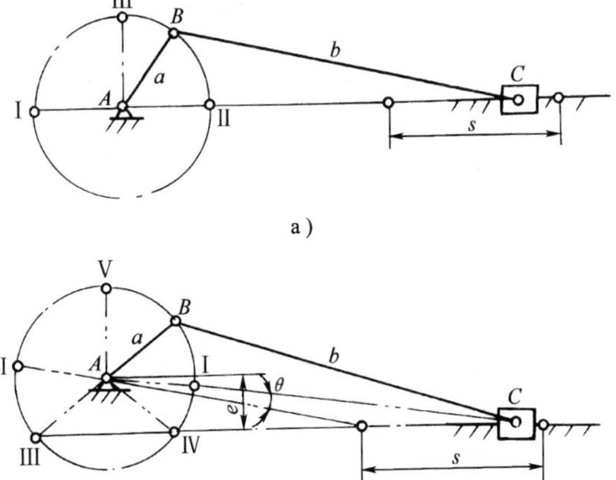


图 2-4

当曲柄为主动时，机构无止点位置；当滑块为主动时，机构有两个止点位置Ⅰ和Ⅱ。

5. 摆动导杆机构

（1）用途　曲柄匀角速度转动时，可得到一定摆角的摇杆摆动，且摇杆具有急回特性；也可将摇杆的摆动变为曲柄的转动。

（2）运动和动力特性　在图 2-5 中，摇杆 3 的摆角 $\Delta\psi=2\arcsin(a/b)$，行程速比系数仍为 $k=(180°+\theta)/(180°-\theta)$，其中 $\theta=\Delta\psi$。当曲柄处于 $AB_1$ 和 $AB_2$ 位置时，$\omega_3=0$；当曲

柄处于 $AB'$ 时，$\omega_3=\omega_1 a/(b+a)$ 为构件 3 在工作行程中的最大角速度；当曲柄处于 $AB''$ 时，$\omega_3=\omega_1 a/(b-a)$ 为构件 3 在空回行程中的最大角速度。

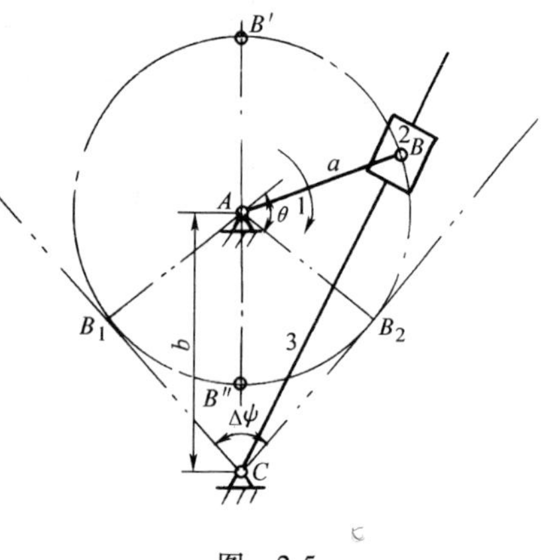

图 2-5

当曲柄为原动件时，机构的传动角始终为 90°，具有良好的传力性能。导杆为原动件时，机构有两个止点位置，也就是导杆的两个极位——图 2-5 中的 $CB_1$ 和 $CB_2$。

**二、多杆机构的形成和应用**

四杆机构结构简单，设计制造方便，广泛应用于生产和生活的各种场合，并能得到令人满意的使用效果。可是，随着自动化和现代化的发展，机械工程对连杆机构提出多方面的要求，有时采用四杆机构可能难以满足它们，即使能勉强达到性能要求，机构传递运动的质量也是很低的。这时就不得不借助于多杆机构，多杆机构是通过四杆机构采用不同形式的变异、组合而形成的。应用多杆机构可以达到以下一些目的。

1. 用于扩大行程

用四杆机构实现大的行程时，会使机构尺寸庞大。采用多杆机构，可在机构尺寸合理的情况下，使行程扩大。

2. 获得较大的机械效率

如图 2-6 所示，它是一个广泛用于锻压设备中的肘杆机构。曲柄 1 为原动件，滑块 5 为从动件，当其接近下止点时，开始工作。这样机构在 $E$ 点的传动角较大，杆 4 的传力能充分利用，另外由于速比 $v_B/v_5$ 很大，故可以用较小的力 $F$ 克服很大的生产阻力 $F_r$，即可获得很大的机械效率，以满足锻压工作的需要。

3. 改变从动件的运动特性

在刨床、插床、插齿机等切削加工机械中，不仅要求刀具在工作行程中有近似的匀速运动，以保证表面加工质量，而且要求刀具在空行程中有急回作用。一般的急回四杆机构，虽可满足急回要求，但其工作行程的等速性能往往不好，采用多杆机构就可获得改善。图 2-7 为插齿机所用的六杆机构，它可使插刀在插齿过程中得到近似于等速的运动。

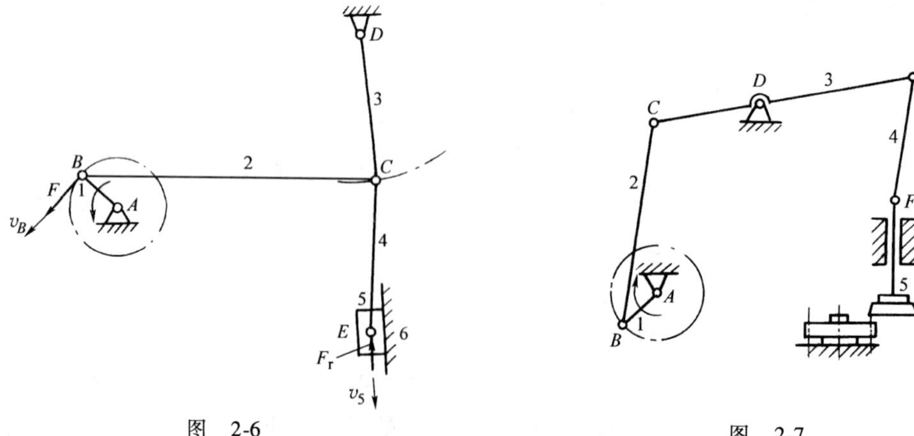

图 2-6

图 2-7

4. 实现机构从动件带停歇的运动

某些机械（如织布机等）要求从动件在运动中具有较长时间的停歇。四杆机构无法使从动件实现停歇，但在图 2-8 中，利用四杆机构连杆曲线轨迹的圆弧部分 $P'P''$（图 2-8a）或直线部分 $P'P''$（图 2-8b），再加上适当的二级杆组（杆 4-5），就可得到构件 5 在构件 4 通过它们的弧线或直线部分时的暂时停歇。

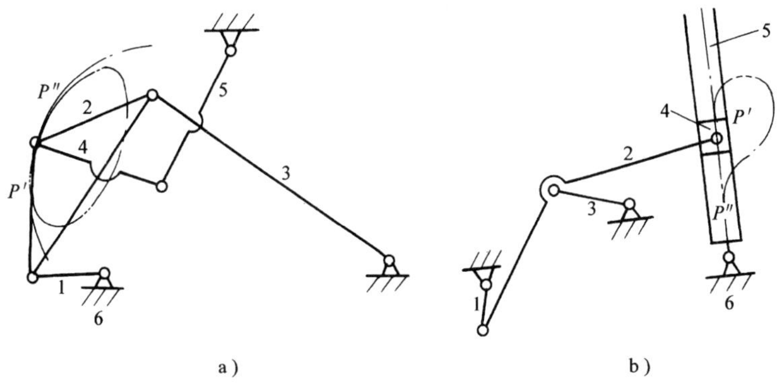


图　2-8

5. 实现多个动作

多杆机构可以同时实现几个动作，图 2-9 所示为货车上侧板自动打开，同时底板作倾倒运动的六杆机构。

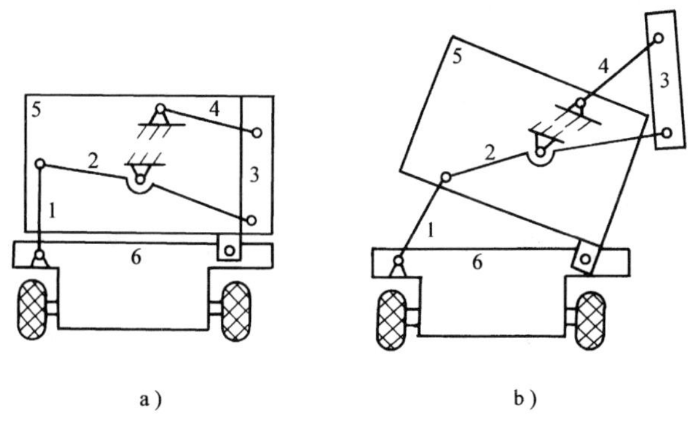


图　2-9

多杆机构的实际用途不只是上述所列几种情况。通过上述例子不难发现，四杆机构是多杆机构形成的基础，所以有关四杆机构的知识，将成为多杆机构设计研究的基础。

## 第二节　用图解法进行平面连杆机构的运动分析和动态静力分析

矢量方程图解法所依据的基本原理是理论力学的运动合成原理。在对机构的运动参数进行分析时，首先搞清相关的绝对运动、牵连运动和相对运动以及它们之间的关系，列出机构运动的矢量方程，然后再根据该方程进行作图求解。

### 一、用矢量方程图解法作平面连杆机构运动分析的步骤

下面用一个实例来说明。已知导杆机构的运动简图，各构件的长度为 $l_{AC}$、$l_{BC}$，原动件

1 以等角速度 $\omega_1$ 逆时针转动，求在给定的原动件位置 $\varphi_1$，构件 2 和构件 3 的角速度和角加速度 $\omega_2$、$\omega_3$ 和 $\alpha_2$、$\alpha_3$。

1. 选定长度比例尺 $\mu_l$，作出机构在给定位置的运动简图

选取长度比例尺 $\mu_l = l_{AC}/AC$（m/mm）进行作图，$l_{AC}$ 表示构件的实际长度，$AC$ 表示构件在图样上的尺寸。作图时，必须注意 $\mu_l$ 的大小应选得适当，以保证对机构运动完整、准确和清楚的表达，另外应在图面上留下速度多边形、加速度多边形等其他相关分析图形的位置。

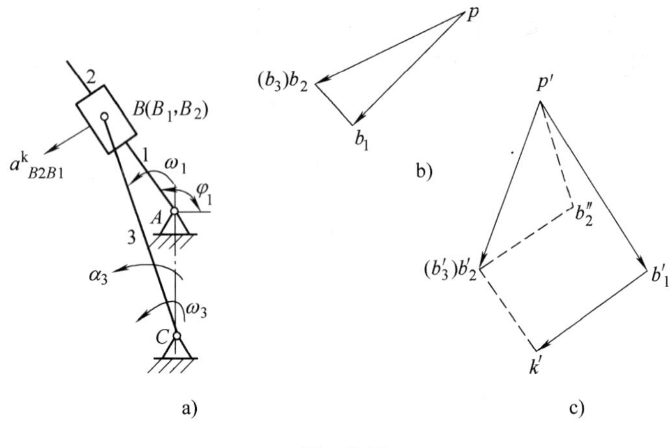


图 2-10

2. 求原动件 1 上运动副中心 $B$ 的 $v_{B1}$ 和 $a_{B1}$

$v_{B1} = \omega_1 l_{AB}$ 方向 $\perp AB$，指向与 $\omega_1$ 一致

$a_{B1} = \omega_1^2 l_{AB}$ 方向由 $B \to A$

3. 求构件 2 的角速度 $\omega_2$ 和角加速度 $\alpha_2$

如图 2-10a 所示，由于构件 1 与 2 在点 $B$ 组成移动副，所以构件 1 和构件 2 一起转动，由已知条件可知

$$\omega_1 = \omega_2 = \text{常数}, \quad \alpha_1 = \alpha_2 = 0$$

4. 求构件 3 的角速度 $\omega_3$ 和角加速度 $\alpha_3$

由于构件 2 和构件 3 在点 $B$ 以转动副铰接，所以 $\boldsymbol{v}_{B3} = \boldsymbol{v}_{B2}$，$\boldsymbol{a}_{B3} = \boldsymbol{a}_{B2}$，故要求构件 3 的角速度和角加速度 $\omega_3$ 和 $\alpha_3$，需研究两构件 1 与 2 上的重合点 $B$ 的运动。当取构件 1 为动参考系，构件 2 上点 $B_2$ 的运动可认为是其跟随点 $B_1$ 一起运动的牵连运动（牵连运动为转动）和点 $B_2$ 相对于点 $B_1$ 的相对运动所合成，由点的复合运动合成原理列出速度、加速度矢量方程式，作图求解。

（1）速度分析　根据两构件重合点间的速度关系

动点在某瞬时的绝对速度 = 牵连速度 + 相对速度

1）列重合点 $B$ 的速度矢量方程式

| | $\boldsymbol{v}_{B2}$ | = | $\boldsymbol{v}_{B1}$ | + | $\boldsymbol{v}_{B2B1}$ |
|---|---|---|---|---|---|
| 大小 | ? | | $\omega_1 l_{AB}$ | | ? |
| 方向 | $\perp BC$ | | $\perp AB$ | | $//AB$ |

2）定出速度比例尺。在图 2-10b 中，取 $p$ 为速度极点，并取矢量 $\boldsymbol{pb}_1$ 代表 $\boldsymbol{v}_{B1}$，则速度比例尺 $\mu_v$(m·s$^{-1}$/mm) 为

$$\mu_v = \frac{v_{B1}}{\overline{pb_1}}$$

3）作速度多变形，求出 $v_{B3}$、$v_{B2}$、$v_{B2B1}$ 和 $\omega_3$。

根据矢量方程式作出速度多变形 $pb_1b_2$，注意作图时方程的右边从极点 $p$ 开始，先作大小方向已知的$\boldsymbol{v}_{B1}$，再首尾相接，过点 $b_1$ 作$\boldsymbol{v}_{B2B1}$，方程的左边仍然从极点 $p$ 开始作，交点即为点 $b_2$。由图 2-10b 得到

$$v_{B2B1}=\mu_v\,\overline{b_1b_2}\qquad \text{方向由 } b_1\rightarrow b_2$$

$$v_{B3}=v_{B2}=\mu_v\,\overline{pb_2}\qquad \text{方向由 } p\rightarrow b_2$$

$$\omega_3=\frac{v_{B2}}{l_{BC}}=\frac{\mu_v\,\overline{pb_2}}{\mu_l\,\overline{BC}}\qquad \text{其转向为逆时针方向}$$

（2）加速度分析　根据两构件重合点间的加速度关系，当牵连运动为移动时，则

动点在某瞬时的绝对加速度 = 牵连加速度 + 相对加速度

当牵连运动为转动时（由于牵连运动与相对运动相互影响），则

动点在某瞬时的绝对加速度 = 牵连加速度 + 科氏加速度 + 相对加速度

1）列重合点 $B$ 的加速度矢量方程式

| $\boldsymbol{a}_{B3}=\boldsymbol{a}_{B2}$ | = | $\boldsymbol{a}_{B2}^{n}$ | + | $\boldsymbol{a}_{B2}^{\tau}$ | = | $\boldsymbol{a}_{B1}$ | + | $\boldsymbol{a}_{B2B1}^{k}$ | + | $\boldsymbol{a}_{B2B1}^{r}$ |
|---|---|---|---|---|---|---|---|---|---|---|
| 大小 | | $\omega_3^2l_{BC}$ | | ? | | $\omega_1^2l_{AB}$ | | $2\omega_1v_{B2B1}$ | | ? |
| 方向 | | $B\rightarrow C$ | | $\perp BC$ | | $B\rightarrow A$ | | $\perp AB$ | | $//AB$ |

式中，$\boldsymbol{a}_{B3}^{n}$、$\boldsymbol{a}_{B3}^{\tau}$分别为点 $B_2(B_3)$相对于点 $C$ 的相对法向加速度和相对切向加速度；$\boldsymbol{a}_{B2B1}^{r}$为点 $B_2$ 相对于点 $B_1$ 的相对加速度；$\boldsymbol{a}_{B2B1}^{k}$为点 $B_2$ 相对于点 $B_1$ 的科氏加速度。式中仅有两个未知量，故可用作图法求解。

2）定出加速度比例尺。在图 2-10c 中，取 $p'$为加速度极点，并取矢量 $p'b_1'$代表 $\boldsymbol{a}_{B1}$，则加速度比例尺 $\mu_a$(m · s$^{-2}$/mm)为

$$\mu_a=\frac{a_{B1}}{\overline{p'b_1'}}$$

3）作加速度多变形，求出 $a_{B3}$、$a_{B2}$、$a_{B3}^{\tau}$和 $\alpha_3$。

根据矢量方程式作出加速度多变形 $p'b_1'k'b_2'$，注意作图时方程的右边从极点 $p'$开始，先作大小方向已知的，再首尾相接依次作出各矢量。方程的左边仍然从极点 $p'$开始作，交点即为点 $b_2'(b_3')$。由图 2-10c 得到

$$a_{B3}=a_{B2}=\mu_a\,\overline{p'b_2'}\qquad \text{方向由 } p'\rightarrow b_2'$$

$$a_{B3}^{\tau}=\mu_a\,\overline{b_2''b_2'}\qquad \text{方向由 } b_2''\rightarrow b_2'$$

$$\alpha_3=\frac{a_{B3}^{\tau}}{l_{B3C}}=\frac{\mu_a\,\overline{b_2''b_2'}}{\mu_l\,\overline{BC}}\qquad \text{转向为逆时针方向}$$

**二、用矢量方程图解法作平面连杆机构动态静力分析的步骤**

动态静力分析是工程中常用的方法，它是根据达朗伯原理将惯性力和外力加在机构的相应构件上，用静力平衡的条件求出各运动副中的反力和原动件上的平衡力。求解时，对运动质量小的低速机构可不考虑惯性力；一般情况下，不考虑摩擦力，但对在接近自锁位置的机构进行受力分析时，应计入摩擦力，并将应用摩擦圆（对转动副）和摩擦角（对移动副）来进行作图求解。现以铰链四杆机构为例，来说明其受力分析的步骤和方法。

在图 2-11a 所示的铰链四杆机构中，已知各构件的尺寸分别为 $l_1$、$l_2$、$l_3$ 和 $l_4$，连杆 2 的重力为 $Q_2$（其质心 $S_2$ 在连杆 2 的中点），连杆 2 绕质心 $S_2$ 的转动惯量为 $J_{S2}$，连杆 3 的重力

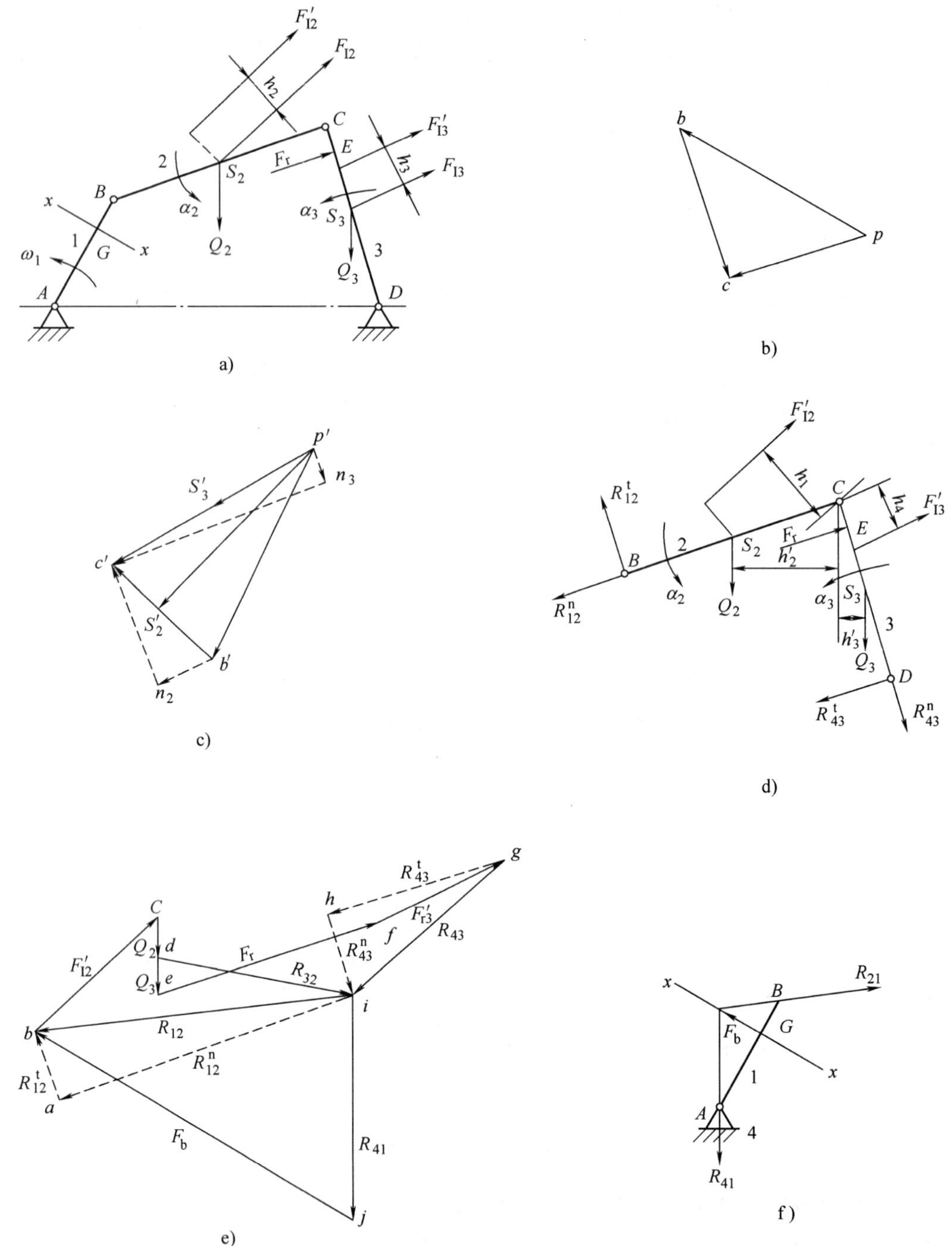


图 2-11

为 $Q_3$（其质心 $S_3$ 在连杆 3 的中点），连杆 3 绕质心 $S_3$ 的转动惯量为 $J_{S3}$，垂直作用于从动件 $CD$ 上点 $E$ 处的生产阻力为 $\boldsymbol{F}_r$。原动件 1 以 $\omega_1$ 等速回转，且构件 1 的重力和转动惯量忽略不计。求在图示位置时，各运动副中的反力，以及需加在原动件 1 上点 $G$ 处沿方向 $xx$ 的平衡力 $\boldsymbol{F}_b$。

1. 作机构运动简图并求各构件的角加速度及其重心的加速度

选取长度比例尺 $\mu_l$、速度比例尺 $\mu_v$ 和加速度比例尺 $\mu_a$，作出机构图及其速度多边形和加速度多边形，分别如图 2-11a、b、c 所示。

2. 求各构件的惯性力 $F_I$ 及其作用位置

连杆 2：惯性力 $F_{I2}=m_2a_{S2}=\dfrac{Q_2}{g}\mu_a\,\overline{p'S_2'}$，惯性力矩 $M_{I2}=J_{S2}\alpha_2=J_{S2}\dfrac{a_{CB}^{t}}{l_2}=J_{S2}\dfrac{\mu_a\,\overline{n_2'c'}}{l_2}$，$F_{I2}=F_{I2}'$，$F_{I2}'$作用位置 $h_2=\dfrac{M_{I2}}{F_{I2}}$，$F_{I2}'$对质心 $S_2$ 之矩与 $\alpha_2$ 的方向相反，如图 2-11a 所示。

连杆 3：惯性力 $F_{I3}=m_3a_{S3}=\dfrac{Q_3}{g}\mu_a\,\overline{p'S_3'}$，惯性力矩 $M_{I3}=J_{S3}\alpha_3=J_{S3}\dfrac{a_{C}^{t}}{l_3}=J_{S3}\dfrac{\mu_a\,\overline{n_3'c'}}{l_3}$。

将 $F_{I3}$和 $M_{I3}$合并成一个总惯性力 $F_{I3}'$，$F_{I3}=F_{I3}'$，其作用线从质心 $S_3$ 处偏移距离为

$$h_3=\frac{M_{I3}}{F_{I3}}$$

而且 $F_{I3}'$对质心 $S_3$ 之矩与 $\alpha_3$ 的方向相反。

3. 机构的动态静力分析

静态分析的过程为：

1）将求出的惯性力作为已知外力加到相应的构件上。

2）按静定条件将机构分解为构件组 2、3 和作用有平衡力的构件 1。

3）求构件组 2、3 各运动副反力。

具体过程分析如下：

1）取已知外力 $\boldsymbol{F}_r$ 作用的基本杆组 2、3 作为分析单元，如图 2-11d 所示。先将构件 2、3 上作用的外力 $\boldsymbol{F}_r$、重力 $\boldsymbol{Q}_2$、$\boldsymbol{Q}_3$、总惯性力 $\boldsymbol{F}_{I2}'$、$\boldsymbol{F}_{I3}'$标出，然后，将运动副 $B$、$C$ 中反力 $\boldsymbol{R}_{12}$、$\boldsymbol{R}_{43}$分别分解为沿 $BC$ 及 $CD$ 方向的法向反力 $\boldsymbol{R}_{12}^{n}$、$\boldsymbol{R}_{43}^{n}$和垂直于 $BC$ 及 $CD$ 的切向反力 $\boldsymbol{R}_{12}^{t}$、$\boldsymbol{R}_{43}^{t}$。

2）列静定杆组的力平衡方程式。为便于求解，未知力一般都分别列于方程式的首尾，本例中法向反力 $R_{12}^{n}$和 $R_{43}^{n}$分别作为第一项和最后一项。另外每个构件上的力集中列在一起，以便于对单个构件进行力的分析。

由整个杆组的平衡条件 $\sum\boldsymbol{F}=0$，得

| | $\boldsymbol{R}_{12}^{n}$ + | $\boldsymbol{R}_{12}^{t}$ + | $\boldsymbol{F}_{I2}'$ + | $\boldsymbol{Q}_2$ + | $\boldsymbol{Q}_3$ + | $\boldsymbol{F}_r$ + | $\boldsymbol{F}_{I3}'$ + | $\boldsymbol{R}_{43}^{t}$ + | $\boldsymbol{R}_{43}^{n}=0$ |
|---|---|---|---|---|---|---|---|---|---|
| 方向 | $/\!/BC$ | $\perp BC$ | ✓ | ✓ | ✓ | ✓ | ✓ | $\perp CD$ | $/\!/CD$ |
| 大小 | ? | ? | ✓ | ✓ | ✓ | ✓ | ✓ | ? | ? |

此方程的未知数超过 2 个，需求出 $R_{12}^{t}$、$R_{43}^{t}$后，才能求解，故分别取构件 2 和 3 为示力体，再分别就构件 2、3 上所受的力对点 $C$ 取矩，由 $\sum M_C=0$，可得

$$R_{12}^{t}=\frac{Q_2h_2'-F_{I2}'h_1}{l_2}\qquad R_{43}^{t}=\frac{F_{I3}'h_4+F_rl_{CE}-Q_3h_3'}{l_3}$$

如果求出 $\boldsymbol{R}_{12}^{t}$或 $\boldsymbol{R}_{43}^{t}$为负值，则表示该力方向与图示方向相反。

3）作力矢量多边形求出各副反力。当求出 $\boldsymbol{R}_{12}^{t}$和 $\boldsymbol{R}_{43}^{t}$后，再根据整个构件组的力平衡条件 $\sum\boldsymbol{F}=0$ 得上式仅 $\boldsymbol{R}_{12}^{n}$和 $\boldsymbol{R}_{43}^{n}$的大小未知，故可用图解法求出。如图 2-11e 所示，选取力比例尺 $\mu_F$，从点 $a$ 连续作矢量 $\boldsymbol{ab}$、$\boldsymbol{bc}$、$\boldsymbol{cd}$、$\boldsymbol{de}$、$\boldsymbol{ef}$、$\boldsymbol{fg}$ 和 $\boldsymbol{gh}$，分别代表 $\boldsymbol{R}_{12}^{t}$、$\boldsymbol{F}_{I2}'$、$\boldsymbol{Q}_2$、$\boldsymbol{Q}_3$、$\boldsymbol{F}_r$、$\boldsymbol{F}_{I3}'$和 $\boldsymbol{R}_{43}^{t}$。再分别从点 $a$ 和点 $h$ 作直线 $ai$ 和 $hi$ 分别平行与力 $\boldsymbol{R}_{12}^{n}$和 $\boldsymbol{R}_{43}^{n}$两直线交于点 $i$，

则矢量$\boldsymbol{ia}$、$\boldsymbol{hi}$分别代表$\boldsymbol{R}_{12}^{n}$和$\boldsymbol{R}_{43}^{n}$，从而得

$$\boldsymbol{R}_{12}=\boldsymbol{R}_{12}^{n}+\boldsymbol{R}_{12}^{t},\ R_{12}=\mu_F\ \overline{ib}\qquad \text{方向 } i\rightarrow b$$

$$\boldsymbol{R}_{43}=\boldsymbol{R}_{43}^{n}+\boldsymbol{R}_{43}^{t},\ R_{43}=\mu_F\ \overline{gi}\qquad \text{方向 } g\rightarrow i$$

又根据构件 2 的力平衡条件$\sum\boldsymbol{F}=0$，得

$$\boldsymbol{R}_{12}+\boldsymbol{F}_{12}'+\boldsymbol{Q}_2+\boldsymbol{R}_{32}=0$$

由图 2-11e 可知，矢量$\boldsymbol{di}$代表力$\boldsymbol{R}_{32}$，其大小为

$$R_{32}=\mu_F\ \overline{di}\qquad \text{方向 } d\rightarrow i$$

4）求构件 1 上的平衡力和运动副反力。取构件 1 为分析单元（图 2-11f），根据构件 1 的力平衡条件$\sum\boldsymbol{F}=0$，得

$$\boldsymbol{R}_{21}+\boldsymbol{F}_{b}+\boldsymbol{R}_{41}=0$$

式中，$\boldsymbol{R}_{21}=-\boldsymbol{R}_{12}$，而平衡力$\boldsymbol{F}_b$的方位已知，沿 $xx$ 线。于是根据三力平衡时应汇交于一点的条件，即可定出运动副 $A$ 中的反力$\boldsymbol{R}_{41}$的方向。上式中仅$\boldsymbol{R}_{41}$和$\boldsymbol{F}_b$的大小为未知，故可用图解法求出。如图 2-11e 所示，矢量$\boldsymbol{di}$代表$R_{21}$，分别从点 $i$ 和点 $b$ 按$R_{41}$和$F_b$的方向作直线 $ij$ 和 $bj$，相交于点 $j$，则矢量 $jb$、$ij$ 分别代表$\boldsymbol{F}_b$和反力$\boldsymbol{R}_{14}$，其大小分别为

$$F_b=\mu_F\ \overline{jb}\qquad \boldsymbol{F}_b\text{ 对点 }A\text{ 之矩与 }\omega_1\text{ 的方向一致}$$

$$R_{41}=\mu_F ij\qquad \text{方向 } i\rightarrow j$$

## 第三节 用解析法进行平面连杆机构的分析与综合

图解法虽然具有形象直观的特点，但是从现代科技和工业发展的要求来看，它不仅精度较低，费时较多，而且不便于把机构分析的问题和机构综合问题联系起来。解析法正好能克服上述缺点，随着计算机技术的发展和普及，其应用将越来越广泛。解析法常利用矢量、复数、矩阵等运算方法进行计算。

### 一、用解析法对机构进行运动分析

根据分析过程的不同，机构运动分析的解析法可分为两种：一种是整体分析法，把所研究的机构放在相应的坐标系中，始终把整个机构作为研究对象。另一种是杆组法，把机构分解成基本杆组，并以它们作为研究对象，分别建立各个基本杆组的子程序（目前，常用的基本杆组已作了完整分析且编制了相应的子程序库）；根据机构的组成原理，编一个正确调用所需求基本杆组的子程序的主程序来计算获得结果。用解析法作机构运动分析可分为三步，即建立数学模型、进行框图设计和编写程序上机计算。

1. 平面连杆机构的整体运动分析法

运动分析的内容虽然包括位移分析、速度分析和加速度分析三个方面，但关键问题是位移分析，至于速度和加速度，则是利用位移方程式对时间求一阶导数和二阶导数计算获得的。这里介绍常用的矢量投影法作机构的整体运动分析。分析时，在确定的直角坐标系中，选取各杆的矢量方向与转角，画出封闭的矢量多边形，列出矢量方程式，然后将矢量投影到坐标轴上写出位置参量的解析表达式。在选取各杆的矢量方向及转角时，对于与机架相铰接的杆件，建议其矢量方向由固定铰链向外，这样便于标出转角。转角的正负，规定以 $x$ 轴的正向为基准，逆时针方向转至所讨论的矢量为正，反之为负。下面以铰链四杆机构为例进行

运动分析。

在图 2-12 所示铰链四杆机构中，已知各杆的长度和原动件 $AB$ 的等角速度 $\omega_1$ 和位置角 $\varphi_1$，确定曲柄 $AB$ 在回转一周的过程中每隔 10°时连杆 $BC$ 和输出杆 $CD$ 的位置角 $\varphi_2$和 $\varphi_3$、角速度 $\omega_2$ 和 $\omega_3$ 以及角加速度 $\alpha_2$ 和 $\alpha_3$。

(1) 建立数学模型　在图 2-12 中，以 $A$ 为原点，$x$ 轴和 $AD$ 线重合，标出各个矢量转角，由封闭矢量多边形可得

$$\boldsymbol{AB} + \boldsymbol{BC} = \boldsymbol{AD} + \boldsymbol{DC}$$

将上式中各矢量分别投影在 $x$ 轴和 $y$ 轴上得

$$\left.\begin{aligned} l_1\sin\varphi_1 + l_2\sin\varphi_2 &= l_3\sin\varphi_3 \\ l_1\cos\varphi_1 + l_2\cos\varphi_2 &= l_4 + l_3\cos\varphi_3 \end{aligned}\right\} \quad (2\text{-}6)$$

令　$l_1\sin\varphi_1 = b \qquad l_4 - l_1\cos\varphi_1 = a$

则

$$\left.\begin{aligned} l_2\sin\varphi_2 &= l_3\sin\varphi_3 - b \\ l_2\cos\varphi_2 &= l_3\cos\varphi_3 + a \end{aligned}\right\} \quad (2\text{-}7)$$

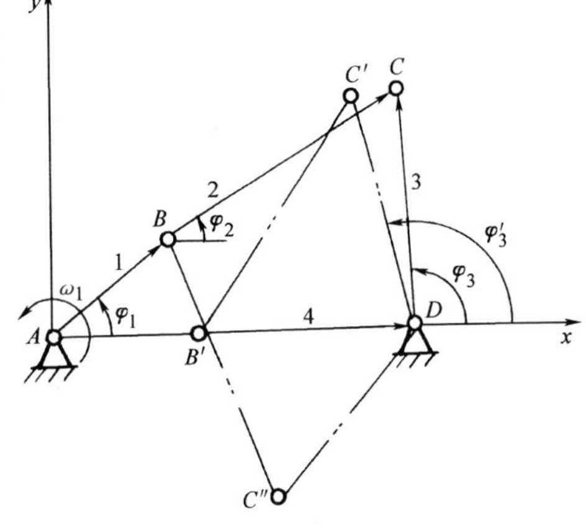


图　2-12

两边平方后相加得

$$l_2^2 = l_3^2 - 2bl_3\sin\varphi_3 + b^2 + 2al_3\cos\varphi_3 + a^2$$

令

$$A = \frac{a^2 + b^2 + l_3^2 - l_2^2}{2al_3} \qquad B = \frac{b}{a}$$

则得

$$\cos\varphi_3 - B\sin\varphi_3 + A = 0$$

$$A + \cos\varphi_3 = B\sqrt{1 - \cos^2\varphi_3}$$

两边平方得

$$A^2 + 2A\cos\varphi_3 + \cos^2\varphi_3 = B^2(1 - \cos^2\varphi_3)$$

$$(1 + B^2)\cos^2\varphi_3 + 2A\cos\varphi_3 + (A^2 - B^2) = 0$$

$$\cos\varphi_3 = \frac{-2A \pm \sqrt{4A^2 - 4(1 + B^2)(A^2 - B^2)}}{2(1 + B^2)}$$

$$\left.\begin{aligned} &= -\frac{1}{1 + B^2}\left(A + \sqrt{1 - A^2 + B^2}\right) = M \\ &= -\frac{1}{1 + B^2}\left(A - \sqrt{1 - A^2 + B^2}\right) = M_1 \end{aligned}\right\} \quad (2\text{-}8)$$

$$\left.\begin{aligned} \varphi_3 &= \arctan\frac{\sqrt{1 - M^2}}{M} \\ \varphi_3 &= \arctan\frac{\sqrt{1 - M_1^2}}{M_1} \end{aligned}\right\} \quad (2\text{-}9)$$

式中　$A = \dfrac{l_4^2 - 2l_1l_4\cos\varphi_1 + l_1^2 + l_3^2 - l_2^2}{2l_3(l_4 - l_1\cos\varphi_1)} \qquad B = \dfrac{l_1\sin\varphi_1}{l_4 - l_1\cos\varphi_1}$

在式 (2-8) 中，根号前有正负号，表示给定 $\varphi_1$时，$\varphi_3$可有两个值，这与图 2-12 所示 $C$

有两个交点（$C$ 和 $C''$）的意义相当。应按照所给机构的装配方案（$C$ 处取正号，$C''$处取负号）选择正负号；也可根据运动的连续性，在编写程序中进行处理，首先计算角 $\varphi_1$ 的初值（如 $\varphi_1=0$）相对应的 $\varphi_3$ 值（如图 2-12 中 $\varphi_3'$）。由于

$$l_2^2 = l_3^2 + (l_4 - l_1)^2 - 2l_3(l_4 - l_1)\cos(\pi - \varphi_3')$$

所以

$$\cos\varphi_3' = \frac{l_2^2 - l_3^2 - (l_4 - l_1)^2}{2l_3(l_4 - l_1)} = R \tag{2-10}$$

$$\varphi_3' = \arctan\frac{\sqrt{1 - R^2}}{R} \tag{2-11}$$

以后，在 $\varphi_1$ 的循环中，每次都算出两个 $\varphi_3$ 值，将它们与前一步的 $\varphi_3$ 比较，选择接近的那个值。由式（2-7）得

$$\tan\varphi_2 = \frac{l_3\sin\varphi_3 - l_1\sin\varphi_1}{l_3\cos\varphi_3 + l_4 - l_1\cos\varphi_1} = R_1 \tag{2-12}$$

$$\varphi_2 = \arctan R_1 \tag{2-13}$$

将式（2-6）对时间求导得

$$\left.\begin{aligned} l_1\omega_1\cos\varphi_1 + l_2\omega_2\cos\varphi_2 &= l_3\omega_3\cos\varphi_3 \\ -l_1\omega_1\sin\varphi_1 - l_2\omega_2\sin\varphi_2 &= -l_3\omega_3\sin\varphi_3 \end{aligned}\right\} \tag{2-14}$$

将坐标系绕原点转 $\varphi_2$角，则由式（2-14）的后一式得

$$l_1\omega_1\sin(\varphi_1 - \varphi_2) = l_3\omega_3\sin(\varphi_3 - \varphi_2)$$

所以

$$\omega_3 = \frac{l_1\sin(\varphi_1 - \varphi_2)}{l_3\sin(\varphi_3 - \varphi_2)}\omega_1$$

同理将坐标系绕原点转 $\varphi_3$ 角，由式（2-14）的后一式得

$$\omega_2 = \frac{-l_1\sin(\varphi_1 - \varphi_3)}{l_2\sin(\varphi_2 - \varphi_3)}\omega_1$$

角速度的正和负分别表示逆时针和顺时针方向转动。

将式（2-14）的后一式对时间求导得

$$-\omega_1^2 l_1\cos\varphi_1 - \omega_2^2 l_2\cos\varphi_2 - \alpha_2 l_2\sin\varphi_2 = -\omega_3^2 l_3\cos\varphi_3 - \alpha_3 l_3\sin\varphi_3$$

将坐标轴绕原点转 $\varphi_2$和 $\varphi_3$角，则由上式可得

$$\alpha_3 = \frac{\omega_1^2 l_1\cos(\varphi_1 - \varphi_2) + \omega_2^2 l_2 - \omega_3^2 l_3\cos(\varphi_3 - \varphi_2)}{l_3\sin(\varphi_3 - \varphi_2)} \tag{2-15}$$

$$\alpha_2 = \frac{\omega_1^2 l_1\cos(\varphi_1 - \varphi_3) + \omega_2^2 l_2\cos(\varphi_2 - \varphi_3) - \omega_3^2 l_3}{l_2\sin(\varphi_2 - \varphi_3)} \tag{2-16}$$

（2）框图设计

（3）算例和编程注意事项　当 $l_1=0.2\text{m}$，$l_2=0.40\text{m}$，$l_3=0.35\text{m}$，$l_4=0.50\text{m}$ 以及等角速度 $\omega_1=10\text{rad/s}$ 时的计算机程序（图 2-13）及计算结果如下。

```
Option Explicit
Private Const PI = 3. 141593
Private Sub Command1 _ Click( )
Dim L1#,L2#,L3#,L4#,W1#,R#,P3#,P1#,A#,B#,C#,W2#,W3#,E2#,E3#,T1#,T2#,P2#,T#,
K#
```

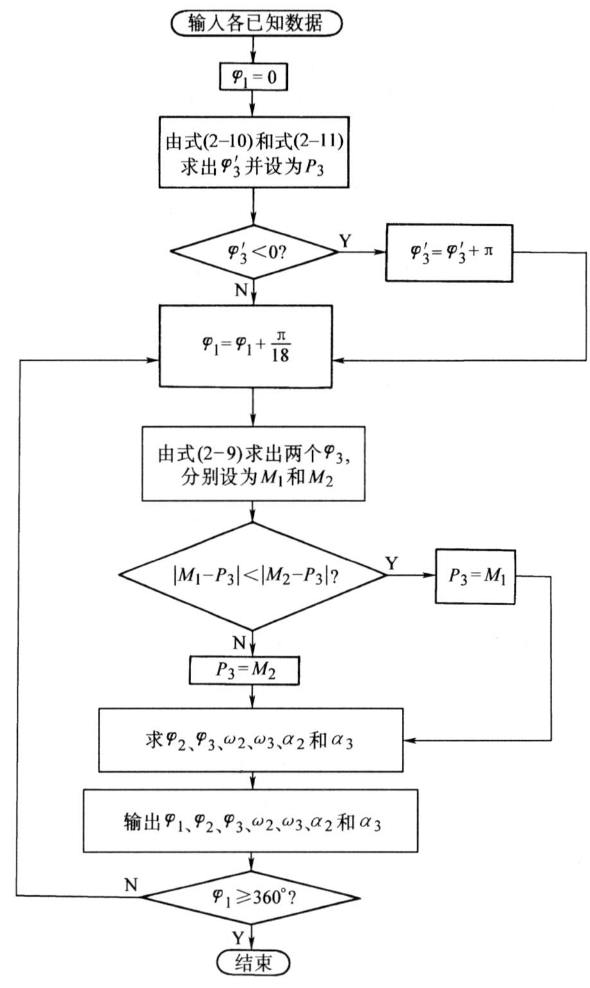


图　2-13

```
L1 =0.2:  L2 =0.4:  L3 =0.35:  L4 =0.5:  W1 =10
R = (L2^2 - L3^2 - (L4 - L1)^2)/(2 * L3 * (L4 - L1))
P3 = - Atn(Sqr(1 - R^2)/R)
IfP3 <0 Then P3 = P3 + PI
For P1 =0 To2 * PI Step PI/6
T = L4^2 + L3^2 + L1^2 - L2^2:  A = - Sin(P1):  B = L4/L1 - Cos(P1)
C = T/(2 * L1 * L3) - L4/L3 * Cos(P1)
T1 =2 * Atn((A + Sqr(A * A + B * B - C * C))/(B - C))
T2 =2 * Atn((A - Sqr(A * A + B * B - C * C))/(B - C))
If Abs(T1 - P3) < Abs(T2 - P3)Then  P3 = T1  Else  P3 = T2
P2 = Atn((L3 * Sin(P3) - L1 * Sin(P1))/(L4 + L3 * Cos(P3) - L1 * Cos(P1)))
W2 = - L1 * Sin(P1 - P3) * W1/(L2 * Sin(P2 - P3))
W3 = L1 * Sin(P1 - P2) * W1/(L3 * Sin(P3 - P2))
```

```
E2 = (L1 * W1^2 * Cos(P1 - P3) + L2 * W2^2 * Cos(P3 - P2) - L3 * W3 * ^2)/(L2 * Sin(P3 - P2))
E3 = (L1 * W1^2 * Cos(P1 - P2) + L2 * W2^2 - L3 * W3^2 * Cos(P3 - P2))/(L3 * Sin(P3 - P2))
K = 180/PI
Print"P1 =";P1 * K
Print"P2 =";Format(P2 * K,"###. ######");"P3 =";Format(P3 * K,"###. ######");"W2 =";Format(W2,"###. ######")
Print"W3 =";Format(W3,"###. ######");"E2 =";Format(E2,"###. ######");"E3 =";Format(E3,"###. ######")
Next
End Sub
```

部分运算结果

```
P1 =0
P2 =57.910042   P3 =104.477501   W2 = -6.666667
W3 = -6.666667   E2 = -28.688766   E3 =69.672716
P1 =30
P2 =38.628494   P3 =92.343369   W2 = -5.494139
W3 = -1.063536   E2 =49.72545   E3 =112.05373
```

程序中部分符号的含义为：

P1 为杆 1 的转角 $\varphi_1$；P2 为杆 2 的转角 $\varphi_2$；P3 为杆 3 的转角 $\varphi_3$；W2 为杆 2 的角速度 $\omega_2$；W3 为杆 3 的角速度 $\omega_3$；E2 为杆 2 的角加速度 $\alpha_2$；E3 为杆 3 的角加速度 $\alpha_3$；PI 为圆周率。

编写程序时，按照框图中的内容及箭头方向依次进行。搞清楚数学模型中所包含的公式，区分开公式中的变量和常量、已知和未知、哪些数据是输入量、哪些数据应作为结果输出等。特别注意数字“0”和英文字母“o”及数字“1”和大写字母“I”的区别。

在此铰链四杆机构中，杆 3 的初始角 $\varphi_3'$ 只可能在第Ⅰ、Ⅱ象限，而计算机的反正切函数的输出结果 $\varphi_3'$ 只可能在第Ⅰ、Ⅳ象限，所以在框图和程序中都作了角度处理。另外，在角度参与计算时，必须以 rad（弧度）为单位；而输出时，为了便于阅读，又改为以（°）（度）为单位。

2. 平面连杆机构运动分析的基本杆组法

由机构组成原理可知，任何机构都可以分解成原动件、机架和若干基本杆组。这些基本杆组包括Ⅱ级组、Ⅲ级组和Ⅳ级以上的高级组，而常用的平面连杆机构由大量Ⅱ级组和一些Ⅲ级组构成。本节介绍部分Ⅱ级组的分析。

（1）二杆三铰链型Ⅱ级杆组（RRR 型）　在图 2-14a 中，已知杆 2 和杆 3 的长度，点 $M$ 和 $N$ 的位置($x_M$，$y_M$)和($x_N$，$y_N$)、速度($\dot{x}_M$，$\dot{y}_M$)和($\dot{x}_N$，$\dot{y}_N$)、加速度($\ddot{x}_M$，$\ddot{y}_M$)和($\ddot{x}_N$，$\ddot{y}_N$)，求杆 2 和杆 3 的角位移 $\varphi_2$和 $\varphi_3$、角速度 $\omega_2$ 和 $\omega_3$、角加速度 $\alpha_2$ 和 $\alpha_3$ 以及内部运动副 $Q$ 点的位置($x_Q$，$y_Q$)、速度($\dot{x}_Q$，$\dot{y}_Q$)和加速度($\ddot{x}_Q$，$\ddot{y}_Q$)。

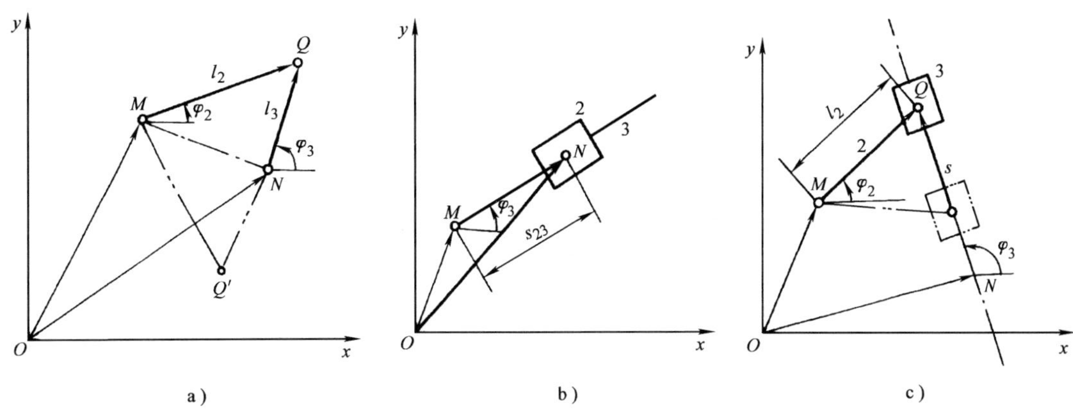


图 2-14

1）位置分析。由图 2-14a 可得 $Q$ 点的矢量方程

$$\boldsymbol{OQ} = \boldsymbol{OM} + \boldsymbol{MQ} = \boldsymbol{ON} + \boldsymbol{NQ}$$

将上式中各矢量分别投影在 $x$ 轴和 $y$ 轴上

$$\left.\begin{aligned} x_Q &= x_M + l_2\cos\varphi_2 = x_N + l_3\cos\varphi_3 \\ y_Q &= y_M + l_2\sin\varphi_2 = y_N + l_3\sin\varphi_3 \end{aligned}\right\} \tag{2-17}$$

$M$ 和 $N$ 两点间的距离

$$l_{MN} = \sqrt{(x_N - x_M)^2 + (y_N - y_M)^2} \tag{2-18}$$

将式(2-17)中上、下两式移项平方后相加整理为

$$a\sin\varphi_2 + b\cos\varphi_2 = c \tag{2-19}$$

式中

$$a = 2l_2(y_N - y_M)$$
$$b = 2l_2(x_N - x_M)$$
$$c = l_2^2 + l_{MN}^2 - l_3^2$$

为了用代数法解 $\varphi_2$，将式(2-19)改为正切函数方程

$$(b + c)\tan^2\frac{\varphi_2}{2} - 2a\tan\frac{\varphi_2}{2} - (b - c) = 0$$

$$\varphi_2 = 2\arctan\frac{a \pm \sqrt{a^2 + b^2 - c^2}}{b + c} \tag{2-20}$$

上式中，$\varphi_2$值有两个解，表示杆组可以有两种装配形式。当根式前取正号时，$M$、$Q$、$N$ 三点绕转方向始终为顺时针；当根式前取负号时，$M$、$Q$、$N$ 三点绕转方向始终为逆时针，如图 2-14a 中双点画线所示。$Q$ 点的坐标为

$$\left.\begin{aligned} x_Q &= x_M + l_2\cos\varphi_2 \\ y_Q &= y_M + l_2\sin\varphi_2 \end{aligned}\right\} \tag{2-21}$$

$$\varphi_3 = \arctan\frac{y_Q - y_N}{x_Q - x_N} \tag{2-22}$$

2）速度分析。将式(2-17)上、下两式对时间求导，整理后可得

$$-(y_Q - y_M)\omega_2 + (y_Q - y_N)\omega_2 = \dot{x}_N - \dot{x}_M$$

$$(x_Q - x_M)\omega_2 - (x_Q - x_N)\omega_3 = \dot{y}_N - \dot{y}_M$$

解上述两式

$$\left.\begin{aligned}\omega_2 &= \frac{(\dot{x}_N - \dot{x}_M)(x_Q - x_N) + (\dot{y}_N - \dot{y}_M)(y_Q - y_N)}{(y_Q - y_N)(x_Q - x_M) - (y_Q - y_M)(x_Q - x_N)}\\ \omega_3 &= \frac{(\dot{x}_N - \dot{x}_M)(x_Q - x_M) + (\dot{y}_N - \dot{y}_M)(y_Q - y_M)}{(y_Q - y_N)(x_Q - x_M) - (y_Q - y_M)(x_Q - x_N)}\end{aligned}\right\} \tag{2-23}$$

将式(2-21)对时间求导，得 $Q$ 点的速度

$$\left.\begin{aligned}\dot{x}_Q &= \dot{x}_M - \omega_2(y_Q - y_M)\\ \dot{y}_Q &= \dot{y}_M + \omega_2(x_Q - x_M)\end{aligned}\right\} \tag{2-24}$$

3）加速度分析。通过对已知点的位移、速度求导并整理后可得

$$\left.\begin{aligned}\alpha_2 &= \frac{E(x_Q - x_N) + F(y_Q - y_N)}{(x_Q - x_M)(y_Q - y_N) - (x_Q - x_N)(y_Q - y_M)}\\ \alpha_3 &= \frac{E(x_Q - x_M) + F(y_Q - y_M)}{(x_Q - x_M)(y_Q - y_N) - (x_Q - x_N)(y_Q - y_M)}\end{aligned}\right\} \tag{2-25}$$

式中
$$E = \ddot{x}_N - \ddot{x}_M + \omega_2^2(x_Q - x_M) - \omega_3^2(x_Q - x_N)$$

$$F = \ddot{y}_N - \ddot{y}_M + \omega_2^2(y_Q - y_M) - \omega_3^2(y_Q - y_N)$$

$Q$ 点的加速度

$$\left.\begin{aligned}\ddot{x}_Q &= \ddot{x}_M - \omega_2^2(x_Q - x_M) - \alpha_2(y_Q - y_M)\\ \ddot{y}_Q &= \ddot{y}_M - \omega_2^2(y_Q - y_M) + \alpha_2(x_Q - x_M)\end{aligned}\right\} \tag{2-26}$$

（2）滑块导杆型Ⅱ级杆组（RPR）型　如图 2-14b 所示，已知转动副中心点 $M$ 和 $N$ 的位置$(x_M,\ y_M)$和$(x_N,\ y_N)$、速度$(\dot{x}_M,\ \dot{y}_M)$和$(\dot{x}_N,\ \dot{y}_N)$、加速度$(\ddot{x}_M,\ \ddot{y}_M)$和$(\ddot{x}_N,\ \ddot{y}_N)$，求杆 3（即滑块 2）的角位移 $\varphi_3$、角速度 $\omega_3$ 和角加速度 $\alpha_3$ 以及滑块 2 相对杆 3 的位移 $s_{23}$、速度 $v_{23}$ 和加速度 $a_{23}$。

在图示的 $xOy$ 坐标系中，由矢量三角形 $OMN$ 可写出矢量方程式

$$\boldsymbol{ON} = \boldsymbol{OM} + \boldsymbol{MN}$$

将上式投影到 $x$、$y$ 轴上可得

$$\left.\begin{aligned}x_N &= x_M + l_{MN}\cos\varphi_3 = x_M + s_{23}\cos\varphi_3\\ y_N &= y_M + l_{MN}\sin\varphi_3 = y_M + s_{23}\sin\varphi_3\end{aligned}\right\} \tag{2-27}$$

由式(2-27)解得

$$\varphi_3 = \arctan\frac{y_N - y_M}{x_N - x_M} \tag{2-28}$$

$$s_{23} = \sqrt{(x_N - x_M)^2 + (y_N - y_M)^2} \tag{2-29}$$

将式(2-27)中上、下两式分别对时间一次求导，联立解得

$$\omega_3 = \frac{\cos\varphi_3(\dot{y}_N - \dot{y}_M) - \sin\varphi_3(\dot{x}_N - \dot{x}_M)}{s_{23}} \tag{2-30}$$

$$v_{23} = \sin\varphi_3(\dot{y}_N - \dot{y}_M) + \cos\varphi_3(\dot{x}_N - \dot{x}_M) \tag{2-31}$$

将式(2-27)上、下两式分别对时间二次求导，联立解得

$$\left.\begin{aligned}\alpha_3 &= \frac{E\cos\varphi_3 - F\sin\varphi_3}{s_{23}}\\ a_{23} &= E\sin\varphi_3 + F\cos\varphi_3\end{aligned}\right\} \tag{2-32}$$

式中
$$E = \ddot{y}_N - \ddot{y}_M - 2v_{23}\omega_3\cos\varphi_3 + s_{23}\omega_3^2\sin\varphi_3$$

$$F = \ddot{x}_N - \ddot{x}_M + 2v_{23}\omega_3\sin\varphi_3 + s_{23}\omega_3^2\cos\varphi_3$$

(3) 连杆滑块型Ⅱ级杆组(RRP 型)　如图 2-14c 所示，已知杆 2 的长度 $l_2$，转动副中心 $M$ 的位置($x_M$，$y_M$)、速度($\dot{x}_M$，$\dot{y}_M$)、加速度($\ddot{x}_M$，$\ddot{y}_M$)，导路上某一点 $N$ 的位置($x_N$，$y_N$)、速度($\dot{x}_N$，$\dot{y}_N$)、加速度($\ddot{x}_N$，$\ddot{y}_N$)及导路的角位移 $\varphi_3$、角速度 $\omega_3$、角加速度 $\alpha_3$，求杆 2 的角位移 $\varphi_2$、角速度 $\omega_2$、角加速度 $\alpha_2$ 及滑块 3 沿导轨的位移 $s$、速度 $v^r$ 和加速度 $a^r$。

由图 2-14c 所示 $xOy$ 坐标系和矢量多边形 $OMQN$，可得 $Q$ 点的矢量方程

$$\boldsymbol{OQ} = \boldsymbol{OM} + \boldsymbol{MQ} = \boldsymbol{ON} + \boldsymbol{NQ}$$

将上式投影到 $x$、$y$ 坐标轴上可得

$$\left.\begin{aligned}x_M + l_2\cos\varphi_2 &= x_N + s\cos\varphi_3\\ y_M + l_2\sin\varphi_2 &= y_N + s\sin\varphi_3\end{aligned}\right\} \tag{2-33}$$

由式(2-33)解得

$$s = \frac{-B_1 \pm \sqrt{B_1^2 - 4B_2}}{2} \tag{2-34}$$

$$\varphi_2 = \arccos\frac{x_N - x_M + s\cos\varphi_3}{l_2} \tag{2-35}$$

式中
$$B_1 = 2(x_N - x_M)\cos\varphi_3 + 2(y_N - y_M)\sin\varphi_3$$

$$B_2 = x_N^2 + x_M^2 + y_N^2 + y_M^2 - 2x_Nx_M - 2y_Ny_M - l_2^2$$

在式(2-34)中，$s$ 有两个解，表示杆 2 有两种装配方式，根式前取正号，则为图 2-14c 中的实线位置，取负号是双点画线位置。

将式(2-33)上、下两式分别对时间一次求导，并联立解得

$$v^r = \frac{-B_3\cos\varphi_2 - B_4\sin\varphi_2}{B_5} \tag{2-36}$$

$$\omega_2 = \frac{-B_3\sin\varphi_3 + B_4\cos\varphi_3}{l_2B_5} \tag{2-37}$$

式中
$$B_3 = \dot{x}_N - \dot{x}_M - s\omega_3\sin\varphi_3$$

$$B_4 = \dot{y}_N - \dot{y}_M + s\omega_3\cos\varphi_3$$

$$B_5 = \cos(\varphi_3 - \varphi_2)$$

将式(2-33)上、下两式分别对时间二次求导，联立解得

$$a^r = \frac{-B_6\sin\varphi_2 - B_7\cos\varphi_2}{B_5} \tag{2-38}$$

$$\alpha_2 = \frac{B_6\cos\varphi_3 - B_7\sin\varphi_3}{l_2 B_5} \tag{2-39}$$

式中
$$B_6 = \ddot{y}_N - \ddot{y}_M + l_2\omega_2^2\sin\varphi_2 - s\omega_3^2\sin\varphi_3 + s\alpha_3\cos\varphi_3 + 2v^{\mathrm{r}}\omega_3\cos\varphi_3$$
$$B_7 = \ddot{x}_N - \ddot{y}_N + l_2\omega_2^2\cos\varphi_2 - s\omega_3^2\cos\varphi_3 - s\alpha_3\sin\varphi_3 - 2v^{\mathrm{r}}\omega_3\sin\varphi_3$$

上述内容只作了三种基本杆组的分析，设计过程中遇到其他类型的基本杆组时，可以用类似的方法进行分析编程。目前常用的基本杆组的运动分析过程已编成了各种语言的子程序，需要时可直接调用。因为即使是同一类型的基本杆组，其具体结构形式也有差异，所以有时直接调用子程序会出现困难，这种情况下需要自己具体分析解决。

## 二、用解析法对平面机构进行力分析

机构力分析的解析法也有多种，而其共同特点都是根据力的平衡条件列出机构所受各力之间的关系式，然后求解。

### 1. 矢量方程解析法

根据力的平衡条件建立矢量方程式 $\Sigma \boldsymbol{F}=0$ 和 $\Sigma \boldsymbol{M}=0$，然后代入已知数据，求解各运动副中的反力和未知平衡力或平衡力矩。现以图 2-15 所示的四杆机构为例，对其受力分析讨论如下。

设力 $\boldsymbol{F}$ 为作用于构件 2 上 $E$ 点处的已知外力(包括惯性力)，$\boldsymbol{M}_{\mathrm{r}}$ 为作用于构件 3 上的已知生产阻力矩。现要求确定各个运动副中的反力及加于原动件 1 上的平衡力矩 $\boldsymbol{M}_{\mathrm{b}}$。

建立如图 2-15 所示的坐标系，标出各杆矢量及方位角；再设各运动副中的反力为

$$\boldsymbol{R}_A = \boldsymbol{R}_{41} = -\boldsymbol{R}_{14} = \boldsymbol{R}_{41x} + \boldsymbol{R}_{41y}$$
$$\boldsymbol{R}_B = \boldsymbol{R}_{12} = -\boldsymbol{R}_{21} = \boldsymbol{R}_{12x} + \boldsymbol{R}_{12y}$$
$$\boldsymbol{R}_C = \boldsymbol{R}_{23} = -\boldsymbol{R}_{32} = \boldsymbol{R}_{23x} + \boldsymbol{R}_{23y}$$
$$\boldsymbol{R}_D = \boldsymbol{R}_{34} = -\boldsymbol{R}_{43} = \boldsymbol{R}_{34x} + \boldsymbol{R}_{34y}$$

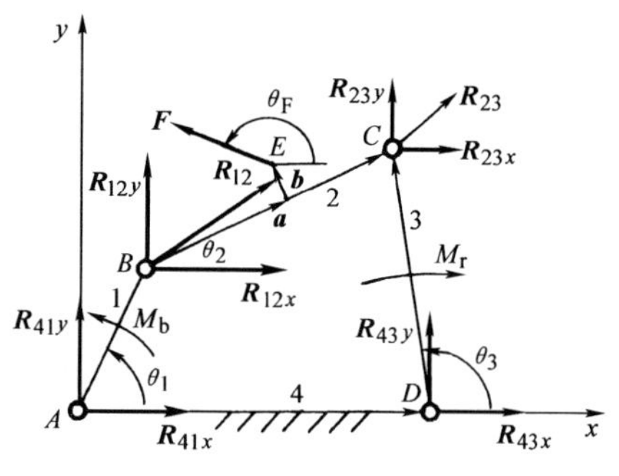


图 2-15

具体分析时，先求运动副反力，再求平衡力或平衡力矩。求运动副反力时，总是从“首解运动副”开始的。所谓“首解副”，是指组成该运动副的两个构件上承受的所有外力、外力矩均为已知。其他运动副中的反力可通过“首解副”中的反力依次求得。在图 2-15 所示四杆机构中，运动副 $C$ 为“首解副”。

(1) 求 $\boldsymbol{R}_C$(即 $\boldsymbol{R}_{23}$或 $\boldsymbol{R}_{32}$) 取构件 3 为分离体，将各力对 $D$ 点取矩，则有

$$\Sigma \boldsymbol{M}_D = 0 \qquad \boldsymbol{CD}\times\boldsymbol{R}_{23} - \boldsymbol{M}_{\mathrm{r}} = 0$$

即
$$-l_3 R_{23x}\sin\theta_3 + l_3 R_{23y}\cos\theta_3 - M_{\mathrm{r}} = 0 \tag{2-40}$$

同理，取构件 2 为分离件，并将诸力对 $B$ 点取矩，则有

$$\Sigma \boldsymbol{M}_B = 0 \qquad \boldsymbol{BC}\times\boldsymbol{R}_{32} + (\boldsymbol{a}+\boldsymbol{b})\times\boldsymbol{F} = 0$$

即
$$l_2 R_{23x}\sin\theta_2 - l_2 R_{23y}\cos\theta_2 - aF\sin(\theta_2-\theta_{\mathrm{F}}) - bF\cos(\theta_2-\theta_{\mathrm{F}}) = 0 \tag{2-41}$$

联立式(2-40)和式(2-41)并解得

$$R_{23x} = \frac{1}{\sin(\theta_2-\theta_3)}\left\{\frac{M_{\mathrm{r}}\cos\theta_2}{l_3} + \frac{F\cos\theta_3}{l_2}\left[a\sin(\theta_2-\theta_{\mathrm{F}}) + b\cos(\theta_2-\theta_{\mathrm{F}})\right]\right\}$$

$$R_{23y}=\frac{1}{\sin(\theta_2-\theta_3)}\left\{\frac{M_r\sin\theta_2}{l_3}+\frac{F\sin\theta_3}{l_2}[a\sin(\theta_2-\theta_F)+b\cos(\theta_2-\theta_F)]\right\}$$

（2）求 $\boldsymbol{R}_D$（即 $\boldsymbol{R}_{43}$ 或 $\boldsymbol{R}_{34}$）　根据构件 3 上诸力的平衡条件 $\Sigma\boldsymbol{F}=0$，得

$$\boldsymbol{R}_{43}=-\boldsymbol{R}_{23}$$

（3）求 $\boldsymbol{R}_B$（即 $\boldsymbol{R}_{12}$ 或 $\boldsymbol{R}_{21}$）　根据构件 2 上诸力的平衡条件 $\Sigma\boldsymbol{F}=0$，得

$$\boldsymbol{R}_{12}+\boldsymbol{R}_{32}+\boldsymbol{F}=0$$

即

$$\Sigma F_x=0\qquad R_{12x}=R_{23x}-F\cos\theta_F$$

$$\Sigma F_y=0\qquad R_{12y}=R_{23y}-F\sin\theta_F$$

则

$$\boldsymbol{R}_{12}=\boldsymbol{R}_{12x}+\boldsymbol{R}_{12y}$$

（4）求 $\boldsymbol{R}_A$（即 $\boldsymbol{R}_{14}$ 或 $\boldsymbol{R}_{41}$）　同理，根据构件 1 的平衡条件 $\Sigma\boldsymbol{F}=0$，得

$$\boldsymbol{R}_{41}=\boldsymbol{R}_{12}$$

而

$$M_b=\boldsymbol{AB}\cdot\boldsymbol{R}_{21}=-l_1R_{21x}\sin\theta_1+l_1R_{21y}\cos\theta_1$$

至此，机构的受力分析已进行完毕。上述方法不难推广应用于多杆机构。

2. 虚位移原理在直接确定平衡力和平衡力矩中的应用

实用中，若只需求出平衡力或平衡力矩，直接应用虚位移原理可获得省时、省力的快捷效果。若将惯性力和惯性力矩及平衡力或平衡力矩加在机构上后，则可以认为机构处于平衡状态，此时，就可以应用虚位移原理求解了。

设 $\boldsymbol{F}_i$ 是机构上所有外力中的任意一个力；$\delta s_i$ 和 $v_i$ 是力 $\boldsymbol{F}_i$ 的作用点的虚位移和线速度；$\theta_i$ 是力 $\boldsymbol{F}_i$ 与 $\delta s_i$（或 $v_i$）之间的夹角；$M_i$ 是作用在机构上的任一力矩；$\delta\theta_i$ 和 $\dot{\varphi}_i$ 是受 $M_i$ 作用的构件的角位移和角速度；$\delta W_i$ 为元功。根据虚位移原理可得

$$\Sigma\delta W_i=\Sigma F_i\delta s_i\cos\theta_i+\Sigma M_i\delta\varphi_i=0\qquad(2\text{-}42)$$

即

$$\Sigma(F_{ix}\delta_{xi}+F_{iy}\delta_{yi})+\Sigma M_i\delta\varphi_i=0\qquad(2\text{-}43)$$

式(2-42)和式(2-43)中只有一个平衡力或平衡力矩为未知数，故可将其求出。

式(2-42)和式(2-43)是以元功的形式表示的。若将其对时间求导，可以得到元功率形式的平衡方程

$$\Sigma\delta P=\Sigma F_iv_i\cos\theta_i+\Sigma M_i\dot{\varphi}_i=0\qquad(2\text{-}44)$$

$$\Sigma(F_{ix}v_{ix}+F_{iy}v_{iy})+\Sigma M_i\dot{\varphi}_i=0\qquad(2\text{-}45)$$

式(2-44)和式(2-45)便于实际应用。

## 三、平面四杆机构的解析法综合

用解析法设计四杆机构时，首先需要建立包含机构的各尺度参数和运动变量在内的解析关系式，然后根据已知的运动参量求解所需的机构尺度参数。

1. 实现两连架杆对应位置的铰链四杆机构综合

如图 2-16 所示，设要求从动件 3 与原动件 1 的转角之间满足一系列的对应位置关系，即 $\theta_{3i}=f(\theta_{1i})$，$i=1, 2, \cdots, n$，设计此四杆机构。

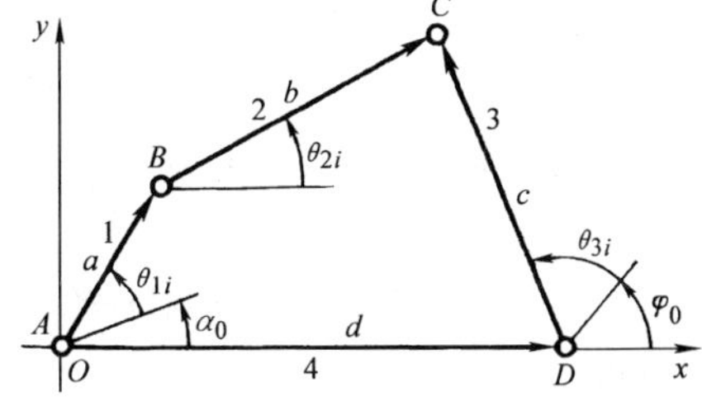

图　2-16

该机构的运动变量为 $\theta_1$、$\theta_2$、$\theta_3$，其中 $\theta_1$ 和 $\theta_3$ 是已知的，只有 $\theta_2$ 未知；设计参数为各杆长度

$a$、$b$、$c$、$d$ 以及 $\theta_1$ 和 $\theta_3$ 的计量起始角 $\alpha_0$、$\varphi_0$。因为当各构件的长度按同一比例增减时，并不改变各构件的相对转角关系，故各构件的长度可用相对长度来表示，且令 $a/a=1$，$b/a=m$，$c/a=n$，$d/a=l$，则该机构的设计参数将变为 $m$、$n$、$l$、$\alpha_0$、$\varphi_0$ 共 5 个。

在图 2-16 中选定坐标系原点和 $A$ 重合，$D$ 点落在 $x$ 轴上，标出各杆的矢量，则有矢量方程式

$$\boldsymbol{AB}+\boldsymbol{BC}=\boldsymbol{OD}+\boldsymbol{DC}$$

把各矢量投影在 $x$ 轴和 $y$ 轴上，可得

$$\left.\begin{aligned} a\cos(\theta_{1i}+\alpha_0)+b\cos\theta_{2i} &= d+c\cos(\theta_{3i}+\varphi_0)\\ a\sin(\theta_{1i}+\alpha_0)+b\sin\theta_{2i} &= c\sin(\theta_{3i}+\varphi_0)\end{aligned}\right\} \tag{2-46}$$

代入相对长度并移项，则有

$$\left.\begin{aligned} m\cos\theta_{2i} &= l+n\cos(\theta_{3i}+\varphi_0)-\cos(\theta_{1i}+\alpha_0)\\ m\sin\theta_{2i} &= n\sin(\theta_{3i}+\varphi_0)-\sin(\theta_{1i}+\alpha_0)\end{aligned}\right\} \tag{2-47}$$

从式(2-46)和式(2-47)中消去 $\theta_{2i}$ 可得

$$\cos(\theta_{1i}+\alpha_0)=n\cos(\theta_{3i}+\varphi_0)-\frac{n}{l}\cos(\theta_{3i}+\varphi_0-\theta_{1i}-\alpha_0)+\frac{l^2+n^2+1-m^2}{2l} \tag{2-48}$$

令
$$E_0=n, E_1=-\frac{n}{l},\ E_2=\frac{l^2+n^2+1-m^2}{2l}$$

则式(2-48)可化为

$$\cos(\theta_{1i}+\alpha_0)=E_0\cos(\theta_{3i}+\varphi_0)+E_1\cos(\theta_{3i}+\varphi_0-\theta_{1i}-\alpha_0)+E_2 \tag{2-49}$$

式(2-49)中含有 $E_0$、$E_1$、$E_2$、$\alpha_0$ 及 $\varphi_0$ 五个待定参数，按照可解条件，方程式的总数应与待定未知数的总数相等，故四杆机构最多可按两连架杆的五个对应位置精确求解。

当两连架杆的对应位置数 $N>5$ 时，一般不能求得精确解，此时可用最小二乘法等进行近似设计。当要求的两连架杆对应位置数 $N<5$ 时，可预选某些参数。如设预选的参数数目为 $N_0$，则 $N_0=5-N$，这时将有无穷多解。当 $N=4$ 或 5 时，因式(2-49)中 $\alpha_0$ 和 $\varphi_0$ 两者之一(或两者)为未知数，故该式为非线性方程组，这时可借助数值法进行求解。

2. 按给定的函数要求综合铰链四杆机构

设给定的函数关系为 $y=f(x)$，而四杆机构两连架杆的转角对应关系 $\psi=\psi(\varphi)$。其中，$\varphi$ 为输入角位移，$\psi$ 为输出角位移。若使输入角 $\varphi$ 与给定函数的自变量 $x$ 成比例，输出角 $\psi$ 与函数值 $y$ 成比例，则 $\varphi$ 与 $\psi$ 的对应关系就可以再现给定函数 $y=f(x)$。所以，首要问题是按一定比例关系把给定函数 $y=f(x)$ 转换成两连架杆对应的角位移关系 $\psi=\psi(\varphi)$。

如图 2-17 所示，假设给定函数的自变量变化范围 $x_0\leqslant x\leqslant x_m$，对应的函数值 $y=f(x)$ 的变化范围 $y_0\leqslant y\leqslant y_m$。当 $x=x_0$、$y=y_0$ 时，与 $x$、$y$ 对应的两连架杆输入角和输出角在起始点，即 $\varphi=0$，$\psi=0$；而当 $x=x_m$、$y=y_m$ 时，与之相应的两连架

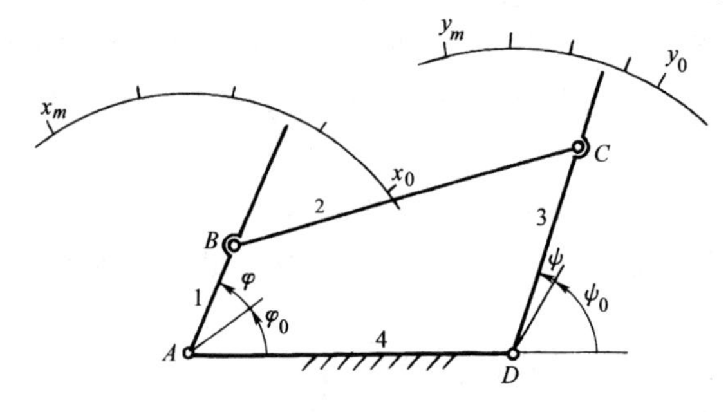

图 2-17

杆的转角为 $\varphi_m$ 和 $\psi_m$。现把自变量 $x$ 与输入角 $\varphi$ 之间的比例系数取为 $\mu_\varphi$，把函数值 $y$ 与输出角 $\psi$ 之间的比例系数取为 $\mu_\psi$，则

$$\mu_\varphi = \frac{x_m - x_0}{\varphi_m - 0} = \frac{x_m - x_0}{\varphi_m} = \frac{x - x_0}{\varphi} \tag{2-50}$$

$$\mu_\psi = \frac{y_m - y_0}{\psi_m - 0} = \frac{y_m - y_0}{\psi_m} = \frac{y - y_0}{\psi} \tag{2-51}$$

由于给定函数 $y = f(x)$ 及自变量 $x$ 的变化区间 $(x_0, x_m)$ 为已知，所以只要选定 $\mu_\varphi$ 及 $\mu_\psi$，就能求得两连架杆的转角为 $\varphi_m$ 和 $\psi_m$；反之，若选定 $\varphi_m$ 和 $\psi_m$，则可由式(2-50)和式(2-51)求得 $\mu_\varphi$ 和 $\mu_\psi$。实际上常常是根据经验事先选定转角 $\varphi_m$ 和 $\psi_m$。

由式(2-50)和式(2-51)得 $x = \mu_\varphi \varphi + x_0$，$y = \mu_\psi \psi + y_0$，把 $x$、$y$ 代入 $y = f(x)$ 整理后可得

$$\psi = \frac{1}{\mu_\psi}[f(\mu_\varphi \varphi + x_0) - y_0] \tag{2-52}$$

这就是给定函数 $y = f(x)$ 时，经过比例换算要求铰链四杆机构的两连架杆来实现的对应角位移方程式，简写为 $\psi = \psi(\varphi)$。铰链四杆机构设计的任务是选定机构的各参数来实现式(2-52)。

如前所述，铰链四杆机构在实现 $\psi = \psi(\varphi)$ 运动关系时只包含五个待定参数，与其对应的给定参数 $y = f(x)$ 也最多只能满足 5 个 $x$ 值的精确函数值。现把精确点称为节点，应用函数逼近理论，这五个点的自变量 $x$ 值可初选如下

$$x_i = \frac{x_0 + x_m}{2} + \frac{x_0 - x_m}{2}\cos\frac{2i - 1}{2n} \times 180^\circ \tag{2-53}$$

式中，$i = 1, 2, \cdots, n$，$n$ 为要求精确实现的节点数目。

设计时，先确定节点数 $n$，由给定的 $x_0$、$x_m$ 值，用式(2-53)算出节点处的 $x_i$ 值，且算出 $y_i$ 值；再根据选定的 $\varphi_m$ 和 $\psi_m$ 算出 $\mu_\varphi$ 和 $\mu_\psi$，通过这两个比例系数把 $x_i$、$y_i$ 换算为对应的 $\varphi_i$ 和 $\psi_i$ 值。此时，问题就转化为按两连架杆对应位置设计铰链四杆机构。

# 第三章　凸轮机构的分析与设计

## 第一节　凸轮机构设计的基本知识

### 一、凸轮机构设计的目的和内容

在各种机械，特别是自动机械和自动控制装置中，广泛地应用着各种形式的凸轮机构。凸轮的等速转动或移动，能使从动件实现各种运动规律的移动或摆动。凸轮机构和其他机构的组合，可以使从动件精确地实现各种运动规律。

凸轮机构设计的内容包括：机构类型的选定、封闭形式的选用、推杆运动规律的合理选择、基圆半径的确定、轮廓曲线的设计和轮廓曲率半径的验算等。其中，最重要的是设计凸轮的轮廓曲线，而凸轮的轮廓曲线主要是根据推杆的运动规律设计的，推杆的运动规律又应根据工作要求选定。

### 二、推杆常用运动规律

图 3-1a 所示为一对心直动尖顶推杆盘形凸轮机构。$r_0$ 是凸轮的基圆半径，$s$ 表示推杆的位移，图 3-1b 所示的 $s$—$\delta$ 曲线是推杆的位移曲线。凸轮轮廓的 $AB$ 段是它的推程段，与其对应的凸轮转角 $\delta_0$ 为推程角；$BC$ 段是凸轮轮廓的远休止部分，与其对应的有远休止角 $\delta_{01}$；$CD$ 段是其回程部分，该部分凸轮转角称为回程角 $\delta_0'$；$DA$ 段是近休止段，近休止角为 $\delta_{02}$。在此凸轮机构中，推杆作“升—停—降—停”的循环运动。实用中还有其他形式的运动，如“升—降”型、“升—停—降”型和“升—降—停”型。因为在近休止和远休止期间推杆静止不动，所以推杆的运动规律是指它在推程和回程时，各运动参数位移 $s$、速度 $v$ 以及加速度 $a$ 随凸轮转角 $\delta$ 变化的规律。

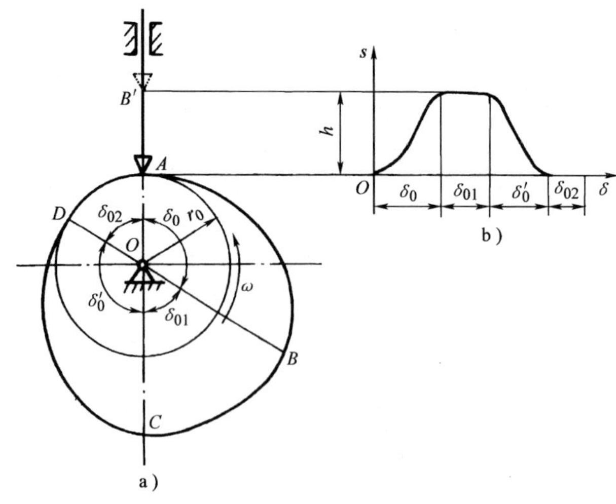


图　3-1

常用的四种推杆运动规律见表 3-1。

**表 3-1　推杆常用运动规律**

<table>
<tr><th rowspan="2">运动规律</th><th colspan="2">运动方程式</th><th rowspan="2">运动特性</th></tr>
<tr><th>推　程</th><th>回　程</th></tr>
<tr><td>等速运动</td><td>$s=\frac{h}{\delta_0}\delta$<br>$v=\frac{h}{\delta_0}\omega$<br>$a=0$<br>$0\leqslant\delta\leqslant\delta_0$</td><td>$s=h\left(1-\frac{\delta}{\delta_0'}\right)$<br>$v=-\frac{h\omega}{\delta_0'}$<br>$a=0$<br>$0\leqslant\delta\leqslant\delta_0'$</td><td>等速运动是指推杆的速度 $v$ 为常数，加速度为零，位移为线性方程。推杆在运动开始和终止的瞬时，加速度值在理论上有从零到无穷大的突变，它使凸轮机构产生刚性冲击</td></tr>
<tr><td rowspan="4">等加速等减速运动</td><td colspan="2">等加速运动段</td><td rowspan="4">等加速等减速运动是指推杆在行程中，先作等加速运动，后作等减速运动。推杆在运动开始、结束和中点位置产生有限量的加速度突变，这使凸轮机构存在柔性冲击</td></tr>
<tr><td>$s=\frac{2h}{\delta_0^2}\delta^2$<br>$v=\frac{4h\omega}{\delta_0^2}\delta$<br>$a=\frac{4h\omega^2}{\delta_0^2}$<br>$0\leqslant\delta\leqslant\frac{\delta_0}{2}$</td><td>$s=h-\frac{2h}{\delta_0'^2}\delta^2$<br>$v=-\frac{4h\omega}{\delta_0'^2}\delta$<br>$a=-\frac{4h\omega^2}{\delta_0'^2}$<br>$0\leqslant\delta\leqslant\frac{\delta_0'}{2}$</td></tr>
<tr><td colspan="2">等减速运动段</td></tr>
<tr><td>$s=h-\frac{2h(\delta_0-\delta)^2}{\delta_0^2}$<br>$v=-\frac{4h\omega(\delta_0-\delta)}{\delta_0^2}$<br>$a=-\frac{4h\omega^2}{\delta_0^2}$<br>$\frac{\delta_0}{2}\leqslant\delta\leqslant\delta_0$</td><td>$s=\frac{2h(\delta_0'-\delta)^2}{\delta_0'^2}$<br>$v=-\frac{4h\omega(\delta_0'-\delta)}{\delta_0'^2}$<br>$a=\frac{4h\omega^2}{\delta_0'^2}$<br>$\frac{\delta_0'}{2}\leqslant\delta\leqslant\delta_0'$</td></tr>
<tr><td>余弦加速度运动</td><td>$s=\frac{h}{2}\left[1-\cos\left(\frac{\pi\delta}{\delta_0}\right)\right]$<br>$v=\frac{\pi h\omega}{2\delta_0}\sin\left(\frac{\pi\delta}{\delta_0}\right)$<br>$a=\frac{\pi^2h\omega^2}{2\delta_0^2}\cos\left(\frac{\pi\delta}{\delta_0}\right)$<br>$0\leqslant\delta\leqslant\delta_0$</td><td>$s=\frac{h}{2}\left[1+\cos\left(\frac{\pi\delta}{\delta_0'}\right)\right]$<br>$v=-\frac{\pi h\omega}{2\delta_0'}\sin\left(\frac{\pi\delta}{\delta_0'}\right)$<br>$a=-\frac{\pi^2h\omega^2}{2\delta_0'^2}\cos\left(\frac{\pi\delta}{\delta_0'}\right)$<br>$0\leqslant\delta\leqslant\delta_0'$</td><td>余弦加速度运动又称为简谐运动。推杆运动时，其加速度按余弦函数规律变化。推杆在运动开始和结束时产生有限量的加速度突变，故也有柔性冲击</td></tr>
<tr><td>正弦加速度运动</td><td>$s=h\left[\frac{\delta}{\delta_0}-\frac{1}{2\pi}\sin\left(\frac{2\pi\delta}{\delta_0}\right)\right]$<br>$v=\frac{\omega h}{\delta_0}\left[1-\cos\left(\frac{2\pi\delta}{\delta_0}\right)\right]$<br>$a=\frac{2\pi h\omega^2}{\delta_0^2}\sin\left(\frac{2\pi\delta}{\delta_0}\right)$<br>$0\leqslant\delta\leqslant\delta_0$</td><td>$s=h\left[1-\frac{\delta}{\delta_0'}+\frac{1}{2\pi}\sin\left(\frac{2\pi\delta}{\delta_0'}\right)\right]$<br>$v=\frac{\omega h}{\delta_0'}\left[\cos\left(\frac{2\pi\delta}{\delta_0'}\right)-1\right]$<br>$a=-\frac{2\pi h\omega^2}{\delta_0'^2}\sin\left(\frac{2\pi\delta}{\delta_0'}\right)$<br>$0\leqslant\delta\leqslant\delta_0'$</td><td>正弦加速度运动又称摆线运动。推杆运动时，其加速度按正弦函数规律变化。推杆在整个运动过程中没有加速度突变，因而将不产生冲击</td></tr>
</table>

除表 3-1 中介绍的推杆常用的几种运动规律外，根据实际需要，还可以选择其他的运动规律，或者将上述常用的运动规律组合使用，以改善其运动特性。

## 第二节　用图解法设计凸轮机构

### 一、凸轮机构的一般设计步骤

(1) 确定推杆的运动规律　主要根据推杆在机器中所要求完成的运动、凸轮转速以及加工凸轮轮廓线的技术水平等来确定。

(2) 确定凸轮机构的类型和结构尺寸　根据凸轮轴与推杆的相对位置及其所占空间大小、凸轮的转速、推杆的行程、重量及运动方式(移动或摆动)、负荷大小等条件来确定机构类型，然后再确定偏距 $e$ 或摆动凸轮的凸轮中心到摆杆回转中心的距离 $a$ 和摆杆长度 $l$。

(3) 设计凸轮轮廓曲线　主要应用“反转法”进行设计。

(4) 其他方面的设计　若有工作要求，例如对于高速凸轮机构，还要进行运动分析、动态静力分析、动力学分析以及试验分析等，然后进行修正设计。若用弹簧进行锁合，则应为设计弹簧提供数据。对于常用的中低速凸轮机构，该步可以省去。

### 二、用作图法设计盘形凸轮轮廓曲线

设计凸轮轮廓曲线的前提条件是已经选定了凸轮机构的类型，并决定了凸轮的基圆半径等基本尺寸。

1. 反转法的设计步骤

1) 作出推杆在反转运动中依次占据的位置(如图 3-2 中推杆依次占据的位置为 $OO'$，$O1$，$O2$，$O3$，…)。

2) 根据选定的推杆的运动规律，求出推杆在预期运动中依次占据的各位置(如图 3-2 中尖顶依次占据的位置 $O'$，$1'$，$2'$，$3'$，…)。

3) 求出推杆尖端在上述两运动合成的复合运动中依次占据的各位置(如图 3-2 中推杆尖顶依次占据的位置 $O'$，$1''$，$2''$，$3''$，…)，并作出其高副元素所形成的曲线族。

4) 作推杆高副元素所形成的曲线族的包络线，即所求的凸轮轮廓线。

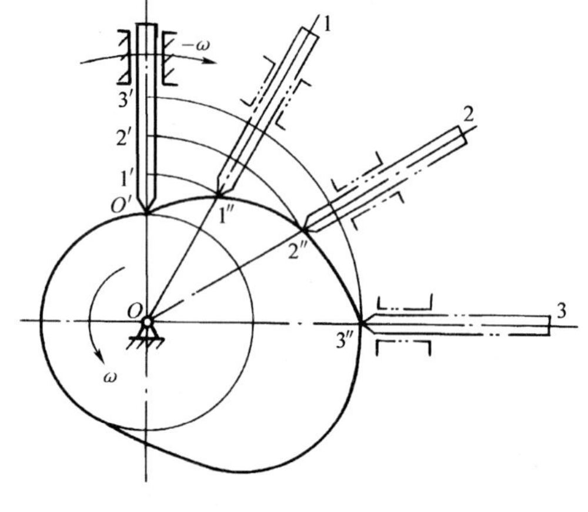


图　3-2

2. 各种常用盘形凸轮轮廓曲线的设计特点

1) 图 3-3 所示是对心直动尖顶推杆盘形凸轮机构的凸轮轮廓曲线设计过程示意图。设计之前需先取适当的比例尺 $\mu_l$，并作出凸轮的基圆。在对凸轮的转动角等分时，每一分度值通常在 1°～15°之间选取。因为这种机构推杆的高副元素曲线族是一系列的点，所以将这些点直接连成一条光滑的曲线，就形成凸轮轮廓曲线。

2) 对于对心直动滚子推杆盘形凸轮机构，可先按上述方法定出滚子中心在推杆复合运动中依次占据的位置，然后再以这些点为圆心、以滚子半径 $r_r$ 为半径，作出一系列的圆，再作此高副曲线族的包络线，即为凸轮的轮廓曲线。

3）图 3-4 所示是对心直动平底推杆盘形凸轮机构的凸轮轮廓曲线设计过程示意图。设计时将推杆导路的中心线与推杆平底的交点视为尖顶推杆的尖点，按上述步骤定出推杆尖顶作复合运动时依次占据的位置，然后再过这些点作一系列代表推杆平底的直线，这些直线族的包络线即为凸轮的轮廓曲线。

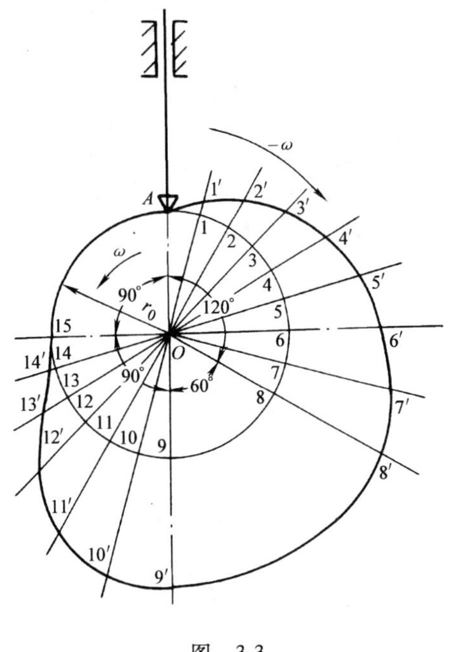

图　3-3

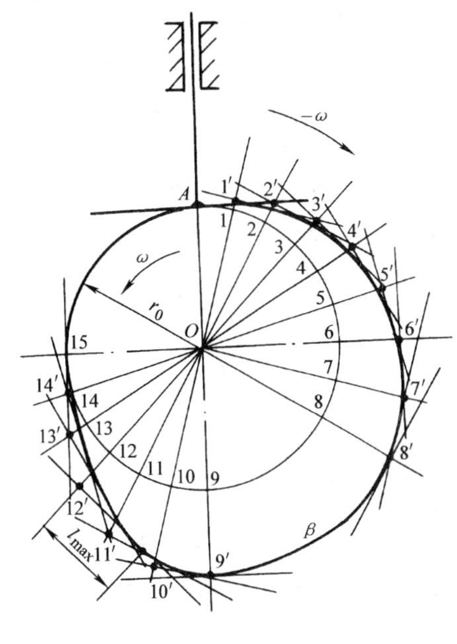

图　3-4

4）图 3-5 所示为偏置直动尖顶推杆盘形凸轮机构的设计过程。设计中，以凸轮轴心为圆心、以偏距 $e$ 为半径作偏距圆，推杆在反转运动中依次占据的位置都是偏距圆的切线，推杆位移应沿这些切线从基圆向外量取，这是与对心直动推杆不同的地方，其余的作图过程同前。

5）对于摆动尖顶推杆盘形凸轮机构，其推杆的运动规律要用推杆的角位移来表示，设计时应有角位移方程 $\varphi=\varphi(\delta)$ 或角位移线图。图 3-6 所示为这种凸轮轮廓曲线的设计过程。通过确定摆杆回转中心在反转过程中依次占据的位置，再以这些点为圆心，由摆动推杆的长度决定其尖顶在复合运动中依次占据的位置，最后将这些点连成光滑的曲线，就形成要求的凸轮轮廓曲线。

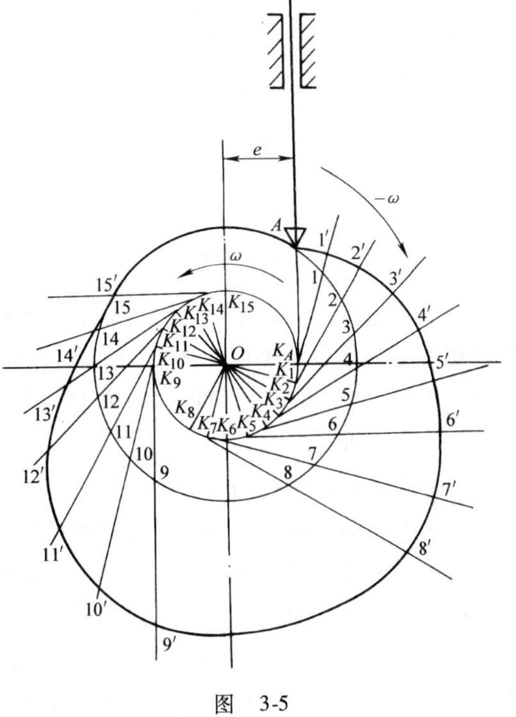

图　3-5

**三、凸轮机构基本尺寸的确定**

凸轮机构基本尺寸包括基圆半径、滚子

半径、平底尺寸、偏距、摆杆长度等。大部分尺寸可根据机构的受力状况、传动性能及结构类型进行选定，且容易调整。可是下面几种尺寸的确定必须涉及其他参数，这里介绍怎样用图解法来求解。

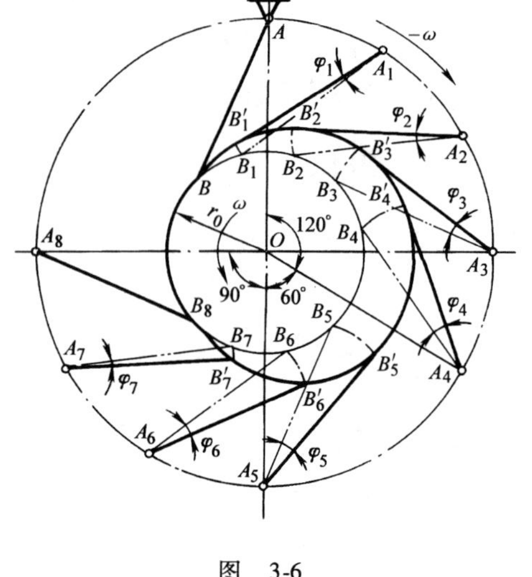

图 3-6

1. 凸轮基圆半径

对于一定形式的凸轮机构，在推杆的运动规律选定后，该凸轮机构的压力角与凸轮基圆半径的大小直接相关。

图 3-7 所示为偏置尖顶直动推杆盘形凸轮机构在推程中的任一位置，可推导出基圆半径与机构压力角之间的关系式为

$$r_0 = \sqrt{\left(\frac{\frac{v}{\omega} \pm e}{\tan\alpha} - s\right)^2 + e^2} \qquad (3\text{-}1)$$

式中，$v/\omega = \mathrm{d}s/\mathrm{d}\delta = OP$；“±”号表示推杆轨道偏置的不同方向。

由式(3-1)可知，推杆运动规律选定后，基圆半径越小，则机构的压力角将越大。另外，偏距 $e$ 的方向选择得当时，可使压力角减小；反之，则会使压力角增大。

从传力观点来看，压力角越小越好，但这样会使基圆半径增大，从而使凸轮机构尺寸加大，所以压力角过大和过小都不好。生产中是通过把凸轮机构的最大压力角限制在许用压力角$[\alpha]$内来保证可靠传动的。

对于直动推杆盘形凸轮机构，若要求 $\alpha \leqslant [\alpha]$，则由式(3-1)可得

$$r_0 \geqslant \sqrt{\left(\frac{\frac{v}{\omega} \pm e}{\tan\alpha} - s\right)^2 + e^2} \qquad (3\text{-}2)$$

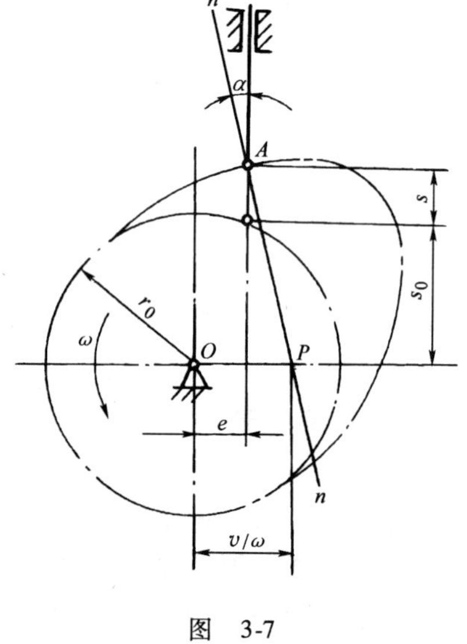

图 3-7

由于凸轮轮廓曲线上各点的 $v/\omega$、$s$ 值不同，式(3-2)算得的基圆半径也不同。实用中可以用图解法求出最小基圆半径 $r_{0\min}$，但比较烦琐。为方便起见，工程上现已制备了根据推杆几种常用运动规律确定许用压力角和基圆半径关系的诺模图，供近似确定凸轮的基圆半径或校核凸轮机构的最大压力角时使用。图 3-8 所示为用于对心直动滚子推杆盘形凸轮机构的诺模图。图中上半圆弧标出凸轮的不同转角，下半圆弧则是凸轮机构最大压力角的数值刻度。使用时，连接上、下两弧中的相应点，读出该连线与水平刻度尺交点的数值，换算求出 $r_0$。对于其他类型的凸轮机构，也可以制备类似的诺模图供设计使用。

上述根据 $\alpha_{\max} \leqslant [\alpha]$ 的条件所确定的凸轮基圆半径 $r_0$ 一般都比较小，有时不能满足受力要求。实际工作中，凸轮的基圆半径通常根据具体的结构条件来选择，必要时再检查是否满

足 $\alpha_{max}\leqslant[\alpha]$的条件。

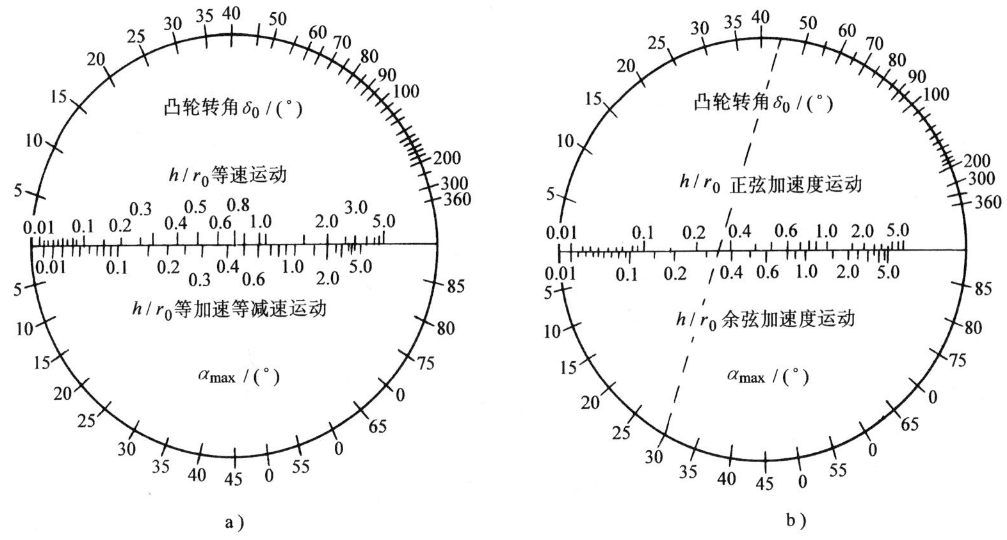


图　3-8

2. 滚子推杆的滚子半径

设计凸轮轮廓曲线时，应避免在实际轮廓曲线上出现“尖点”和“交叉”失真。用作图法设计时，还是容易发现这些失真现象的。

凸轮实际轮廓曲线的最小曲率半径 $\rho_{amin}$一般不应小于 1 ~ 5mm。若不能满足此要求，就应适当减小滚子半径或增大基圆半径；有时则必须修改推杆的运动规律，以取消实际轮廓曲线上的“尖点”和“交叉”。

另一方面，滚子的尺寸还受其强度、结构等的限制，因而也不能做得太小，常取滚子半径 $r_r=(0.1\sim0.15)r_0$，$r_0$ 为凸轮基圆半径。

3. 平底推杆平底尺寸

当用作图法将凸轮轮廓曲线作出后，即可定出推杆平底中心至推杆平底与凸轮轮廓曲线接触点间的最大距离 $l_{max}$，而推杆平底长度 $l$ 应取为

$$l = 2l_{max} + (5 \sim 7)\,\text{mm} \tag{3-3}$$

## 第三节　用解析法设计凸轮机构

### 一、解析法设计凸轮轮廓曲线

与图解法相比，用解析法进行设计可以提高凸轮轮廓曲线的设计精度。解析法是根据已确定的凸轮机构的结构形式、推杆运动位移函数、基圆半径 $r_0$ 和滚子半径 $r_r$ 等，推导出凸轮理论轮廓和实际轮廓上各点的坐标方程式，再编程计算出各点的坐标值。解析法设计凸轮轮廓曲线仍然应用反转法原理。

1. 直动滚子推杆盘形凸轮的轮廓曲线设计

(1) 凸轮轮廓曲线的方程式　图 3-9 所示为一偏置直动滚子推杆盘形凸轮机构，选凸轮的回转中心为坐标原点，$y$ 轴的方向与推杆的导路平行，建立直角坐标系如图所示。开始

时，滚子中心位于凸轮理论轮廓曲线的起始点 $B_0$ 处。设 $s_0$ 为 $B_0$ 点到 $x$ 轴的距离，则

$$s_0=\sqrt{r_0^2-e^2}$$

式中，$e$ 和 $r_0$ 分别是偏距和凸轮的基圆半径。

当凸轮机构以 $-\omega$ 反转 $\delta$ 角时，推杆同时反转 $\delta$ 角并相应地沿导路移动了 $s$，滚子中心复合运动到 $B$ 点，其直角坐标为

$$\left.\begin{aligned}x&=(s_0+s)\sin\delta+e\cos\delta\\y&=(s_0+s)\cos\delta-e\sin\delta\end{aligned}\right\}\tag{3-4}$$

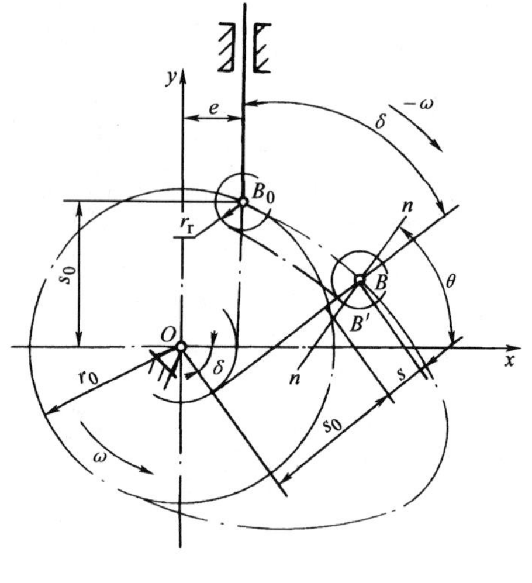

图 3-9

式(3-4)即为用直角坐标表示的凸轮理论轮廓曲线的方程式。

因凸轮的实际轮廓曲线是理论轮廓曲线的等距曲线，距离等于滚子半径 $r_r$，所以当已知理论轮廓曲线上任一点 $B(x, y)$时，只要沿理论轮廓曲线在该点法线方向取距离为 $r_r$(图 3-9)，即得实际轮廓曲线上的相应点 $B'(x', y')$。由数学知识可得，理论轮廓曲线 $B$ 点处法线 $nn$ 的斜率(与切线斜率互为负倒数)为

$$\tan\theta=\frac{\mathrm{d}x}{-\mathrm{d}y}=\frac{\dfrac{\mathrm{d}x}{\mathrm{d}\delta}}{-\dfrac{\mathrm{d}y}{\mathrm{d}\delta}}=\frac{\sin\theta}{\cos\theta}\tag{3-5}$$

根据式(3-4)有

$$\left.\begin{aligned}\frac{\mathrm{d}x}{\mathrm{d}\delta}&=\left(\frac{\mathrm{d}s}{\mathrm{d}\delta}-e\right)\sin\delta+(s_0+s)\cos\delta\\\frac{\mathrm{d}y}{\mathrm{d}\delta}&=\left(\frac{\mathrm{d}s}{\mathrm{d}\delta}-e\right)\cos\delta-(s_0+s)\sin\delta\end{aligned}\right\}\tag{3-6}$$

式(3-5)中的 $\sin\theta$ 和 $\cos\theta$ 可按下式求得

$$\left.\begin{aligned}\sin\theta&=\frac{\dfrac{\mathrm{d}x}{\mathrm{d}\delta}}{\sqrt{\left(\dfrac{\mathrm{d}x}{\mathrm{d}\delta}\right)^2+\left(\dfrac{\mathrm{d}y}{\mathrm{d}\delta}\right)^2}}\\\cos\theta&=\frac{-\dfrac{\mathrm{d}y}{\mathrm{d}\delta}}{\sqrt{\left(\dfrac{\mathrm{d}x}{\mathrm{d}\delta}\right)^2+\left(\dfrac{\mathrm{d}y}{\mathrm{d}\delta}\right)^2}}\end{aligned}\right\}\tag{3-7}$$

实际轮廓曲线上对应点 $B'(x',y')$ 的坐标为

$$\left.\begin{aligned}x'&=x\mp r_r\cos\theta\\y'&=y\mp r_r\sin\theta\end{aligned}\right\}\tag{3-8}$$

此即为凸轮的工作轮廓曲线方程式。式中“-”号用于内等距曲线，“+”号用于外等距曲线。

式(3-6)中的 $e$ 为代数量，其正负规定如下：如图 3-9 所示，当凸轮沿逆时针方向回转时，若推杆处于凸轮回转中心的右侧，$e$ 为正，反之为负；若凸轮沿顺时针方向回转时，则相反。

在数控机床上加工凸轮，需要给出刀具中心运动轨迹的方程式。若刀具(铣刀或砂轮)半径 $r_C$ 和推杆滚子半径 $r_r$ 相同，则凸轮的理论轮廓曲线方程式即为刀具中心运动轨迹的方程式。但当刀具半径 $r_C$ 大于滚子半径 $r_r$ 时，由图 3-10a 可以看出，这时刀具中心的运动轨迹 $\eta_C$ 为理论轮廓曲线 $\eta$ 的等距曲线，相当于以 $\eta$ 线上各点为中心、以 $r_C - r_r$ 为半径所作一系列圆的外包络线；反之，当在线切割机上加工凸轮时，$r_C < r_r$，如图 3-10b 所示，这时，刀具中心的运动轨迹 $\eta_C$ 相当于以 $\eta$ 线上各点为中心、$r_r - r_C$ 为半径所作一系列圆的内包络线。所以，只要以 $|r_C - r_r|$ 代替 $r_r$，便可由式(3-8)求出外包络线(即刀具中心线)的方程式。

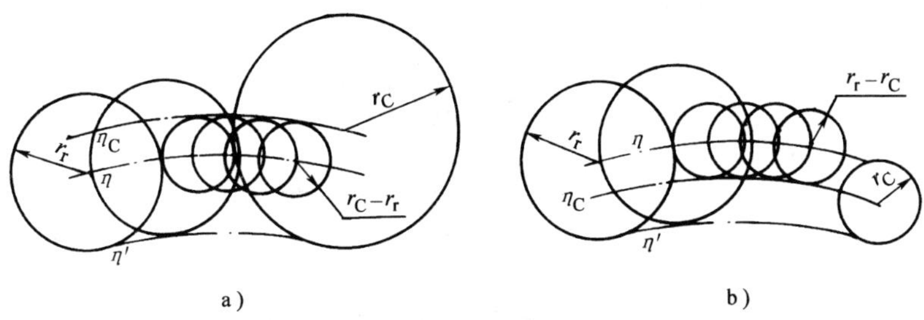


图　3-10

(2) 应用举例　一偏置直动滚子推杆盘形凸轮机构的配置如图 3-11 所示。已知偏距 $e$，基圆半径 $r_0$，滚子半径 $r_r$；推杆推程为简谐运动规律，推程为 $h$，推程角为 $\delta_0$；远休止角 $\delta_{01}$；回程为等加速等减速运动规律，回程角 $\delta_0'$；近休止角 $\delta_{02}$。设计此凸轮的轮廓曲线。

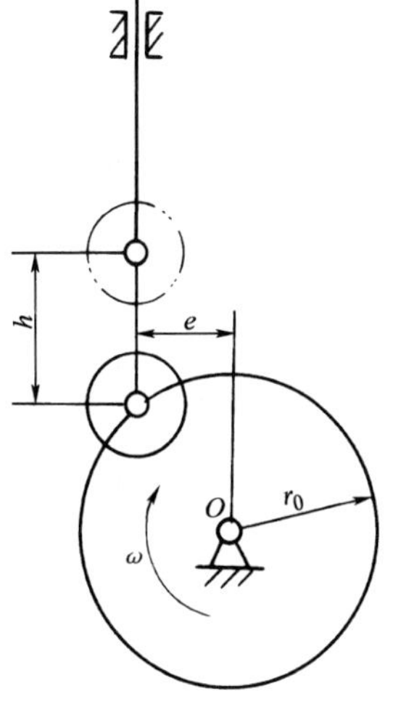


图　3-11

1) 建立数学模型。推杆的运动规律：

当 $\delta$ 从 0°到 $\delta_0$ 时

$$\left.\begin{aligned} s &= \frac{h}{2}\left(1 - \cos\frac{\pi}{\delta_0}\delta\right) \\ \frac{ds}{d\delta} &= \frac{h\pi}{2\delta_0}\sin\frac{\pi}{\delta_0}\delta \end{aligned}\right\} \tag{3-9}$$

当 $\delta$ 从 $\delta_0$ 到 $\delta_0 + \delta_{01}$ 时

$$s = h, \quad \frac{ds}{d\delta} = 0$$

当 $\delta$ 从 $\delta_0 + \delta_{01}$ 到 $\delta_0 + \delta_{01} + \frac{\delta_0'}{2}$ 时

$$\left.\begin{aligned} s &= h - 2h\frac{(\delta - \delta_0 - \delta_{01})^2}{\delta_0'^2} \\ \frac{ds}{d\delta} &= \frac{-4h(\delta - \delta_0 - \delta_{01})}{\delta_0'^2} \end{aligned}\right\} \tag{3-10}$$

当 $\delta$ 从 $\delta_0+\delta_{01}+\dfrac{\delta_0'}{2}$ 到 $\delta_0+\delta_{01}+\delta_0'$ 时

$$\left.\begin{aligned} s &= \frac{2h(\delta_0+\delta_{01}+\delta_0'-\delta)^2}{\delta_0'^2} \\ \frac{\mathrm{d}s}{\mathrm{d}\delta} &= \frac{-4h(\delta_0+\delta_{01}+\delta_0'-\delta)}{\delta_0'^2} \end{aligned}\right\} \tag{3-11}$$

当 $\delta$ 从 $\delta_0+\delta_{01}+\delta_0'$ 到 360°时

$$s=0,\quad \frac{\mathrm{d}s}{\mathrm{d}\delta}=0$$

理论轮廓曲线上各点坐标按式(3-4)计算。实际轮廓曲线上各点坐标按式(3-5)～式(3-8)计算。由该凸轮机构的配置可知，式中的 $e$ 应取正值。

2）框图设计。框图设计如图 3-12 所示。

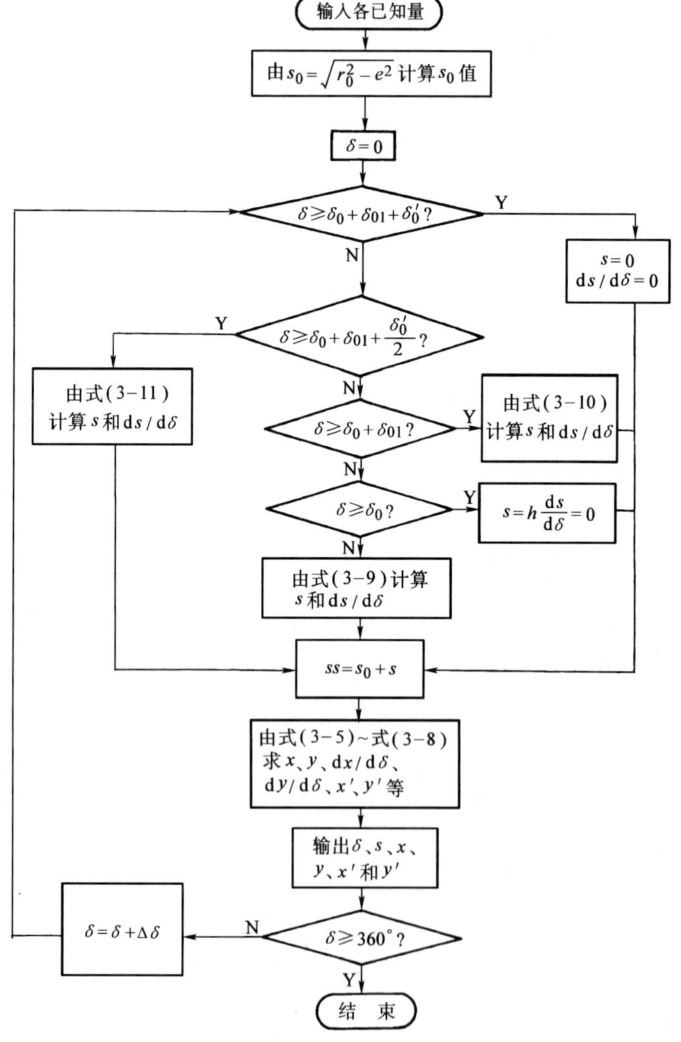


图　3-12

3）算例。某一凸轮机构，$e=10.5\text{mm}$，$r_0=40\text{mm}$，$r_r=9.5\text{mm}$；$h=30\text{mm}$，$\delta_0=150°$，$\delta_{01}=30°$；$\delta_0'=120°$；$\delta_{02}=60°$，其 BASIC 程序及计算结果如下。

Quick Basic 语言程序

```
2000  REM DESIGN FOR OUTLINES OF A CAM
2005  READ D, E, RO, H, RR, PI
2010  DATA 0, 10.5, 40, 30, 9.5, 3.14159
2015  K = PI/180: D0 = 150 * K: D1 = 30 * K: D3 = 120 * K: D2 = 60 * K
2020  SO = SQR(RO * RO-E * E)
2025  T1 = PI/DO: T2 = 180/PI: T3 = D3 * D3
2030  IF D > = D0 + D1 + D3 THEN LET S = 0: DS = 0
2035  ELSEIF D > = D0 + D1 + D3/2 THEN LET S = 2 * H * (D3 + D0 + D1 - D)^2/T3
      DS = -4 * H * (D0 + D1 + D3 - D)/T3
2040  ELSEIF D > = D0 + D1 THEN LET S = H - 2 * H * (D - D0 - D1)^2/T3
      DS = -4 * H * (D - D0 - D1)/T3
2045  ELSEIF D > = D0 THEN LET S = H: DS = 0
2050  ELSE LET S = 0.5 * H * (1 - COS(T1 * D)):    DS = 0.5 * H * T1 * SIN(T1 * D)
2055  ENDIF
2060  SS = SO + S
2065  X = SS * SIN(D) + E * COS(D):    Y = SS * COS(D) - E * SIN(D)
2070  DX = (DS - E) * SIN(D) + SS * COS(D): DY = (DS - E) * COS(D) - SS * SIN(D)
2075  ST = DX/SQR(DX * DX + DY * DY)
2080  CT = - DY/SQR(DX * DX + DY * DY)
2085  XP = X - RR * CT: YP = Y - RR * ST
2090  PRINT "DRT = "; INT(D * T2 + 0.5), "S = "; S
2100  PRINT "X = "; X, "Y = "; Y
2105  PRINT "XP = "; XP, "YP = "; YP
2110  D = D + PI/6: PRINT
2115  IF D < 360 THEN GOTO 2030
2120  END
```

部分计算结果

```
DRT = 0            S = 0
X = 10.012         Y = 38.830 83
XP = 7.825         YP = 30.156 38
DRT = 30           S = 2.975 856
X = 29.468 62      Y = 32.031 95
XP = 24.601 81     YP = 22.301 83
```

程序中部分字符的含义

D——凸轮转角 $\delta$；　　D0——推程角 $\delta_0$；　　D1——远休止角 $\delta_{01}$；

D2——近休止角 $\delta_{02}$；　D3——回程角 $\delta_0'$；　X——理论轮廓曲线的 $x$ 坐标；XP——实际轮廓曲线的 $x'$坐标；Y——理论轮廓曲线的 $y$ 坐标；YP——实际轮廓曲线的 $y'$坐标。

2. 对心平底推杆盘形凸轮的轮廓曲线设计

如图 3-13 所示，选取以凸轮的回转中心为坐标原点、$y$ 轴与推杆初始位置的导路重合的直角坐标系。在初始位置，推杆的平底与凸轮轮廓曲线的起始点切于 $B_0$ 点。当凸轮由初始位置反转 $\delta$ 角时，推杆位移为 $s$，推杆与凸轮在 $B$ 点相切；又由瞬心知识可知，此时凸轮与推杆的相对瞬心在 $P$ 点，故知推杆的速度为

$$v = v_P = OP\omega$$

或

$$OP = \frac{v}{\omega} = \frac{\mathrm{d}s}{\mathrm{d}\delta}$$

而由图 3-13 可知 $B$ 点的坐标为

$$\left.\begin{aligned} x &= (r_0 + s)\sin\delta + \cos\delta\frac{\mathrm{d}s}{\mathrm{d}\delta} \\ y &= (r_0 + s)\cos\delta - \sin\delta\frac{\mathrm{d}s}{\mathrm{d}\delta} \end{aligned}\right\} \qquad (3\text{-}12)$$

这就是凸轮实际轮廓曲线的方程式。

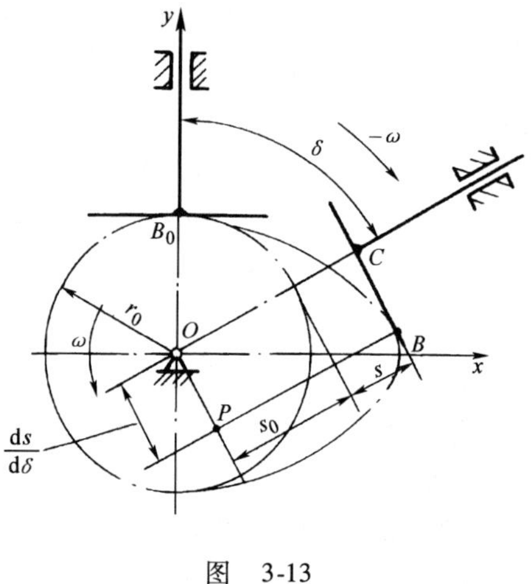

图 3-13

3. 摆动滚子推杆盘形凸轮

图 3-14 所示为一凸轮的转向(逆时针)与摆动推杆升程的摆动方向(顺时针)相反的摆动盘形凸轮机构。选取以凸轮的回转中心为原点、$y$ 轴与两中心(凸轮转动中心与摆杆的摆动中心)连线重合的直角坐标系。$A_0B_0$ 为摆杆的初始位置，它与中心线 $A_0O$ 的夹角为 $\varphi_0$，称作初始角。当反转 $\delta$ 角后，摆杆处于 $AB$ 位置，其角位移为 $\varphi$；则理论轮廓曲线上 $B$ 点的坐标为

$$\left.\begin{aligned} x &= a\sin\delta - l\sin(\delta + \varphi + \varphi_0) \\ y &= a\cos\delta - l\cos(\delta + \varphi + \varphi_0) \end{aligned}\right\} \qquad (3\text{-}13)$$

式中　$a$——凸轮轴心 $O$ 与摆动轴心 $A_0$ 之间的距离；

$l$——摆动推杆的长度。

式(3-13)即为凸轮理论轮廓曲线的方程式。凸轮实际轮廓曲线的方程式仍为式(3-8)。

若凸轮的转向与摆杆升程的摆动方向相同，则凸轮理论轮廓曲线上各点的坐标由下两式求得

$$\left.\begin{aligned} x &= a\sin\delta + l\sin(\varphi_0 + \varphi - \delta) \\ y &= a\cos\delta - l\cos(\varphi_0 + \varphi - \delta) \end{aligned}\right\} \qquad (3\text{-}14)$$

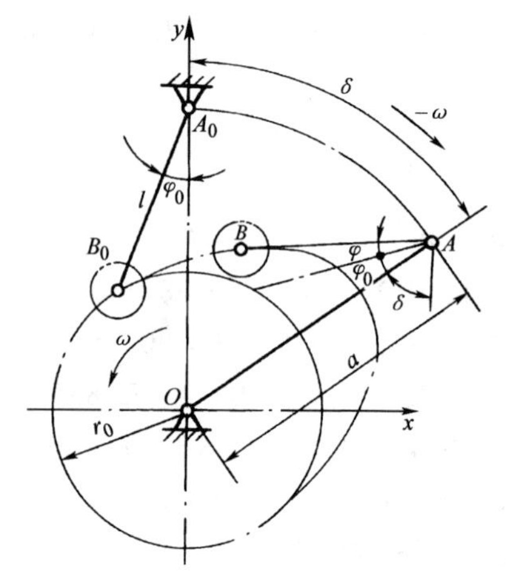

图 3-14

## 二、解析法确定凸轮机构基本尺寸

1. 按许用压力角确定直动推杆盘形凸轮机构的基圆半径

前面已经分析，并通过图 3-7 可以求得偏置尖顶

直动推杆盘形凸轮机构的基圆半径 $r_0$ 和凸轮机构的压力角 $\alpha$，有如下的关系式

$$\tan\alpha=\frac{\left|\dfrac{ds}{d\delta}\right|\mp e}{s+\sqrt{r_0^2-e^2}} \tag{3-15}$$

由式(3-15)可知，在 $e$ 一定、$ds/d\delta$ 已知的条件下，加大基圆半径 $r_0$，可以减小压力角 $\alpha$，从而改善传力特性，但这使机构尺寸增大。为了满足 $\alpha_{max}\leqslant[\alpha]$ 的条件，又使机构尺寸不致过大，就应合理地确定凸轮基圆半径的值。应用解析法并借助计算机，可以在保证 $\alpha_{max}\leqslant[\alpha]$ 的条件下计算获得最小基圆半径 $r_{0min}$，其步骤如下：

1）先给出一较小的基圆半径 $r_0$。

2）按一定的步长，一般以凸轮每转1°由式(3-15)算出一个运动循环中各点的压力角 $\alpha_k$。

3）从 $\alpha_k$ 中分别选出推程和回程的最大压力角 $\alpha_{max}$ 和 $\alpha'_{max}$。

4）将最大压力角与许用压力角进行比较，若 $\alpha_{max}>[\alpha]$ 或 $\alpha'_{max}>[\alpha]'$，则令 $r_0=r_0+\Delta r_0$，再进行2)、3)两步；如果 $\alpha_{max}$、$\alpha'_{max}$ 仍大于其许用值，则重复上述步骤，直到 $\alpha_{max}\leqslant[\alpha]$ 和 $\alpha'_{max}\leqslant[\alpha]'$ 时为止。

5）若 $\alpha_{max}<([\alpha]-\Delta\alpha)$，则令 $r_0=r_0-m\Delta r_0$，（$m$ 为大于零小于1的数），再执行2)、3)等过程，直到 $([\alpha]-\Delta\alpha)\leqslant\alpha_{max}\leqslant[\alpha]$ 时，即输出 $r_0=r_{0min}$。

对于上述 $\Delta r_0$、$m$ 和 $\Delta\alpha$，应根据试算情况和凸轮机构的工作场合及要求合理选择。

2. 凸轮轮廓曲线上最小曲率半径的验算

如图3-15所示，$R'$、$R$、$r_r$ 分别为凸轮实际轮廓上某点的曲率半径、对应点的理论轮廓曲线上的曲率半径和滚子半径。由图中 $A$ 点可知，当理论轮廓内凹时，$R'=R+r_r$，其实际轮廓总可以画出来。当凸轮理论轮廓外凸时，由 $B$ 点可知，$R'=R-r_r$。它可分为三种情况：① $R>r_r$ 如 $B$ 点所示，这时 $R'>0$，可求出实际轮廓；② 当 $R=r_r$ 时，$R'=0$ 出现尖点；③ $R<r_r$ 如 $C$ 点所示，这时 $R'<0$，实际轮廓失真。为避免后两种情况，必须保证滚子半径小于理论轮廓外凸部分的最小曲率半径 $R_{min}$。设计时，通常取 $r_r\leqslant0.8R_{min}$。为此，需验算理论轮廓的曲率半径。

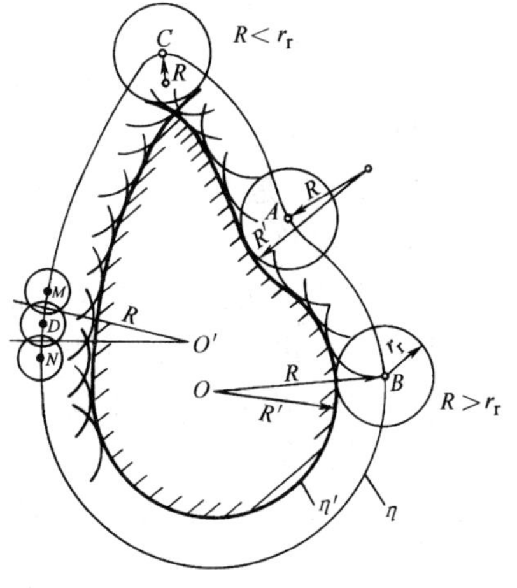


图　3-15

由数学知识可得，平面曲线上某点曲率半径计算公式的直角坐标形式为

$$R=\frac{[1+(dy/dx)^2]^{\frac{3}{2}}}{\dfrac{d^2y}{dx^2}}$$

因凸轮理论轮廓曲线上各点的坐标$(x, y)$是凸轮转角 $\delta$ 的函数，所以上式中

$$\frac{dy}{dx}=\frac{dy/d\delta}{dx/d\delta}$$

$$\frac{d^2y}{dx^2}=\frac{(dx/d\delta)(d^2y/d\delta^2)-(dy/d\delta)(d^2x/d\delta^2)}{(dx/d\delta)^3}$$

对于移动，验算公式为

$$R=\frac{[(\mathrm{d}s/\mathrm{d}\delta-e)^2+(s_0+s)^2]^{\frac{3}{2}}}{(\mathrm{d}s/\mathrm{d}\delta-e)(2\mathrm{d}s/\mathrm{d}\delta-e)-(s_0+s)[\mathrm{d}^2s/\mathrm{d}\delta^2-(s_0+s)]}\tag{3-16}$$

式中 $e$——偏距；

$s$——推杆的位移；

$s_0$——推杆的初始位移，$s_0=\sqrt{r_0^2-e^2}$。

对于摆动推杆，验算公式为

$$R=\frac{\left[a^2+l^2\left(\frac{\mathrm{d}\varphi}{\mathrm{d}\delta}-1\right)^2+2al\left(\frac{\mathrm{d}\varphi}{\mathrm{d}\delta}-1\right)\cos(\varphi_0+\varphi)\right]^{\frac{3}{2}}}{a^2-l^2\left(\frac{\mathrm{d}\varphi}{\mathrm{d}\delta}-1\right)^3-al\left(\frac{\mathrm{d}\varphi}{\mathrm{d}\delta}-1\right)\left(\frac{\mathrm{d}\varphi}{\mathrm{d}\delta}-2\right)\cos(\varphi_0+\varphi)-\left(\frac{\mathrm{d}^2\varphi}{\mathrm{d}\delta^2}\right)al\sin(\varphi_0+\varphi)}\tag{3-17}$$

式中 $a$——凸轮中心与摆杆中心之间的距离；

$l$——摆杆的长度。

应用计算机进行分析验算的步骤如下：

1）先取一个较大的值作为 $R_{\min}$，大到凸轮轮廓上任意一点的 $R$ 值都小于它。

2）算出凸轮轮廓曲线上每个选定点的曲率半径 $R$。

3）若 $R\leqslant 0$，理论轮廓在此处为非外凸部分，舍去此值；若 $R>0$，将此值与所选的 $R_{\min}$ 比较，如果 $R<R_{\min}$，则令 $R_{\min}=R$；若 $R>R_{\min}$，则舍去此值。

4）当理论轮廓曲线上每个计算点的曲率半径都算完后，$R_{\min}$ 就是凸轮轮廓曲线的最小曲率半径。

5）判断其是否满足不等式 $r_r\leqslant 0.8R_{\min}$，决定其合不合格。

这种验算方法实质上是从全部计算点的曲率半径中挑选出最小值的方法。

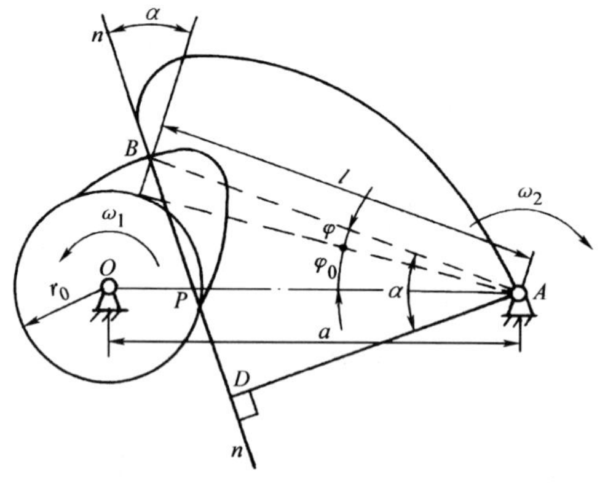


图 3-16

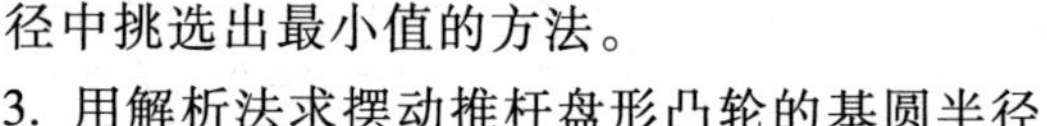
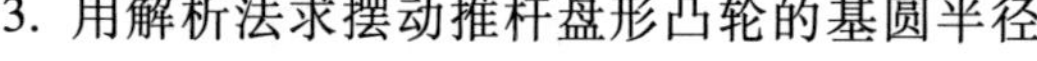

3. 用解析法求摆动推杆盘形凸轮的基圆半径

（1）压力角与基圆半径的关系　图 3-16 所示为一摆动推杆盘形凸轮机构。过接触点 $B$ 的法线 $nn$ 与连心线的交点 $P$ 为凸轮和摆杆的相对速度瞬心，且有

$$\left|\frac{\omega_2}{\omega_1}\right|=\left|\frac{\mathrm{d}\varphi}{\mathrm{d}\delta}\right|=\frac{OP}{AP}=\frac{a-AP}{AP}\tag{3-18}$$

在△$ABD$ 和△$APD$ 中可得

$$l\cos\alpha=AP\cos(\alpha-\varphi_0-\varphi)\tag{3-19}$$

联立式(3-18)和式(3-19)，考虑凸轮和摆杆的转向存在同向和反向两种情况，推导可得

$$\tan\alpha=\frac{\frac{l}{a}\left|\frac{\mathrm{d}\varphi}{\mathrm{d}\delta}\right|\mp\left[\cos(\varphi_0+\varphi)-\frac{l}{a}\right]}{\sin(\varphi_0+\varphi)}\tag{3-20}$$

式中，当两构件转向相同时取正号；相反时取负号。

(2) 求基圆半径 $r_0$ 理论上求解基圆半径时应综合考虑推杆在推程和回程时两方面的压力角的限制条件。但由于回程时许用压力角很大，实际上一般不起作用，且机构的效率问题都突出地反映在推程中，因此，求解过程只考虑推程的条件限制。

将 $\varphi=0$ 代入式(3-20)可得基圆上的压力角

$$\tan\alpha_0=\frac{\mp(\cos\varphi_0-l/a)}{\sin\varphi_0} \tag{3-21}$$

因为压力角 $\alpha$ 和摆角 $\varphi$ 都是凸轮转角 $\delta$ 的函数，且在最大压力角处，必然有 $\mathrm{d}\alpha/\mathrm{d}\delta=0$，所以对式(3-20)求导可得

$$\begin{aligned}&\left[\frac{l}{a}\frac{\mathrm{d}^2\varphi}{\mathrm{d}\delta^2}\pm\sin(\varphi+\varphi_0)\frac{\mathrm{d}\varphi}{\mathrm{d}\delta}\right]\sin(\varphi+\varphi_0)\\&=\left\{\frac{l}{a}\left[\frac{\mathrm{d}\varphi}{\mathrm{d}\delta}\pm1\right]\mp\cos(\varphi+\varphi_0)\right\}\cos(\varphi+\varphi_0)\frac{\mathrm{d}\varphi}{\mathrm{d}\delta}\end{aligned} \tag{3-22}$$

将式(3-22)化简并分开表示

$$\frac{l}{a}\frac{\mathrm{d}^2\varphi}{\mathrm{d}\delta^2}\sin(\varphi+\varphi_0)=\frac{l}{a}\left(\frac{\mathrm{d}\varphi}{\mathrm{d}\delta}+1\right)\frac{\mathrm{d}\varphi}{\mathrm{d}\delta}\cos(\varphi+\varphi_0)-\frac{\mathrm{d}\varphi}{\mathrm{d}\delta} \tag{3-23}$$

$$\frac{l}{a}\frac{\mathrm{d}^2\varphi}{\mathrm{d}\delta^2}\sin(\varphi+\varphi_0)=\frac{l}{a}\left(\frac{\mathrm{d}\varphi}{\mathrm{d}\delta}-1\right)\frac{\mathrm{d}\varphi}{\mathrm{d}\delta}\cos(\varphi+\varphi_0)+\frac{\mathrm{d}\varphi}{\mathrm{d}\delta} \tag{3-24}$$

其中，式(3-23)用于凸轮转向和摆杆摆动方向相反的情况；式(3-24)用于凸轮转向和摆杆摆动方向相同的情况。

下面根据已知条件的不同，分两种情况说明基圆半径的求解：

1) 已知摆杆的长度 $l$ 和中心距 $a$ 求 $r_0$ 当 $l/a$ 已知时，由式(3-23)和式(3-24)可知，对于任意给定的一个初始角 $\varphi_0$，都可求出对应最大压力角处的凸轮转角 $\delta_m$，然后根据给定的摆杆运动规律 $\varphi=\varphi(\delta)$ 求出对应摆杆的摆动角 $\varphi_m$、$\left(\frac{\mathrm{d}\varphi}{\mathrm{d}\delta}\right)_{\delta=\delta_m}$ 和 $\left(\frac{\mathrm{d}^2\varphi}{\mathrm{d}\delta^2}\right)_{\delta=\delta_m}$。将它们代入式(3-20)，可求出最大压力角 $\alpha_{max}$。当 $\varphi_0$ 由小到大变化时，可得到 $\alpha_{max}$ 随 $\varphi_0$ 变化的曲线。在该曲线上，选取 $\alpha_{max}$ 最小处的 $\varphi_0$ 为所求摆杆的初始角。由图 3-16 可知基圆半径为

$$r_0=\sqrt{a^2+l^2-2al\cos\varphi_0} \tag{3-25}$$

2) 已知摆杆的长度 $l$ 和初始角 $\varphi_0$ 求 $r_0$ 若已知摆杆的长度 $l$ 和初始角 $\varphi_0$，对于任意给定的中心距 $a$(常用结构空间确定)，都可以通过求解式(3-23)或式(3-24)，并用与上面类似的方法求得最大压力角 $\alpha_{max}$。当中心距由小到大逐渐变化时，相应地 $\alpha_{max}$ 也随着变化，从而可得 $\alpha_{max}-a$ 曲线，$\alpha_{max}$ 最小处的 $a$ 即为最佳中心距，再通过式(3-25)即可求得 $r_0$。

4. 对心平底推杆盘形凸轮机构平底尺寸 $L$ 的确定

因为在运动过程中，凸轮与推杆平底的接触点 $T$ 是变化的，所以平底的长度必须大于两边各自的最远接触点间的距离。求出一个运动循环中的最远接触点到推杆导路中心的距离 $l_{max}$，则推杆平底的长度

$$L=2l_{max}+(5\sim7)\mathrm{mm}$$

如图 3-17 所示，过凸轮与平底接触点 $T$ 作平底的垂线与过 $O$ 点垂直与推杆导路的直线相交于 $P$ 点，该点是凸轮和推杆的相对速度瞬心。

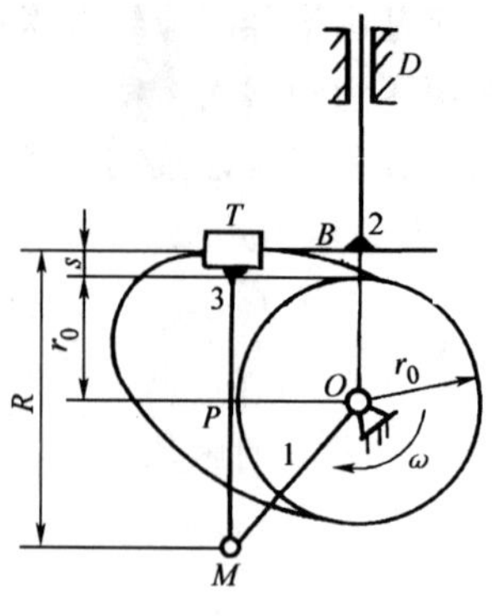


图 3-17

由于

$$BT = OP = \left|\frac{\mathrm{d}s}{\mathrm{d}\delta}\right|$$

所以

$$l_{\max} = \left|\frac{\mathrm{d}s}{\mathrm{d}\delta}\right|_{\max}$$

从而

$$L = 2\left|\frac{\mathrm{d}s}{\mathrm{d}\delta}\right|_{\max} + (5 \sim 7)\,\mathrm{mm} \tag{3-26}$$

# 第四章　齿轮机构的分析与设计

## 第一节　渐开线圆柱齿轮机构设计步骤及公式

齿轮机构是现代机械中最重要的传动机构，应用极为广泛。齿轮机构的设计是必不可少的，本章主要叙述变位圆柱齿轮传动设计方法。

**一、齿轮机构几何设计的要求**

1）在给定的条件下，以满足一定的传动质量指标为目的进行齿轮机构的几何计算。

2）在已计算的前提下，能以几何图形表示出所设计的一对齿轮的轮齿啮合情况，即绘制一对齿轮的轮齿啮合图。

**二、设计问题的类型及其几何设计步骤**

（一）非限定中心距的设计

1. 已知参数

两轮的齿数 $z_1$、$z_2$，模数 $m_n$，压力角 $\alpha_n$，齿顶高系数 $h_{an}^*$及螺旋角 $\beta$。

2. 几何设计步骤

1）选择传动类型。按一对齿轮变位系数之和 $x_{t1}+x_{t2}$的值大于零、等于零和小于零的不同情况，变位齿轮传动分别称为正传动、零传动和负传动。

正传动具有强度高、磨损小且机构尺寸紧凑等优点，应该优先选用。当 $z_1+z_2<2z_{min}$时，为防止齿轮发生根切，则必须选用正传动。

对于希望采用标准中心距的直齿圆柱齿轮传动，只要满足 $z_1+z_2\geqslant 2z_{min}$的条件，常采用等移距变位传动。若希望有良好的互换性，$z_1$、$z_2$ 又均大于 $z_{min}$，则优先选用标准齿轮传动。

负传动具有强度低、磨损严重、尺寸大等缺点，除中心距有特殊要求外，一般避免采用。

2）确定齿轮的变位系数。

3）按无侧隙啮合方程式计算端面啮合角 $\alpha_t'$

$$\mathrm{inv}\alpha_t'=\frac{2(x_{t1}+x_{t2})}{z_1+z_2}\tan\alpha_t+\mathrm{inv}\alpha_t \tag{4-1}$$

4）按表 4-1 所列公式计算两轮的几何尺寸。

5）验算齿轮传动的限制条件。

（二）限定中心距的设计

1. 已知参数

两轮的齿数 $z_1$、$z_2$，模数 $m_n$，压力角 $\alpha_n$，齿顶高系数 $h_{an}^*$，传动实际中心距 $a'$及螺旋角 $\beta$。

2. 几何设计步骤

1）按给定实际中心距 $a'$计算啮合角

$$\cos\alpha_t'=\frac{a}{a'}\cos\alpha_t \tag{4-2}$$

2）计算两轮变位系数和，并作适当分配

$$x_{t1}+x_{t2}=\frac{z_1+z_2}{2\tan\alpha_t}(\text{inv}\alpha_t'-\text{inv}\alpha_t) \tag{4-3}$$

变位系数分配按照对传动的要求进行。例如，等滑动系数、等弯曲强度要求等。在一般情况下，小齿轮的变位系数应大于大齿轮的变位系数。

3）由表 4-1 所列公式计算两轮的几何尺寸。

4）验算齿轮传动的限制条件。

（三）给定传动比而又限定中心距的设计

1. 已知参数

传动比 $i$，模数 $m_n$，压力角 $\alpha_n$，齿顶高系数 $h_{an}^*$，传动中心距 $a'$及螺旋角 $\beta$。

2. 几何设计步骤

1）按给定的传动比 $i$ 确定两轮的齿数。近似利用直齿轮的计算公式

$$z_1\approx\frac{2a'}{m_n(i+1)} \tag{4-4}$$

$$z_2=iz_1 \tag{4-5}$$

将 $z_1$、$z_2$ 圆整。圆整时应取齿数比 $u=z_2/z_1$ 与给定传动比 $i$ 误差较小的一对齿数方案。

2）此后的步骤与限定中心距的设计步骤相同。

## 三、几何设计公式

几何设计的有关公式见表 4-1。

**表 4-1　斜齿轮的参数和尺寸计算公式**

| 参数和尺寸 | 换算公式 |
|---|---|
| 模数 $m_t$ | $m_t=m_n/\cos\beta$ |
| 压力角 $\alpha_t$ | $\alpha_t=\arctan(\tan\alpha_n/\cos\beta)$ |
| 齿高系数 $h_{at}^*$ | $h_{at}^*=h_{an}^*\cos\beta$ |
| 顶隙系数 $c_t^*$ | $c_t^*=c_n^*\cos\beta$ |
| 变位系数 $x_t$ | $x_t=x_n\cos\beta$ |
| 分度圆直径 $d$ | $d=m_tz$ |
| 基圆直径 $d_b$ | $d_b=d\cos\alpha_t$ |
| 传动中心距 | $a'=a\dfrac{\cos\alpha_t}{\cos\alpha'_t}$，$a=\dfrac{1}{2}(d_1+d_2)$ |
| 齿顶圆直径 $d_a$ | $d_a=d+2(h_{at}^*+x_t-\sigma_t)m_t$ |
| 齿根圆直径 $d_f$ | $d_f=d-2(h_{at}^*+c_t^*-x_t)m_t$ |
| 节圆直径 $d'$ | $d'=d\dfrac{\cos\alpha_t}{\cos\alpha'_t}$ |
| 分度圆齿距 $p_t$ | $p_t=\pi m_t$ |
| 分度圆弧齿厚 | $s=\left(\dfrac{\pi}{2}+2x_t\tan\alpha_t\right)m_t$ |
| 公法线跨测齿数 | $K=\dfrac{1}{\pi}\left(z'_v\alpha_n+\dfrac{2x_n}{\tan\alpha_n}\right)+1.0$（舍小数取整）<br>式中　$z'_v=\dfrac{\text{inv}\alpha_t}{\text{inv}\alpha_n}z$（假想齿数） |
| 公法线长度 | $W=m_n\cos\alpha_n[\pi(K-0.5)+z\text{inv}\alpha_t]+2x_nm_n\sin\alpha_n$ |

## 第二节　齿轮变位系数的选择

### 一、变位系数的选择原则

变位齿轮传动的优点能否充分发挥，在很大程度上取决于变位系数的选择是否合理。

根据齿轮传动的不同工况，选择变位系数应遵循以下原则。

1. 最高接触强度原则

对于润滑良好的闭式齿轮传动，其齿面为软齿面（硬度≤350HBW），齿面接触强度比较低。因此，在许可范围内采用大的变位系数和（$x_\Sigma = x_1 + x_2$），以增大综合曲率半径，降低齿面接触应力，提高接触强度。

2. 等弯曲强度原则

闭式齿轮传动的轮齿若为硬齿面（硬度≥350HBW），其破坏的主要形式是弯曲疲劳折断。选择变位系数时应力求提高弯曲强度较低的齿轮的齿根厚度，使得两轮齿根弯曲强度趋于相等。

3. 等滑动系数原则

开式齿轮传动中齿面磨损严重，高速、重载齿轮传动中齿面易产生胶合破坏。因此，选变位系数应使齿轮获得较小的齿面滑动，并使两轮根部的滑动系数相等。

4. 最好平稳性原则

对于高速传动、重载传动或精密传动（仪器仪表），要求齿轮啮合平稳或精确。因此，选变位系数应使重合度 $\varepsilon_\alpha$ 获得尽可能大的值。

### 二、选择变位系数的限制条件

根据不同的工作条件和工作要求，按照不同原则选择变位系数时，应受到如下条件的限制。

1. 齿轮根切对变位系数的限制

众所周知，切制齿数 $z \leqslant z_{\min}$ 的标准齿轮将发生根切。对于直齿轮和斜齿轮，用齿条形刀具加工标准齿轮不产生根切的最小齿数 $z_{\min}$ 分别为

$$z_{\min} = \frac{2h_a^*}{\sin^2\alpha} \tag{4-6}$$

$$z_{\min} = \frac{2h_{an}^*\cos\beta}{\sin^2\alpha_t} \tag{4-7}$$

式中　$h_{an}^*$、$\beta$ 和 $\alpha_t$——斜齿轮的法向齿顶高系数、分度圆柱上的螺旋角和端面压力角。

当切制变位量不够大的正变位齿轮（当 $z < z_{\min}$）和变位量过大的负变位齿轮（即使 $z > z_{\min}$）时也会发生根切。这种不使变位齿轮产生根切的变位系数的最小值称为最小变位系数，以 $x_{\min}$ 表示，即

$$x_{\min} = \frac{h_a^*(z_{\min} - z)}{z_{\min}} \tag{4-8}$$

应使

$$x \geqslant x_{\min} \tag{4-9}$$

2. 齿轮齿顶变尖对变位齿轮的限制

随着变位系数 $x$ 的增大，齿形会逐渐变尖。为了保证齿顶的强度，要求齿顶厚 $s_a \geqslant (0.25 \sim 0.4)\ m$，齿轮材料组织均匀的取下限，齿面经硬化处理的取上限。如果不满足这一

条件时，应适当地减小变位系数，重新进行设计。齿顶厚

$$s_a = s\frac{r_a}{r} - 2r_a(\text{inv}\alpha_a - \text{inv}\alpha) \tag{4-10}$$

式中 $r$ 和 $\alpha$——分度圆半径和分度圆上的压力角，一般 $\alpha=20°$；

$s$——分度圆上的齿厚。

$$s = \frac{\pi m}{2} + 2xm\tan\alpha \tag{4-11}$$

3. 重合度对变位系数的限制

齿轮的重合度 $\varepsilon$ 随着变位系数 $x$ 的增大而减小。选择变位系数时，应保证齿轮传动的重合度大于等于许用重合度［$\varepsilon$］。设 $\varepsilon_\alpha$ 为端面重合度，$\varepsilon_\beta$ 为斜齿轮的轴面重合度，则对于直齿圆柱齿轮传动，一般应使 $\varepsilon=\varepsilon_\alpha \geqslant 1.2$；对于斜齿圆柱齿轮传动，一般应使 $\varepsilon=\varepsilon_\alpha+\varepsilon_\beta \geqslant 2$。$\varepsilon_\alpha$ 的计算公式为

$$\varepsilon_\alpha = \frac{1}{2\pi}[z_1(\tan\alpha_{a1} - \tan\alpha') + z_2(\tan\alpha_{a2} - \tan\alpha')] \tag{4-12}$$

式中 $\alpha_{a1}=\arccos(r_{b1}/r_{a1})$，$\alpha_{a2}=\arccos(r_{b2}/r_{a2})$；

$\alpha'$——啮合角。

若为斜齿轮，求端面重合度 $\varepsilon_\alpha$ 时应将其端面参数带入式（4-12）。斜齿轮的轴面重合度

$$\varepsilon_\beta = B\sin\beta/(\pi m_n) \tag{4-13}$$

式中 $B$——斜齿轮齿宽；

$\beta$——斜齿轮分度圆柱上的螺旋角；

$m_n$——斜齿轮法向模数。

4. 齿轮干涉对变位系数的限制

一对齿轮啮合传动时，如果一轮齿顶的渐开线与另一轮齿根的过渡曲线接触，由于过渡曲线不是渐开线，故两齿廓在接触点的公法线不能通过固定的节点 $P$，因而引起了传动比的变化，还可能使两轮卡住不动，这种现象称为“过渡曲线干涉”。当变位系数 $x$ 的绝对值过大时，会产生此干涉。选择变位系数时，要保证任一齿轮的齿顶不与相啮合齿轮的齿根过渡曲线干涉。当用齿条形刀具切制齿轮时，外啮合直齿圆柱齿轮 1 不产生干涉的条件为

$$\tan\alpha' - z_2(\tan\alpha_{a2} - \tan\alpha')/z_1 \geqslant \tan\alpha - \frac{4(h_a^* - x_1)}{z_1\sin 2\alpha} \tag{4-14}$$

齿轮 2 不产生干涉的条件为

$$\tan\alpha' - z_1(\tan\alpha_{a1} - \tan\alpha')/z_2 \geqslant \tan\alpha - \frac{4(h_a^* - x_2)}{z_2\sin 2\alpha} \tag{4-15}$$

## 三、选择齿轮变位系数的方法

工程上常用的变位系数选择方法有图表法、封闭图法和计算机编程计算法等。

1. 图表法

按照选择变位系数各原则将计算结果列成表格的形式，设计者可根据具体工作条件参照表 4-2 查出齿轮的变位系数。满足不同条件下的变位系数见表 4-3、表 4-4、表 4-5、表 4-6、表 4-7 和表 4-8。

**表 4-2　外啮合圆柱齿轮传动变位系数的选择**

| 齿轮种类 | 变位目的 | 应　　用 | 变位方式 | 变位系数 |
|---|---|---|---|---|
| 直齿轮 | 避免根切 | 为使齿轮传动紧凑而采用齿数少的轻载齿轮 | 高度变位 | 齿条形刀具加工的 $h_a^*=1$、$\alpha=20°$ 的齿轮，$x \geqslant (17-z_1)/17$ |
| | 提高接触强度 | 中等载荷的高速齿轮 | 角度变位 | 表 4-3 |
| | 提高弯曲强度 | 低速重载的齿轮 | 高度变位 | 表 4-4 |
| | | | 角度变位 | 表 4-5 |
| | 提高抗胶合耐磨性及传动平稳性 | 中等载荷的齿轮及精密传动齿轮 | 高度变位 | 表 4-6 |
| | | | 角度变位 | 表 4-7 |
| | 配凑中心距 | 中心距已确定时 | 角度变位 | 根据表 4-8 确定 $x_\Sigma$，按传动要求分配 $x_1$、$x_2$ |
| 斜齿轮 | 变位系数可按直齿轮的选择方法选择，但要用当量齿数 $z_v=z/\cos^3\beta$ 代替 $z$，求得的是法向变位系数 $x_n$ | | | |

**表 4-3　角度变位齿轮对于接触强度有利的变位系数（$x_1$，$x_2$）**

| $z_1$ \ $z_2$ | $x$ | 12 | 15 | 18 | 22 | 28 | 34 | 42 | 50 | 65 | 80 | 100 | 125 | 155 | 190 |
|---|---|---|---|---|---|---|---|---|---|---|---|---|---|---|---|
| 12 | $x_1$ | 0.38 | 0.30 | 0.30 | 0.30 | 0.30 | 0.30 | 0.30 | 0.30 | 0.30 | 0.30 | 0.30 | | | |
| | $x_2$ | 0.38 | 0.50 | 0.61 | 0.66 | 0.88 | 1.03 | 1.30 | 1.43 | 1.69 | 1.96 | 2.30 | | | |
| 15 | $x_1$ | | 0.45 | 0.34 | 0.38 | 0.26 | 0.13 | 0.20 | 0.25 | 0.26 | 0.30 | 0.35 | | | |
| | $x_2$ | | 0.45 | 0.64 | 0.75 | 1.04 | 1.42 | 1.53 | 1.65 | 1.87 | 2.14 | 2.32 | | | |
| 18 | $x_1$ | | | 0.54 | 0.60 | 0.40 | 0.30 | 0.29 | 0.32 | 0.41 | 0.48 | 0.52 | | | |
| | $x_2$ | | | 0.54 | 0.64 | 1.02 | 1.30 | 1.48 | 1.63 | 1.89 | 2.08 | 2.31 | | | |
| 22 | $x_1$ | | | | 0.68 | 0.59 | 0.48 | 0.40 | 0.43 | 0.53 | 0.61 | 0.65 | 0.75 | | |
| | $x_2$ | | | | 0.68 | 0.94 | 1.20 | 1.48 | 1.60 | 1.80 | 1.99 | 2.19 | 2.43 | | |
| 28 | $x_1$ | | | | | 0.86 | 0.80 | 0.72 | 0.64 | 0.70 | 0.75 | 0.80 | 0.83 | 0.82 | |
| | $x_2$ | | | | | 0.86 | 1.08 | 2.33 | 1.60 | 1.48 | 2.04 | 2.26 | 2.47 | 2.66 | |
| 34 | $x_1$ | | | | | | 1.01 | 0.90 | 0.80 | 0.83 | 0.89 | 0.94 | 1.00 | 1.05 | 1.03 |
| | $x_2$ | | | | | | 1.01 | 1.30 | 1.58 | 1.39 | 1.97 | 2.22 | 2.46 | 2.67 | 2.90 |
| 42 | $x_1$ | | | | | | | 1.17 | 1.11 | 1.05 | 1.09 | 1.12 | 1.36 | 1.34 | 1.39 |
| | $x_2$ | | | | | | | 1.17 | 1.41 | 1.75 | 1.95 | 2.20 | 2.52 | 2.72 | 2.99 |
| 50 | $x_1$ | | | | | | | | 1.34 | 1.32 | 1.26 | 1.28 | 1.44 | 1.04 | 1.43 |
| | $x_2$ | | | | | | | | 1.34 | 1.60 | 1.89 | 2.13 | 2.42 | 2.62 | 2.78 |
| 65 | $x_1$ | | | | | | | | | 1.58 | 1.57 | 1.55 | 1.54 | 1.50 | 1.50 |
| | $x_2$ | | | | | | | | | 1.58 | 1.83 | 2.10 | 2.32 | 2.48 | 2.60 |
| 80 | $x_1$ | | | | | | | | | | 1.82 | 1.76 | 1.70 | 1.63 | 1.57 |
| | $x_2$ | | | | | | | | | | 1.82 | 2.00 | 2.16 | 2.33 | 2.48 |
| 100 | $x_1$ | | | | | | | | | | | 1.90 | 1.79 | 1.71 | 1.65 |
| | $x_2$ | | | | | | | | | | | 1.90 | 2.05 | 2.19 | 2.38 |

**表 4-4　高度变位齿轮对于弯曲强度有利的变位系数（$x_1$）**

| $z_2$ \ $z_1$ | 12 | 15 | 18 | 22 | 28 | 34 | 42 | 50 | 65 | 80 | 100 |
|---|---|---|---|---|---|---|---|---|---|---|---|
| 12 | | | | | | | | | | | |
| 15 | | | | | | | | | | | |
| 18 | 0.19<br>— | 0.13<br>— | 0.09<br>-0.09 | | | | | | | | |
| 22 | 0.24<br>— | 0.20<br>— | 0.17<br>-0.07 | 0.15<br>-0.15 | | | | | | | |
| 28 | 0.29<br>— | 0.27<br>0.03 | 0.24<br>-0.04 | 0.21<br>-0.10 | 0.18<br>-0.18 | | | | | | |
| 34 | 0.34<br>— | 0.32<br>0.05 | 0.30<br>0.00 | 0.28<br>-0.07 | 0.24<br>-0.15 | 0.20<br>-0.20 | | | | | |
| 42 | 0.38<br>— | 0.36<br>0.07 | 0.34<br>0.03 | 0.32<br>-0.04 | 0.29<br>-0.13 | 0.27<br>-0.18 | 0.26<br>-0.26 | | | | |
| 50 | 0.42<br>— | 0.41<br>0.09 | 0.39<br>0.05 | 0.37<br>-0.02 | 0.35<br>-0.10 | 0.33<br>-0.16 | 0.30<br>-0.22 | 0.29<br>-0.29 | | | |
| 65 | 0.48<br>— | 0.47<br>0.12 | 0.46<br>0.07 | 0.45<br>0.00 | 0.44<br>-0.07 | 0.42<br>-0.14 | 0.40<br>-0.20 | 0.38<br>-0.27 | 0.38<br>-0.38 | | |
| 80 | 0.54<br>— | 0.52<br>0.15 | 0.52<br>0.09 | 0.51<br>0.02 | 0.50<br>-0.05 | 0.48<br>-0.13 | 0.47<br>-0.18 | 0.45<br>-0.26 | 0.46<br>-0.38 | 0.46<br>-0.46 | |
| 100 | 0.52<br>— | 0.57<br>0.16 | 0.56<br>0.11 | 0.56<br>0.04 | 0.56<br>-0.03 | 0.55<br>-0.12 | 0.55<br>-0.17 | 0.54<br>-0.26 | 0.55<br>-0.38 | 0.58<br>-0.50 | 0.60<br>-0.60 |
| 125 | | | | 0.56<br>0.04 | 0.56<br>-0.03 | 0.55<br>-0.12 | 0.55<br>-0.17 | 0.54<br>-0.26 | 0.55<br>-0.38 | 0.58<br>-0.50 | 0.60<br>-0.60 |
| 155 | | | | | 0.56<br>-0.03 | 0.55<br>-0.12 | 0.55<br>-0.17 | 0.54<br>-0.26 | 0.55<br>-0.38 | 0.58<br>-0.50 | 0.60<br>-0.60 |
| 190 | | | | | | 0.55<br>-0.12 | 0.55<br>-0.17 | 0.54<br>-0.26 | 0.55<br>-0.38 | 0.58<br>-0.50 | 0.60<br>-0.60 |

注：表中上面的数字用于 $z_1$ 齿轮为主动轮时的 $x_1$ 值，下面的数字用于 $z_1$ 齿轮为从动轮时的 $x_1$ 值。

**表 4-5　角度变位齿轮对于弯曲强度有利的变位系数（$x_1$，$x_2$）**

| $z_2$ \ $x$ \ $z_1$ | | 12 | 15 | 18 | 22 | 28 | 34 | 42 | 50 | 65 | 80 | 100 |
|---|---|---|---|---|---|---|---|---|---|---|---|---|
| 12 | $x_1$ | 0.47 | | | | | | | | | | |
| | $x_2$ | 0.23 | | | | | | | | | | |
| 15 | $x_1$ | 0.53 | 0.58 | | | | | | | | | |
| | $x_2$ | 0.22 | 0.28 | | | | | | | | | |
| 18 | $x_1$ | 0.57 | 0.64 | 0.72 | | | | | | | | |
| | $x_2$ | 0.25 | 0.29 | 0.34 | | | | | | | | |
| 22 | $x_1$ | 0.62 | 0.73 | 0.81 | 0.95 | | | | | | | |
| | $x_2$ | 0.28 | 0.32 | 0.38 | 0.39 | | | | | | | |
| 28 | $x_1$ | 0.70 | 0.79 | 0.89 | 1.04 | 1.26 | | | | | | |
| | $x_2$ | 0.26 | 0.35 | 0.38 | 0.40 | 0.42 | | | | | | |
| 34 | $x_1$ | 0.76 | 0.83 | 0.93 | 1.08 | 1.30 | 1.38 | | | | | |
| | $x_2$ | 0.22 | 0.34 | 0.37 | 0.38 | 0.36 | 0.34 | | | | | |
| 42 | $x_1$ | 0.75 | 0.92 | 1.02 | 1.18 | 1.24 | 1.31 | 1.35 | | | | |
| | $x_2$ | 0.21 | 0.32 | 0.36 | 0.38 | 0.31 | 0.27 | 0.20 | | | | |
| 50 | $x_1$ | 0.58 | 0.97 | 1.05 | 1.22 | 1.22 | 1.25 | 1.30 | 1.34 | | | |
| | $x_2$ | -0.16 | 0.31 | 0.36 | 0.42 | 0.25 | 1.20 | 0.12 | 0.04 | | | |
| 65 | $x_1$ | 0.55 | 0.80 | 1.10 | 1.17 | 1.19 | 1.23 | 1.25 | 1.28 | 1.32 | | |
| | $x_2$ | -0.35 | 0.4 | 0.40 | 0.36 | 0.20 | 0.15 | 0.02 | -0.05 | -0.12 | | |
| 80 | $x_1$ | 0.51 | 0.73 | 1.14 | 1.15 | 1.16 | 1.19 | 1.20 | 1.21 | -1.24 | 1.25 | |
| | $x_2$ | -0.54 | -0.15 | 0.40 | 0.26 | 0.12 | 0.07 | -0.06 | -0.15 | -0.22 | -0.32 | |
| 100 | $x_1$ | 0.53 | 0.71 | 1.00 | 1.12 | 1.14 | 1.15 | 1.15 | 1.14 | 1.17 | 1.18 | 1.18 |
| | $x_2$ | -0.76 | -0.22 | 0.28 | 0.22 | 0.08 | 0.01 | -0.14 | -0.22 | -0.35 | -0.45 | -0.45 |
| 125 | $x_1$ | | | | 1.11 | 1.12 | 1.20 | 1.12 | 1.13 | 1.14 | 1.14 | 1.15 |
| | $x_2$ | | | | 0.21 | 0.07 | 0.00 | -0.15 | -0.22 | -0.35 | -0.46 | -0.54 |
| 155 | $x_1$ | | | | | 1.08 | 1.10 | 1.10 | 1.10 | 1.10 | 1.10 | 1.10 |
| | $x_2$ | | | | | 0.05 | -0.03 | -0.16 | -0.23 | -0.36 | -0.48 | -0.56 |
| 190 | $x_1$ | | | | | | 1.09 | 1.10 | 1.11 | 1.11 | 1.11 | 1.11 |
| | $x_2$ | | | | | | -0.04 | -0.16 | -0.23 | -0.36 | -0.48 | -0.56 |

表 4-6　高度变位齿轮对于抗胶合、耐磨损及传动平稳性有利的变位系数（$x_1$）

| $z_1$ \ $z_2$ | 17 | 18 | 19 | 20 | 21 | 22 | 24 | 27 | 28 | 32 | 34 | 40 | 42 | 50 | 60 | 65 | 72 | 80 | 90 | 100 |
|---|---|---|---|---|---|---|---|---|---|---|---|---|---|---|---|---|---|---|---|---|
| 10 | | | | | | | 0.458 | 0.475 | 0.480 | 0.499 | 0.507 | 0.529 | 0.535 | 0.554 | 0.570 | 0.576 | 0.582 | 0.588 | | |
| 11 | | | | | | | 0.408 | 0.430 | 0.436 | 0.460 | 0.470 | 0.495 | 0.503 | 0.520 | 0.540 | 0.547 | 0.554 | 0.559 | 0.563 | |
| 12 | | | | | | 0.328 | 0.357 | 0.389 | 0.396 | 0.422 | 0.432 | 0.460 | 0.466 | 0.487 | 0.510 | 0.518 | 0.527 | 0.534 | 0.537 | |
| 13 | | | | | 0.264 | 0.283 | 0.313 | 0.347 | 0.356 | 0.385 | 0.398 | 0.427 | 0.434 | 0.457 | 0.479 | 0.488 | 0.499 | 0.507 | 0.511 | |
| 14 | | | | 0.199 | 0.220 | 0.239 | 0.271 | 0.308 | 0.318 | 0.360 | 0.363 | 0.395 | 0.404 | 0.427 | 0.450 | 0.461 | 0.472 | 0.479 | 0.485 | |
| 15 | | | 0.134 | 0.159 | 0.181 | 0.201 | 0.235 | 0.271 | 0.281 | 0.315 | 0.329 | 0.363 | 0.372 | 0.398 | 0.423 | 0.434 | 0.445 | 0.454 | 0.462 | |
| 16 | | 0.062 | 0.094 | 0.120 | 0.144 | 0.165 | 0.199 | 0.232 | 0.249 | 0.282 | 0.296 | 0.333 | 0.342 | 0.373 | 0.397 | 0.408 | 0.421 | 0.428 | 0.440 | 0.448 |
| 17 | 0.000 | 0.032 | 0.060 | 0.086 | 0.110 | 0.131 | 0.165 | 0.205 | 0.216 | 0.251 | 0.265 | 0.306 | 0.316 | 0.348 | 0.374 | 0.385 | 0.398 | 0.408 | 0.418 | 0.428 |
| 18 | | 0.000 | 0.036 | 0.056 | 0.080 | 0.101 | 0.136 | 0.178 | 0.189 | 0.224 | 0.238 | 0.282 | 0.288 | 0.326 | 0.353 | 0.364 | 0.378 | 0.390 | 0.400 | 0.408 |
| 19 | | | 0.000 | 0.027 | 0.052 | 0.073 | 0.019 | 0.132 | 0.163 | 0.200 | 0.215 | 0.260 | 0.270 | 0.305 | 0.334 | 0.347 | 0.361 | 0.373 | 0.382 | 0.390 |
| 20 | | | | 0.000 | 0.025 | 0.047 | 0.085 | 0.128 | 0.140 | 0.178 | 0.194 | 0.240 | 0.250 | 0.285 | 0.316 | 0.329 | 0.344 | 0.355 | 0.365 | 0.373 |
| 21 | | | | | 0.000 | 0.023 | 0.052 | 0.107 | 0.119 | 0.159 | 0.175 | 0.222 | 0.234 | 0.268 | 0.299 | 0.312 | 0.328 | 0.341 | 0.350 | 0.357 |
| 22 | | | | | | 0.000 | 0.041 | 0.087 | 0.100 | 0.141 | 0.158 | 0.205 | 0.216 | 0.251 | 0.283 | 0.297 | 0.313 | 0.326 | 0.335 | 0.342 |
| 24 | | | | | | | 0.000 | 0.051 | 0.064 | 0.110 | 0.130 | 0.173 | 0.184 | 0.219 | 0.252 | 0.266 | 0.281 | 0.310 | 0.305 | |
| 27 | | | | | | | | 0.000 | 0.017 | 0.065 | 0.085 | 0.129 | 0.141 | 0.176 | 0.212 | 0.226 | 0.243 | 0.257 | 0.267 | |
| 28 | | | | | | | | | 0.000 | 0.051 | 0.070 | 0.116 | 0.128 | 0.164 | 0.199 | 0.214 | 0.231 | 0.245 | 0.255 | |
| 30 | | | | | | | | | | 0.025 | 0.047 | 0.089 | 0.101 | 0.038 | 0.178 | 0.192 | 0.208 | 0.222 | 0.235 | |

**表 4-7 角度变位齿轮对于抗胶合、耐磨损及传动平稳性有利的变位系数（$x_1$，$x_2$）**

| $z_1$ \ $x$ \ $z_2$ | | 12 | 15 | 18 | 22 | 28 | 34 | 42 | 50 | 65 | 80 | 100 | 125 | 155 | 190 |
|---|---|---|---|---|---|---|---|---|---|---|---|---|---|---|---|
| 12 | $x_1$ | 0.36 | 0.43 | 0.49 | 0.53 | 0.57 | 0.60 | 0.63 | 0.63 | 0.64 | 0.65 | 0.65 | | | |
| | $x_2$ | 0.36 | 0.34 | 0.35 | 0.38 | 0.48 | 0.53 | 0.67 | 0.77 | 1.00 | 1.18 | 1.42 | | | |
| 15 | $x_1$ | | 0.44 | 0.48 | 0.55 | 0.60 | 0.63 | 0.66 | 0.66 | 0.67 | 0.67 | 0.66 | | | |
| | $x_2$ | | 0.44 | 0.46 | 0.54 | 0.63 | 0.72 | 0.88 | 1.02 | 1.22 | 1.36 | 1.70 | | | |
| 18 | $x_1$ | | | 0.54 | 0.60 | 0.63 | 0.67 | 0.68 | 0.70 | 0.71 | 0.71 | 0.71 | | | |
| | $x_2$ | | | 0.54 | 0.63 | 0.72 | 0.82 | 0.94 | 1.11 | 1.35 | 1.16 | 1.90 | | | |
| 22 | $x_1$ | | | | 0.67 | 0.71 | 0.74 | 0.76 | 0.76 | 0.76 | 0.76 | 0.76 | 0.76 | | |
| | $x_2$ | | | | 0.67 | 0.81 | 0.90 | 1.03 | 1.17 | 1.44 | 1.73 | 1.98 | 2.38 | | |
| 28 | $x_1$ | | | | | 0.85 | 0.86 | 0.88 | 0.91 | 0.88 | 0.87 | 0.86 | 0.86 | 0.84 | |
| | $x_2$ | | | | | 0.85 | 1.00 | 1.12 | 1.26 | 1.56 | 1.85 | 2.12 | 2.40 | 2.60 | |
| 34 | $x_1$ | | | | | | 1.00 | 1.00 | 1.00 | 0.99 | 0.98 | 0.97 | 0.92 | 0.85 | 0.82 |
| | $x_2$ | | | | | | 1.00 | 1.16 | 1.31 | 1.55 | 1.81 | 2.15 | 2.40 | 2.53 | 2.76 |
| 42 | $x_1$ | | | | | | | 1.15 | 1.16 | 1.17 | 1.14 | 1.12 | 1.03 | 0.96 | 0.82 |
| | $x_2$ | | | | | | | 1.15 | 1.32 | 1.59 | 1.86 | 2.18 | 2.37 | 2.50 | 2.60 |
| 50 | $x_1$ | | | | | | | | 1.31 | 1.32 | 1.28 | 1.20 | 1.06 | 0.98 | 0.86 |
| | $x_2$ | | | | | | | | 1.31 | 1.58 | 1.84 | 2.09 | 2.22 | 2.40 | 2.50 |
| 65 | $x_1$ | | | | | | | | | 1.56 | 1.54 | 1.44 | 1.30 | 1.15 | 0.92 |
| | $x_2$ | | | | | | | | | 1.56 | 1.84 | 2.04 | 2.22 | 2.32 | 2.30 |
| 80 | $x_1$ | | | | | | | | | | 1.81 | 1.67 | 1.45 | 1.24 | 1.08 |
| | $x_2$ | | | | | | | | | | 1.81 | 1.98 | 2.05 | 2.15 | 2.24 |
| 100 | $x_1$ | | | | | | | | | | | 1.90 | 1.68 | 1.42 | 1.24 |
| | $x_2$ | | | | | | | | | | | 1.90 | 2.00 | 2.07 | 2.16 |

**表 4-8 角度变位 $a'/a$、$\alpha$ 及 $x_\Sigma/z_\Sigma$**

| $a'/a$ | 啮合角 $\alpha$ | $x_\Sigma/z_\Sigma$ | $a'/a$ | 啮合角 $\alpha$ | $x_\Sigma/z_\Sigma$ |
|---|---|---|---|---|---|
| 0.950 | 8°26′31″ | −0.018994 | 0.958 | 11°13′09″ | −0.016982 |
| 0.951 | 8°50′30″ | −0.018774 | 0.959 | 11°30′59″ | −0.016695 |
| 0.952 | 9°13′22″ | −0.018545 | 0.960 | 11°48′21″ | −0.016399 |
| 0.953 | 9°35′09″ | −0.018306 | 0.961 | 12°05′16″ | −0.016096 |
| 0.954 | 9°56′07″ | −0.018058 | 0.962 | 12°21′45″ | −0.015787 |
| 0.955 | 10°16′20″ | −0.017801 | 0.963 | 12°37′52″ | −0.015470 |
| 0.956 | 10°35′52″ | −0.017537 | 0.964 | 12°53′38″ | −0.015148 |
| 0.957 | 10°54′49″ | −0.017263 | 0.965 | 13°09′03″ | −0.014818 |

注：$a$、$a'$、$x_\Sigma$、$z_\Sigma$ 分别为标准中心距、实际中心距、变位系数之和以及齿数之和。

2. 封闭图法

在以变位系数 $x_1$ 和 $x_2$ 为坐标轴的直角坐标系中，将各项传动质量指标和限制条件以曲线形式表示出来，构成一个“闭廓”的图形，图中的每一点代表着一个变位系数的选择方案（$x_1$，$x_2$），借助于封闭图即可选择合理的变位系数。

3. 计算机编程计算法

按上述原则和有关计算公式，通过计算机编程计算，可得到需要的变位系数。其优点是精确度高，程序一旦调试通过，选择变位系数的速度快，改变参数也很方便。缺点是从建立数学模型、设计框图、编制程序到上机调试通过，需要的工作量比图表法大。此外，变位系数的选择还受到许多传动质量的限制，在设计程序时应考虑到这些问题。现以按照抗胶合及抗磨损最有利选择变位系数为例说明其过程。

（1）建立数学模型　关于根据抗胶合和耐磨损最有利的质量指标选择变位系数的问题，目前一般认为应使啮合齿在开始啮合时主动齿轮齿根处的滑动系数 $\eta_1$ 与啮合终了时从动齿轮齿根处的滑动系数 $\eta_2$ 相等，即

$$\eta_1 = \eta_2 \tag{4-16}$$

根据滑动系数是滑动弧与齿廓所走过弧长之比的极限的概念，以及一对齿轮开始啮合点是主动轮的齿根和从动轮的齿顶相接触、啮合终了时是主动轮的齿顶和从动轮的齿根相接触，经适当推导可得 $\eta_1$ 和 $\eta_2$ 的计算公式分别为

$$\eta_1 = \frac{\tan\alpha_{a2} - \tan\alpha'}{(1 + z_1/z_2)\tan\alpha' - \tan\alpha_{a2}}\left(1 + \frac{z_1}{z_2}\right) \tag{4-17}$$

$$\eta_2 = \frac{\tan\alpha_{a1} - \tan\alpha'}{(1 + z_2/z_1)\tan\alpha' - \tan\alpha_{a1}}\left(1 + \frac{z_2}{z_1}\right) \tag{4-18}$$

式中　$\alpha_{a1}$——主动轮齿顶圆上的压力角；

$\alpha_{a2}$——从动轮齿顶圆上的压力角；

$\alpha'$——啮合角。

当齿轮传动的实际中心距 $a'$ 由结构或其他条件给定时，啮合角为

$$\alpha' = \arctan\left(\frac{\sqrt{1 - (a\cos\alpha/a')^2}}{a\cos\alpha/a'}\right) \tag{4-19}$$

式中　$\alpha$——分度圆上的压力角；

$a$——标准中心距。

两轮的变位系数之和 $x_\Sigma$ 可由无侧隙啮合方程式导出。

$$x_\Sigma = x_1 + x_2 = \frac{z_1 + z_2}{2\tan\alpha}(\tan\alpha' - \alpha' - \tan\alpha + \alpha) \tag{4-20}$$

当求 $\alpha_{a1}$ 和 $\alpha_{a2}$ 时，用到齿顶圆半径 $r_{a1}$ 和 $r_{a2}$，可用下式求出

$$r_{ai} = r_i + (h_a^* + x_i - \sigma)m \qquad i = 1,2 \tag{4-21}$$

式中，齿顶高降低系数 $\sigma$ 和求 $\sigma$ 时用到的分度圆分离系数 $y$ 为

$$\left.\begin{aligned} \sigma &= x_\Sigma - y \\ y &= (a' - a)/m \end{aligned}\right\} \tag{4-22}$$

由此可知，两轮齿根的滑动系数 $\eta_1$ 和 $\eta_2$ 与两轮的变位系数有关。在实际中心距 $a'$ 给定的情况下，$x_1$ 与 $x_2$ 两个变位系数中仅有一个是独立的。若取 $x_1$ 为独立变量，则 $\eta_1$ 和 $\eta_2$ 两

个齿根滑动系数均是 $x_1$ 的函数。令

$$f(x_1)=\eta_1-\eta_2 \tag{4-23}$$

则使两轮齿根滑动系数相等的问题，成为以 $x_1$ 为变量求方程（4-23）的根的问题。

解非线性方程，除了可用 Newton-Raphson 法求根外，还可用 0.618 法求根。该方法的原理如图 4-1 所示。设有单调函数 $f(x)$ 在已知区间 $[A_0, B_0]$ 内有根，其根的求法为

1）取 $[A_0, B_0]$ 区间的 0.618 点 $x_1$ 作为根 $x^*$ 的近似值，则

$$x_1=A_0+0.618(B_0-A_0) \tag{4-24}$$

2）求出误差

$$\delta=f(x_1) \tag{4-25}$$

3）如果 $|\delta|$ 小于要求的精度，则 $x_1$ 即为所求并输出。否则，如果 $\delta>0$，则将 $A_0$ 用 $x_1$ 的值代替；如果 $\delta<0$，则将 $B_0$ 用 $x_1$ 的值代替。然后回到第 1 步求出新的 $[A_0, B_0]$ 区间的 0.618 点，依次进行下去，直到符合精度要求为止。

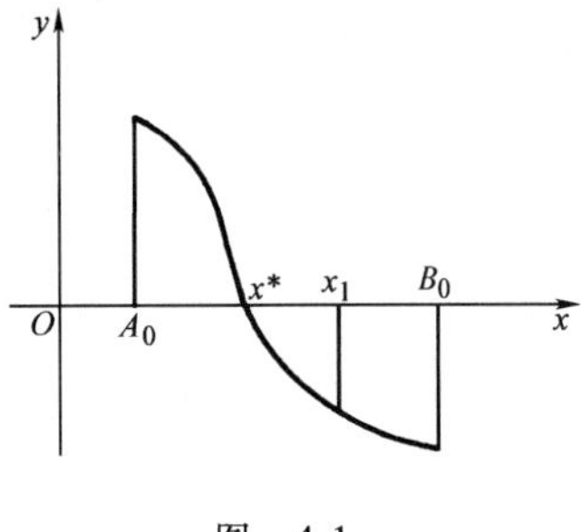


图　4-1

此处，用 0.618 法求根的区间取为 $[-3, 5]$。主动轮根切对变位系数的限制在求根的过程中加以考虑，而从动轮根切和其他传动质量的限制则需加以检验。

（2）框图设计　框图设计如图 4-2 所示。

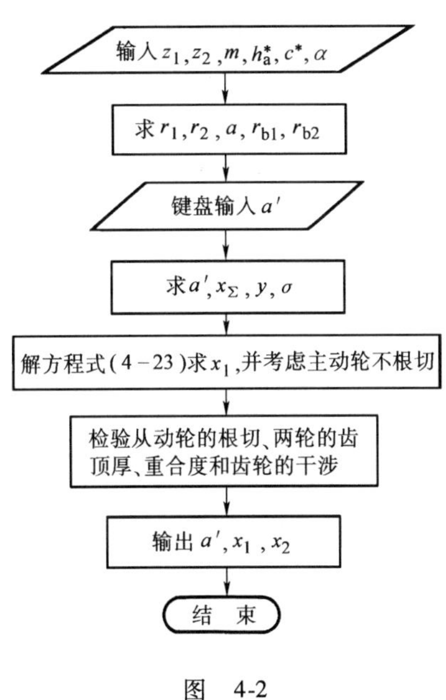


图　4-2

（3）程序设计（用 Visual Basic 语言编制程序）

```
Option Explicit
Private Const Pi = 3.141593
Private Sub Command1_Click ()
   Dim rb (2), ra (2), la (2), at (2), sa (2) As Single
   Dim t, xx, tg, y, ap, a, z1, z2, m, ha, ct, al, r1, r2, alp, xa, xb, xi, zm, x3,
```

```
x1, t1, t2, t3, t4 As Single
  Dim cc, x2, x4, eps, ss, s1, s2, si, e, k1, k2, k4, k3, As Single
  z1 = Val (InputBox ("please input the value of the variable of z1"))
  z2 = Val (InputBox ("please input the value of the variable of z2"))
  m = Val (InputBox ("please input the value of the variable of m"))
  ha = Val (InputBox ("please input the value of the variable of ha"))
  ct = Val (InputBox ("please input the value of the variable of ct"))
  t = 180#/Pi
  al = 20#/t
  Print"z1 ="; z1,"z2 ="; z2,"m ="; m
  Print"ha ="; ha,"ct ="; ct,"al ="; al * t
  r1 = 0.5 * m * z1
  r2 = 0.5 * m * z2
  a = r1 + r2
  rb (1) = r1 * Cos(al)
  rb (2) = r2 * Cos(al)
  ap = Val (InputBox("please input the value of the variable of a'"))
  alp = Atn (Sqr(1-(a * Cos (al) /ap) ^2) * ap/ (a * Cos (al)))
  xx = (Tan(alp)-alp-Tan (al) + al) * (z1 + z2) /(2 * Tan (al))
  y = (ap - a)/m
  tg = xx-y
  'to find x1 by equation of the equal root slide coefficient
  xa = -3
  xb = 5
Loop1:
  xi = xa + 0.618 * (xb - xa)
  zm = 2 * ha/(Sin (al) * Sin(al))
  x3 = ha * (zm - z1) /zm
  Do While(xi < x3)
    xi = xi + 0.02 * x3
  Loop
  x1 = xi
  'to compute slide coefficient
  ra (1) = r1 + (ha + x1 - tg) * m
  ra (2) = r2 + (ha + xx - x1 - tg) * m
  la (1) = Atn(Sqr(ra (1) * ra (1) - rb (1) * rb (1))/rb (1))
  la (2) = Atn(Sqr(ra (2) * ra (2) - rb (2) * rb (2))/rb (2))
  t1 = z1/z2
  t2 = Tan (la(2))
```

```
t3 = Tan(alp)
t4 = Tan(la (1))
at (1) = (1 + t1) * (t2 - t3) /(t3 * t1 - t2 + t3)
at (2) = (1 + 1/t1) * (t4 - t3) /(t3 * (1 + 1/t1) - t4)
cc = at(1) - at (2)
xi = x1
If (Abs (cc) > =0.0001) Then
  If (cc < =0)Then
    xb = xi
    GoToLoop1
  End If
  xa = xi
  GoToLoop1
End If
x1 = xi
x2 = xx - x1
'check gear transmission quality index
x4 = ha* (zm - z2) /zm
If (x2 < x4) Then
  Print"x2 ="; x2;"          x2min ="; x4
  Print"because x2 < x2min return"
  GoTo Loop2
End If
eps = Val (InputBox ("please input the value of the variable of eps"))
ss = Val (InputBox ("please input the value of the variable of ss"))
Print" [eps] ="; eps;"  Samin/m ="; ss
e = (z1 * (Tan (la (1)) - Tan (alp)) + z2 * (Tan (la (2)) - Tan (alp))) / (2 * Pi)
If (e < eps) Then
  Pint"e ="; e;" [eps] ="; eps
  Print"because e < [eps]return"
  GoTo Loop2
End If
s1 =0.5 * Pi * m + 2 * x1 * m * Tan (al)
s2 =0.5 * Pi * m + 2 * x2 * m * Tan (al)
sa (1) =s1 * ra (1) /r1 - 2 * ra (1) * (Tan (la (1)) - la (1) - Tan (al) + al)
sa (2) =s2 * ra (2) /r2 - 2 * ra (2) * (Tan (la (2)) - la (2) - Tan (al) + al)
si = ss * m
If (sa (1) < si)Then
  Print"sa1 ="; sa (1);"Samin ="; si
```

```
      Print"because sal < Samin return"
      GoTo Loop2
    End If
    If (sa (2) < si)Then
      Print"sa2 ="; sa (2);"Samin ="; si
      Print"because sa2 < Samin return"
      GoTo Loop2
    End If
    k1 = Tan (alp) - z2/z1 * (Tan (la (2)) - Tan (alp))
    k2 = Tan (al) - 4 * (ha - x1) / (z1 * Sin (2 * al))
    If (k1 < k2) Then
      Print"k1 ="; k1;"      k2 ="; k2
      Print"because the gear 1 interference return"
      GoTo Loop2
    End If
    k3 = Tan(alp) - z1/z2 * (Tan (la (1)) - Tan (alp))
    k4 = Tan(al) - 4 * (ha - x2) / (z2 * Sin(2 * al))
    If (k3 < k4) Then
      Print"k3 ="; k3;"      k4 ="; k4
      Print"because the gear 2 interference return"
      GoTo Loop2
    End If
Loop2:
  Print"a' ="; ap;"x1 ="; x1;"x2 ="; x2
End Sub
```

（4）计算结果

```
z1, z2, m, ha, ct = ?    26, 78, 4, 1, 0.25
z1, z2, m =26         78         4
ha, ct, al =1          .25        20
a' = ?   216.5
[eps], Samin/m = ?   1.2, 0.3
[eps]  =1.2          Samin/m =0.3
a' =216.5            x1 =.801 131 05          x2 =1.613 322 87
```

（5）标识符

| 程序中的符号 | 公式中的符号 | 说　明 | 程序中的符号 | 公式中的符号 | 说　明 |
|---|---|---|---|---|---|
| rb (1), rb (2) | $r_{b1}$, $r_{b2}$ | 基圆半径 | m | $m$ | 模数 |
| la (1), la (2) | $\alpha_{a1}$, $\alpha_{a2}$ | 齿顶圆压力角 | ct | $c^*$ | 顶隙系数 |
| sa (1), sa (2) | $s_{a1}$, $s_{a2}$ | 齿顶圆齿厚 | r1, r2 | $r_1$, $r_2$ | 分度圆半径 |

（续）

| 程序中的符号 | 公式中的符号 | 说　明 | 程序中的符号 | 公式中的符号 | 说　明 |
|---|---|---|---|---|---|
| ap | $a'$ | 实际中心距 | ha | $h_a^*$ | 齿顶高系数 |
| xx | $x_\Sigma$ | 变位系数之和 | al | $\alpha$ | 分度圆上的压力角 |
| tg | $\sigma$ | 齿顶高降低系数 | a | $a$ | 标准中心距 |
| xa | $x_A$ | $x_1$ 的下限 | alp | $\alpha'$ | 啮合角 |
| xi | $x_i$ | 解方程过程中的 $x_1$ | y | $y$ | 分度圆分离系数 |
| x3 | $x_{1\min}$ | 1 轮的最小变位系数 | x1，x2 | $x_1$，$x_2$ | 变位系数 |
| cc | $c_c$ | 解方程所取精度 | xb | $x_B$ | $x_1$ 的上限 |
| ss | $s_{a\min}/m$ | 最小齿顶厚系数 | zm | $z_{\min}$ | 不发生根切的最少齿数 |
| s1，s2 | $s_1$，$s_2$ | 分度圆上的齿厚 | x4 | $x_{2\min}$ | 2 轮的最小变位系数 |
| ra（1），ra（2） | $r_{a1}$，$r_{a2}$ | 齿顶圆半径 | eps | $[\varepsilon]$ | 许用重合度 |
| at（1），at（2） | $\eta_1$，$\eta_2$ | 齿根滑动系数 | e | $\varepsilon$ | 实际重合度 |
| z1，z2 | $z_1$，$z_2$ | 齿数 | si | $s_{a\min}$ | 最小齿顶厚 |

## 第三节　齿轮啮合图的绘制

齿轮啮合图是将齿轮各部分尺寸按一定的比例尺画出轮齿啮合关系的一种图形。它可直观地表达一对齿轮的啮合特性和啮合参数，并可借助图形作某些必要的分析。

### 一、渐开线的画法

渐开线齿廓按渐开线的形成原理绘制，如图 4-3 所示。以小齿轮轮廓曲线为例，其步骤如下：

1）按表 4-1 所列公式计算出各圆直径 $d_b$、$d$、$d'$、$d_f$ 及 $d_a$，画出各相应的圆。

2）连心线与节圆的交点为节点 $P$。过 $P$ 点作基圆之切线，与基圆相切于 $N_1$，则 $\overline{N_1P}$ 即为理论啮合线的一段，也是渐开线发生线的一段。

3）将 $\overline{N_1P}$ 线段分成若干等分：$\overline{P1}$、$\overline{12}$、$\overline{23}\cdots$。

4）根据渐开线特性 $\overset{\frown}{N_10'}=\overline{N_1P}$，因弧长不易测量，可按下式计算 $\overset{\frown}{N_10'}$ 所对应的弦长 $\overline{N_10'}$，

$$\overline{N_10'}=d_b\sin\left(\frac{\overline{N_1P}}{d_b}\frac{180°}{\pi}\right) \tag{4-26}$$

按此弦长在基圆上取 $0'$ 点。

5）将基圆上的弧长 $\overset{\frown}{N_10'}$ 分成同样等分，得基圆上的对应分点 $1'$、$2'$、$3'$。

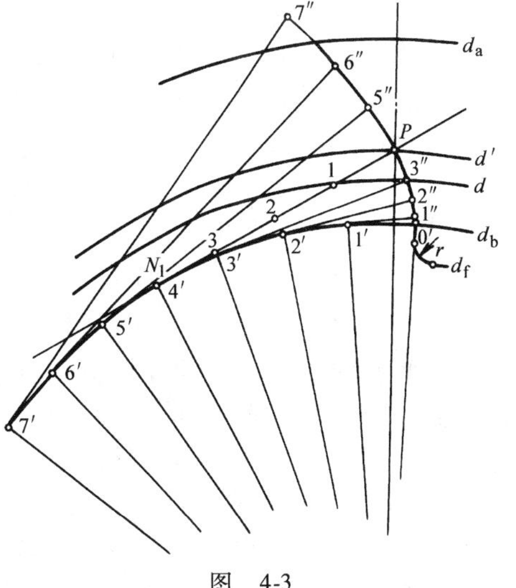

图　4-3

6）过点 $1'$、$2'$、$3'$ 作基圆的切线，并在这些切线上分别截取线段，使其 $\overline{1'1''}=\overline{1P}$、$\overline{2'2''}=\overline{2P}$、$\overline{3'3''}=\overline{3P}$，得 $1''$、$2''$、$3''$ 诸点。光滑连接 $0'$、$1''$、$2''$、$3''$ 各点的曲线即为节圆以下部分的渐开线。

7）将基圆上的分点向左延伸，作出 5′、6′、7′…，取$\overline{5'5''}=5\cdot\overline{P1}$，$\overline{6'6''}=6\cdot\overline{P1}$…，可得节圆以上渐开线各点 5″、6″…，直至画到（或略超出）齿顶圆为止。

8）当 $d_f<d_b$ 时，基圆以下一段齿廓取为径向线，在径向线与齿根圆之间以 $r=0.2m_n$ 为半径画出过渡圆角；当 $d_f>d_b$ 时，在渐开线与齿根圆之间直接画出过渡圆角。

**二、啮合图的绘制步骤**

1）选取比例尺 $\mu_L$（m/mm），使齿高在图样上有 30～50mm 的高度为宜。定出齿轮中心 $O_1$、$O_2$，如图 4-6 所示。分别以 $O_1$、$O_2$ 为圆心作出基圆、分度圆、节圆、齿根圆、齿顶圆。

2）画出工作齿廓的基圆内公切线，它与连心线$\overline{O_1O_2}$的交点为节点 $P$，又是两节圆的切点，内公切线与过 $P$ 点的节圆切线间夹角为啮合角 $\alpha'_t$，应与按式（4-1）或式（4-2）计算之值相符。

3）过节点 $P$ 分别画出两齿轮在顶圆与根圆之间的齿廓曲线。

4）按已算得的齿厚和齿距 $p$ 计算对应的弦线长度 $\bar{s}$ 和 $\bar{p}$

$$\bar{s}=d\sin\left(\frac{s}{d}\frac{180°}{\pi}\right) \tag{4-27}$$

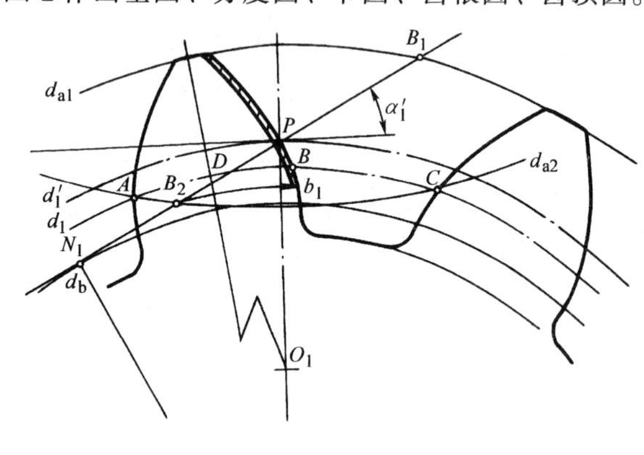


图 4-4

$$\bar{p}=d\sin\left(\frac{p}{d}\frac{180°}{\pi}\right) \tag{4-28}$$

按 $\bar{s}$ 和 $\bar{p}$ 在分度圆上截取弦长得 $A$、$C$ 点，则$\widehat{AB}=s$，$\widehat{AC}=p$（见图 4-4）。

5）取$\widehat{AB}$中点 $D$，连 $O_1$、$D$ 两点为轮齿的对称线。用描图纸描下对称线右半齿形，以此为模板画出对称的左半部分齿廓及其他相邻的 3～4 个齿廓。另一齿轮的作法相同。

6）作出齿廓工作段。$B_1$、$B_2$ 为起始与终止啮合点，以 $O_1$ 为圆心，$\overline{O_1B_2}$为半径作圆弧交齿轮 1 齿廓于 $b_1$ 点，则从 $b_1$ 点到齿顶圆一段齿廓为齿廓工作段。同理可作出齿轮 2 的齿廓工作段。

7）画出两齿轮啮合过程中的滑动系数变化曲线。滑动系数计算公式为

$$\eta_1=1+\frac{z_1}{z_2}\left(1-\frac{l}{l_x}\right) \tag{4-29}$$

$$\eta_2=\frac{z_1}{z_2}+\left(1-\frac{l}{l-l_x}\right) \tag{4-30}$$

在$\overline{N_1N_2}$线段上，按计算之值取点 $B_2$、$P$、$B_1$，自 $N_1$ 点量起，按适当的间距取 $l_x$ 值，按式（4-29）、式（4-30）计算出对于不同 $l_x$ 的各位置处两轮齿面滑动系数 $\eta_1$ 和 $\eta_2$，画出图 4-5 所示的滑动系数曲线图。参考文献［13］给出了一种使用方便的滑动系数图解计算法。

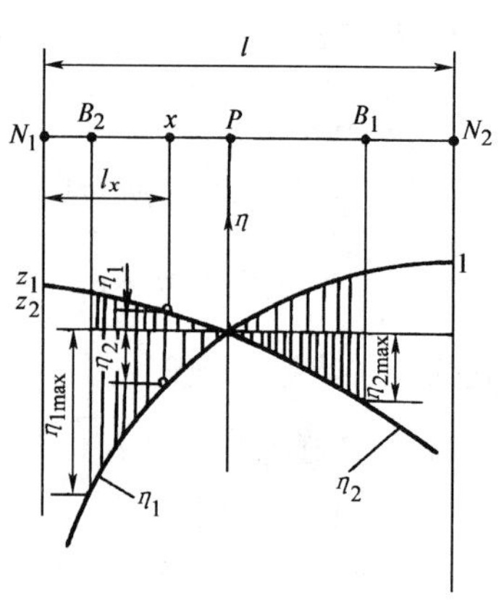


图 4-5

一般情况下，轮齿的齿廓工作段最低点具有绝对值最大的滑动系数，其值为

$$\eta_{1\max}=1+\frac{z_1}{z_2}\left(1-\frac{l}{\overline{N_1B_2}}\right) \tag{4-31}$$

$$\eta_{2\max}=\frac{z_1}{z_2}+\left(1-\frac{l}{\overline{B_1N_2}}\right) \tag{4-32}$$

由啮合图上直接量取 $l$、$\overline{N_1B_2}$、$\overline{B_1N_2}$代入上式即可算出 $\eta_{1\max}$、$\eta_{2\max}$。

**三、啮合图举例**

图 4-6 所示是一幅啮合图图例。其基本参数为 $m=10\text{mm}$，$z_1=11$，$z_2=30$，$\alpha=20°$，$h_a^*=1.0$，$c^*=0.25$，$\beta=0$，$x_1=0.66$，$x_2=0.501$。

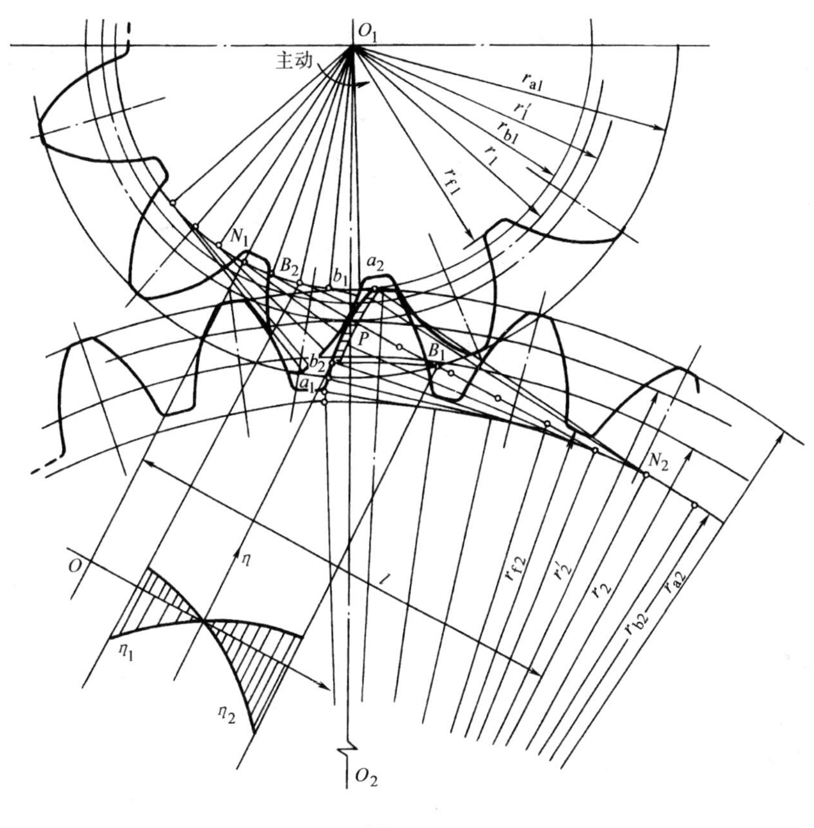


图　4-6

## 第四节　变位齿轮机构设计

在某金属切削机床的变速箱里，有一对渐开线齿轮机构如图 4-7 所示。因原设计齿轮机构的齿根弯曲强度偏低，致使小齿轮轮齿经常发生折断，造成使用寿命短，常常需要更换齿轮而提前维修。为了彻底解决这一问题，要求在不改变原机床轴系结构及传动性能的前提下，重新设计该齿轮机构。

经测量已损坏的齿轮及查对有关标准得知，该对齿轮传动为渐开线标准直齿圆柱齿轮，其基本参数为：$z_1=22$，$z_2=44$，$\alpha=20°$，$m=2\text{mm}$，$h_a^*=1$，$c^*=0.25$。

**一、设计方案选择**

1. 方案选择条件

根据不改变原机床轴系结构和传动性能的要求，设计方案应满足以下三个具体条件：

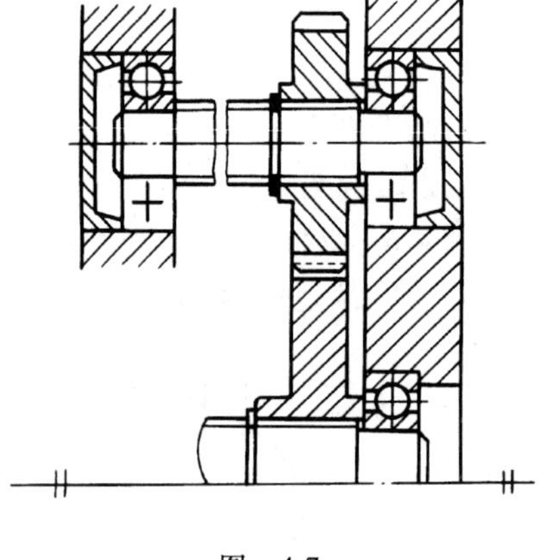
图 4-7

1）首先要保证该齿轮传动原来的中心距不变，即

$$a=\frac{m}{2}(z_1+z_2)=\frac{2}{2}\times(22+44)\text{mm}=66\text{mm}$$

2）为保持原机床的传动性能，该齿轮机构的传动比一般是不允许改变的，其数值为

$$i_{12}=\frac{z_2}{z_1}=\frac{44}{22}=2$$

3）为了不改变轴系结构，一般不宜改变轴的尺寸和轴承类型。

2. 设计方案

在满足上述条件的前提下，可提出如下几个齿轮机构的设计方案：

（1）采用渐开线标准直齿圆柱齿轮传动　轮齿弯曲强度靠增加齿轮模数的方法来提高，新的齿轮模数 $m'$ 根据轮齿弯曲强度计算并按标准系列选取。两齿轮的齿数 $z_1'$、$z_2'$ 由新模数按原中心距和传动比计算并圆整为整数而得到。该对齿轮的参数应为：$z_1'=15$，$z_2'=29$，$m'=3\text{mm}$，$\alpha=20°$，$h_a^*=1$，$c^*=0.25$。

显然，新齿轮机构的传动比为

$$i_{12}'=\frac{z_2'}{z_1'}=\frac{29}{15}$$

传动比误差为

$$\Delta i_{12}=\frac{i_{12}-i_{12}'}{i_{12}}=\frac{1}{30}$$

设计方案分析：该设计方案的设计计算简单，但在一般情况下是不容易实现的。因为模数有标准系列，两轮的齿数又必须为整数，所以在中心距一定的条件下，有时根本不能实现。此外，该设计方案还有传动比误差。

（2）采用渐开线斜齿齿轮机构　用增加模数 $m$ 的方法来提高齿轮轮齿的弯曲强度，用调整斜齿轮螺旋角 $\beta$ 的方法解决齿轮的齿数不为整数的问题。由中心距方程

$$a=\frac{m}{2\cos\beta}(z_1'+z_2')=66\text{mm}$$

知，当根据弯曲强度并考虑到斜齿轮重合度大等特点，选取 $m'=2.5\text{mm}$，再由传动比条件并通过试算取两轮齿数分别为 $z_1'=17$、$z_2'=34$ 时，斜齿轮的螺旋角为

$$\beta=\arccos\left[\frac{m'(z_1'+z_2')}{2a}\right]=\arccos\left[\frac{2.5\times(17+34)}{2\times66}\right]=15°$$

设计方案分析：该设计方案的设计计算简单，并且在满足给定中心距 $a$ 及传动比 $i_{12}$ 的条件下能够较容易地实现设计要求。但有螺旋角 $\beta$ 存在，会产生轴向推力，需要采取适当的办法解决轴承承受轴向力的问题。

（3）采用渐开线变位齿轮机构　有两种形式可供选取：

1）采用正变位方法来提高齿轮轮齿的弯曲强度和实现无侧隙啮合，其步骤是：

按传动比要求选取齿轮齿数为 $z_1'=21$、$z_2'=42$，其标准中心距为

$$a=\frac{m}{2}(z_1'+z_2')=\frac{2}{2}\times(21+42)\text{mm}=63\text{mm}$$

而给定中心距为 $a'=66\text{mm}$，为实现无侧隙啮合，其啮合角 $\alpha'$应满足

$$\cos\alpha'=\frac{a}{a'}\cos\alpha$$

根据 $\alpha'$值计算两齿轮的变位系数和 $x_1+x_2$

$$x_1+x_2=\frac{z_1+z_2}{2\tan\alpha}(\text{inv}\alpha'-\text{inv}\alpha)$$

分配变位系数 $x_1$、$x_2$，按所得到的基本参数计算齿轮的尺寸。

2）在增加模数 $m$ 的同时采用正变位方法来提高齿轮轮齿的弯曲强度和实现无侧隙啮合，其步骤是：

按轮齿弯曲强度要求选取齿轮标准模数为 $m'=2.5\text{mm}$，按传动比要求选取齿轮齿数为 $z_1'=17$，$z_2'=34$，其标准中心距为

$$a=\frac{m'}{2}(z_1'+z_2')=\frac{2.5}{2}\times(17+34)\text{mm}=63.75\text{mm}$$

而给定中心距 $a'=66\text{mm}$，为实现无侧隙啮合，其啮合角 $\alpha'$应满足

$$\cos\alpha'=\frac{a}{a'}\cos\alpha$$

根据 $\alpha'$值计算两齿轮的变位系数和 $x_1+x_2$

$$x_1+x_2=\frac{z_1'+z_2'}{2\tan\alpha}(\text{inv}\alpha'-\text{inv}\alpha)$$

分配变位系数 $x_1$、$x_2$，按所得到的基本参数计算齿轮的尺寸。

设计方案分析：该设计方案可以全面地满足给定中心距 $a$、给定传动比 $i_{12}$及提高齿轮轮齿弯曲强度的要求，并且轴系结构没有改变，其缺点是设计计算稍显繁复。

（4）采用新型齿轮传动　根据给定的中心距 $a$ 和传动比 $i_{12}$，按强度要求选定小齿轮齿廓 $\Gamma_1$，然后用平面齿轮啮合原理求解共轭齿廓 $\Gamma_2$ 即大齿轮的齿廓。

设计方案分析：该设计方案可以全面满足给定中心距 $a$、给定传动比 $i_{12}$及提高齿轮轮齿弯曲强度的要求，但需要专用刀具及相应的加工设备，是不经济的。

上述四个设计方案中，第（1）、（2）设计方案只能部分地满足设计要求，不宜选用；第（4）方案虽然能够全面地满足设计要求，但是用于单件生产的改装设计是很不经济的，在一般情况下也不宜选用；第（3）方案既能全面地满足设计要求，又可用通常的方法方便地加工出来，所以是比较理想的设计方案。

**二、齿轮机构的几何设计**

齿轮机构几何设计的要求：在满足给定传动质量的条件下进行齿轮机构的几何尺寸计算；根据计算得到的参数，以几何图形表示出所设计的一对齿轮的轮齿啮合情况，绘制一对齿轮的轮齿啮合图。

现在仍以上述实例加以说明，通过对可行的设计方案进行分析，决定采用渐开线变位齿轮机构，这种设计方案有两种形式可供选取。

（1）改变齿数　为满足上例条件，原始数据为 $m=2\text{mm}$、$\alpha=20°$、$h_a^*=1$、$c^*=0.25$、$a'=66\text{mm}$、$i_{12}=2$，并选取 $z_1=21$、$z_2=42$。

1）计算标准中心距 $a$

$$a=\frac{m}{2}(z_1+z_2)=\frac{2}{2}\times(21+42)\text{mm}=63\text{mm}$$

2）计算啮合角 $\alpha'$

$$\cos\alpha'=\frac{a}{a'}\cos\alpha=\frac{63}{66}\times\cos20^\circ=0.8910\quad \alpha'=26.236^\circ$$

3）计算变位系数和 $x_1+x_2$

$$x_1+x_2=\frac{z_1+z_2}{2\tan\alpha}(\text{inv}\alpha'-\text{inv}\alpha)$$

$$=\frac{21+42}{2\tan20^\circ}(0.034927-0.014904)=1.7329$$

4）用图表法来分配两齿轮的变位系数 $x_1$、$x_2$。在基本满足齿轮传动质量的前提下，重点考虑提高小齿轮弯曲强度的要求。根据表 4-5，变位系数之和 $x_1+x_2\leqslant1.52$，而实际变位系数之和则要求 $x_1+x_2=1.732$，不能满足齿轮传动质量的要求。

（2）改变模数　为满足上例条件，原始数据为 $\alpha=20^\circ$、$h_a^*=1$、$c^*=0.25$、$i_{12}=2$、$a'=66\text{mm}$，为增加齿轮的弯曲强度，选定模数 $m=2.5\text{mm}$。由于

$$a'=\frac{m}{2}(z_1+z_2)\frac{\cos\alpha}{\cos\alpha'}=\frac{mz_1}{2}(1+i_{12})\frac{\cos\alpha}{\cos\alpha'}$$

故可得

$$z_1\approx\frac{2a'}{m(1+i_{12})}=\frac{2\times66}{2.5\times(1+2)}=17.6$$

因齿轮的齿数为整数，所以把 $z_1$、$z_2$ 圆整成相近的整数，取两组试算：$z_1=18$、$z_2=36$；$z_1=17$、$z_2=34$。

第一组　$z_1=18$、$z_2=36$，标准中心距为

$$a=\frac{m}{2}(z_1+z_2)=\frac{2.5}{2}\times(18+36)\text{mm}=67.5\text{mm}$$

显然 $a'<a$。根据无齿侧间隙要求，需要采用负传动，是不可取的。

第二组　$z_1=17$、$z_2=34$，标准中心距为

$$a=\frac{m}{2}(z_1+z_2)=\frac{2.5}{2}\times(17+34)\text{mm}=63.75\text{mm}$$

$a'>a$，根据无齿侧间隙要求，需要采用正传动，适合本设计的要求，故确定 $z_1=17$、$z_2=34$。其设计步骤如下：

1）计算啮合角 $\alpha'$

$$\cos\alpha'=\frac{a}{a'}\cos\alpha=\frac{63.75}{66}\cos20^\circ=0.9077\quad \alpha'=24.816^\circ$$

2）计算变位系数和 $x_1+x_2$

$$x_1+x_2=\frac{z_1+z_2}{2\tan\alpha}(\text{inv}\alpha'-\text{inv}\alpha)$$

$$=\frac{17+34}{2\tan20^\circ}(0.02927-0.014904)=1.0065$$

3）分配变位系数 $x_1$ 及 $x_2$。在基本满足齿轮传动质量的前提下，并重点考虑提高小齿轮弯曲强度的要求。由表 4-3 中选取点 $x_1=0.76$、$x_2=0.24$。

4）分度圆分离系数 $y$

$$y=\frac{a'-a}{m}=\frac{66-63.75}{2.5}=0.9$$

5）齿顶高变动系数 $\delta$

$$\delta=(x_1+x_2)-y=1-0.9=0.1$$

6）根据基本参数 $z_1$、$z_2$、$m$、$\alpha$、$h_a^*$、$c^*$、$x_1$、$x_2$ 及 $\delta$，计算齿轮的几何尺寸

$$d_1=mz_1=2.5\times17\text{mm}=42.5\text{mm}$$

$$d_2=mz_2=2.5\times34\text{mm}=85\text{mm}$$

$$d_{b1}=d_1\cos\alpha=(42.5\cos20°)\text{mm}=39.937\text{mm}$$

$$d_{b2}=d_2\cos\alpha=(85\cos20°)\text{mm}=79.874\text{mm}$$

$$\begin{aligned}d_{a1}&=d_1+2(h_a^*+x_1-\delta)m\\&=[42.5+2\times(1+0.76-0.1)\times2.5]\text{mm}=50.8\text{mm}\end{aligned}$$

$$\begin{aligned}d_{a2}&=d_2+2(h_a^*+x_2-\delta)m\\&=[85+2\times(1+0.24-0.1)\times2.5]\text{mm}=90.7\text{mm}\end{aligned}$$

$$\begin{aligned}d_{f1}&=d_1-2(h_a^*+c^*-x_1)m\\&=[42.5-2\times(1+0.25-0.76)\times2.5]\text{mm}=40.05\text{mm}\end{aligned}$$

$$\begin{aligned}d_{f2}&=d_2-2(h_a^*+c^*-x_2)m\\&=[85-2\times(1+0.25-0.24)\times2.5]\text{mm}=79.95\text{mm}\end{aligned}$$

7）计算齿顶厚 $s_a$。先计算齿顶圆压力角 $\alpha_a$

$$\cos\alpha_{a1}=\frac{r}{r_{a1}}\cos\alpha=\frac{21.25}{25.4}\cos20°=0.786\quad \alpha_{a1}=38.172°$$

$$\cos\alpha_{a2}=\frac{r}{r_{a2}}\cos\alpha=\frac{42.5}{45.35}\cos20°=0.881\quad \alpha_{a2}=28.281°$$

计算分度圆齿厚 $s$

$$s_1=\left(\frac{\pi}{2}+2x_1\tan\alpha\right)m=\left(\frac{\pi}{2}+2\times0.76\tan20°\right)\times2.5\text{mm}=5.31\text{mm}$$

$$s_2=\left(\frac{\pi}{2}+2x_2\tan\alpha\right)m=\left(\frac{\pi}{2}+2\times0.24\tan20°\right)\times2.5\text{mm}=4.364\text{mm}$$

由 $\alpha_a$ 和 $s$ 计算齿顶厚 $s_a$

$$\begin{aligned}s_{a1}&=s_1\frac{r_{a1}}{r_1}-2r_{a1}(\text{inv}\alpha_{a1}-\text{inv}\alpha)\\&=\left[5.31\times\frac{25.4}{21.25}-2\times25.4\times(0.119904-0.014904)\right]\text{mm}\\&=1.013\text{mm}\end{aligned}$$

$$\begin{aligned}s_{a2}&=s_2\frac{r_{a2}}{r_2}-2r_{a2}(\text{inv}\alpha_{a2}-\text{inv}\alpha)\\&=\left[4.364\times\frac{45.35}{42.5}-2\times45.35\times(0.04442-0.014904)\right]\text{mm}\\&=1.98\text{mm}\end{aligned}$$

8）验算重叠系数 $\varepsilon>[\varepsilon]$。将计算得到的有关数据代入重叠系数计算式得

$$\varepsilon=\frac{1}{2\pi}[z_1(\tan\alpha_{a1}-\tan\alpha')+z_2(\tan\alpha_{a2}-\tan\alpha')]$$

$$=\frac{1}{2\pi}\times[17\times(\tan38.172^\circ-\tan24.816^\circ)+34\times(\tan28.281^\circ-\tan24.816)]$$

$$=\frac{1}{2\pi}\times[17\times(0.786-0.462)+34\times(0.538-0.462)]=1.288$$

通过计算，该方案能满足其他质量要求，因此是较为理想的设计方案。

**三、绘制齿轮啮合图**

齿轮啮合图的绘制步骤参考第三节，此处不再赘述。

# 第五章　机械系统动力性能的分析及飞轮设计

## 第一节　机械的等效动力学模型及其实例

机械系统处于过渡过程（起动和停车）时，常需分析过渡过程中产生的动载荷和过渡过程需要的时间等，如对具有较大转动惯量的重型机械系统的起动和制动过程的研究等。

机械系统的运动不仅在起动和停止阶段是变化的，而且在稳定运动阶段，对于大部分机器来说也是变化的，其结果是降低了机器的效率和工作可靠性，影响了机器的工作精度。因此，必须设法加以调节，使速度波动被限制在允许的范围内。

机械系统动力学研究的基本问题是在外力作用下机械的真实运动规律以及机械运转时其速度波动的调节。通常机械系统动力学分析按以下步骤：把实际机械系统简化成有效的力学模型；根据力学模型建立机器运动方程式；求解机器运动方程式，并对求出的解进行分析；找出速度波动的调节方法。对于机器的周期性速度波动，调节的方法一般是加一个具有适当转动惯量的飞轮。

### 一、机械的等效动力学模型

为了求出机器中原动件的真实运动规律，必须求解由机器中各个构件的质量 $m_i$、转动惯量 $J_i$ 和作用于机器中各个构件上的外力 $F_i$、外力矩 $M_i$ 所决定的机器的运动方程式。由于机器中构件多，变量更多，其运动方程式是非常复杂的，所以必须将其简化。对于具有一个自由度的机器，描述机器的运动只需要一个独立的广义坐标；确定机器在外力作用下的真实运动，只需要确定该独立坐标随时间变化的规律即可，这就是运动方程简化的依据。因此，可以将整个机器的运动问题转化为具有独立坐标的构件的运动问题。该过程称为建立机器的等效动力学模型，该构件称为等效构件。等效构件可以是移动件，也可以是转动件。这种转化必须使机器的运动不因此而改变，即用一个作用在等效构件上的假想力 $F_e$（等效构件为移动件）或假想的力矩 $M_e$（等效构件为转动件）代替作用在该机器上的所有外力和力矩，并保证在所研究的可能位移时，假想力 $F_e$ 或力矩 $M_e$ 所做的功或所产生的功率等于所有被代替的力和力矩所做的功或所产生的功率之和。该假想力称为等效力，等效力作用在等效构件上的点称为等效点，该假想力矩称为等效力矩。同时，用集中在等效构件上选定点的一个假想质量 $m_e$（等效构件为移动件）或转动惯量 $J_e$（等效构件为转动件）来代替整个机器所有运动构件的质量和转动惯量，并保证该假想的集中质量或转动惯量的动能等于机器中所有运动构件的动能之和。该假想质量称为等效质量，等效质量所集中的点称为等效点，该假想的转动惯量称为等效转动惯量。

1. 等效力 $F_e$ 和等效力矩 $M_e$

根据作用于等效构件上的等效力（等效力矩）所产生的功率等于机器中所有外力和外力矩所产生的功率之和，得等效力 $F_e$ 和等效力矩 $M_e$ 的计算公式为

$$F_e = \sum_{i=1}^{n}\left[F_i\cos\alpha_i\left(\frac{v_i}{v}\right)\right] + \sum_{i=1}^{n}\left[\pm M_i\left(\frac{\omega_i}{v}\right)\right] \tag{5-1}$$

$$M_e = \sum_{i=1}^{n}\left[F_i\cos\alpha_i\left(\frac{v_i}{\omega}\right)\right] + \sum_{i=1}^{n}\left[\pm M_i\left(\frac{\omega_i}{\omega}\right)\right] \tag{5-2}$$

式中　$F_i$——作用于第 $i$ 个构件上的外力；

$M_i$——作用于第 $i$ 个构件上的外力矩；

$v_i$——$F_i$ 作用点的速度；

$\alpha_i$——$F_i$ 与 $v_i$ 之间的夹角；

$n$——机器中运动构件的数目；

$\omega$——等效构件的角速度；

$v$——等效构件的线速度；

$\omega_i$——第 $i$ 个构件的角速度。

公式中 $M_i$ 前面的正负号由 $M_i$ 与 $\omega_i$ 是同向还是反向来确定，方向相同时取正号，相反时取负号。

2. 等效质量 $m_e$ 和等效转动惯量 $J_e$

根据等效构件所具有的动能等于机器中所有运动构件所具有的动能之和，得等效质量 $m_e$ 和等效转动惯量 $J_e$ 的计算公式为

$$m_e = \sum_{i=1}^{n}\left[m_i\left(\frac{v_{Si}}{v}\right)^2\right] + \sum_{i=1}^{n}\left[J_{Si}\left(\frac{\omega_i}{v}\right)^2\right] \tag{5-3}$$

$$J_e = \sum_{i=1}^{n}\left[m_i\left(\frac{v_{Si}}{\omega}\right)^2\right] + \sum_{i=1}^{n}\left[J_{Si}\left(\frac{\omega_i}{\omega}\right)^2\right] \tag{5-4}$$

式中　$m_i$——第 $i$ 个构件的质量；

$v_{Si}$——第 $i$ 个构件质心的速度；

$J_{Si}$——第 $i$ 个构件绕质心的转动惯量；

$n$——机器中运动构件的数目；

$\omega$——等效构件的角速度；

$v$——等效构件的线速度；

$\omega_i$——第 $i$ 个构件的角速度。

显然，等效力 $F_e$ 和等效质量 $m_e$ 适用于等效构件为移动件，而等效力矩 $M_e$ 和等效转动惯量 $J_e$ 适用于等效构件为转动件。

为了求机器中原动件（即等效构件）的真实运动，必须首先建立机器的等效动力学模型，求出等效力矩 $M_e$（或等效力 $F_e$）和等效转动惯量 $J_e$（或等效质量 $m_e$）。由式（5-1）~式（5-4）可知，用电算法求解 $M_e$（或 $F_e$）和 $J_e$（$m_e$）的关键是求出速比 $v_i/\omega$（或 $v_i/v$）和 $\omega_i/\omega$（或 $\omega_i/v$），故只要掌握机构运动分析的电算法，此问题便迎刃而解。

**二、实例分析**

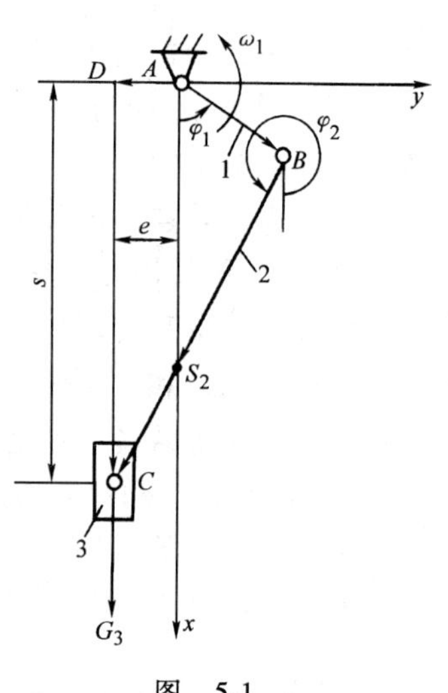


图 5-1

图 5-1 所示的偏置曲柄滑块机构为一振动器的主运动机构，简称振动机构。设已知连杆 2 的质量 $m_2=1\text{kg}$，滑块 3 的质量 $m_3=20\text{kg}$，曲柄 1 对于转轴 $A$ 的转动惯量 $J_1=$

0.3kg·m²，连杆 2 对其质心 $S_2$ 的转动惯量 $J_{S2}=0.5\text{kg}\cdot\text{m}^2$；构件的尺寸 $l_{AB}=0.3\text{m}$，$l_{BC}=0.9\text{m}$，偏距 $e=0.15\text{m}$，$l_{BS_2}=0.6\text{m}$。要求确定以曲柄 1 为等效构件时的等效转动惯量 $J_e$ 和滑块 3 的重力 $G_3$ 的等效力矩 $M_{eg}$。

1. 建立数学模型

由图 5-1 中的封闭矢量多边形 *ABCD*，可得矢量方程

$$\boldsymbol{AB}+\boldsymbol{BC}=\boldsymbol{AD}+\boldsymbol{DC} \tag{a}$$

将其投影在两坐标轴上可得

$$s=l_{AB}\cos\varphi_1+l_{BC}\cos\varphi_2 \tag{b}$$

$$-e=l_{AB}\sin\varphi_1+l_{BC}\sin\varphi_2 \tag{c}$$

由式（c）可得

$$\sin\varphi_2=(-e-l_{AB}\sin\varphi_1)/l_{BC} \tag{d}$$

设

$$R=(-e-l_{AB}\sin\varphi_1)/l_{BC} \tag{5-5}$$

则

$$\varphi_2=\arctan(R/\sqrt{1-R^2}) \tag{5-6}$$

将式（d）对时间求导一次，再经恒等变换可得

$$\omega_2/\omega_1=-l_{AB}\cos\varphi_1/(l_{BC}\cos\varphi_2) \tag{5-7}$$

将式（b）对时间求导一次后，两边同除以 $\omega_1$ 可得

$$v_C/\omega_1=-l_{AB}\sin\varphi_1-l_{BC}\sin\varphi_2(\omega_2/\omega_1) \tag{5-8}$$

由图 5-1 得构件 2 质心 $S_2$ 点的 *x*、*y* 坐标分别为

$$x_{S_2}=l_{AB}\cos\varphi_1+l_{BS_2}\cos\varphi_2 \tag{e}$$

$$y_{S_2}=l_{AB}\sin\varphi_1+l_{BS_2}\sin\varphi_2 \tag{f}$$

将式（e）和式（f）分别对时间求导一次后两边同除以 $\omega_1$，并考虑到构件 2 质心 $S_2$ 处的线速度可分解为 $v_{S_2x}$、$v_{S_2y}$ 可得

$$v_{S_2x}/\omega_1=-l_{AB}\sin\varphi_1-l_{BS_2}\sin\varphi_2(\omega_2/\omega_1) \tag{5-9}$$

$$v_{S_2y}/\omega_1=l_{AB}\cos\varphi_1+l_{BS_2}\cos\varphi_2(\omega_2/\omega_1) \tag{5-10}$$

由式（5-9）和式（5-10）并考虑到 $v_{S_2}^2=v_{S_2x}^2+v_{S_2y}^2$ 可得

$$(v_{S_2}/\omega_1)^2=(v_{S_2x}/\omega_1)^2+(v_{S_2y}/\omega_1)^2 \tag{5-11}$$

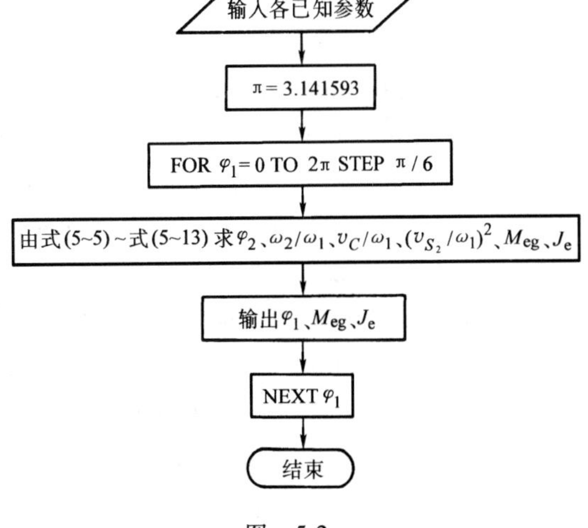


图　5-2

由式（5-2）和式（5-4）可得

$$M_{eg}=m_3\times 9.8\ (v_C/\omega_1) \tag{5-12}$$

$$J_e=J_1+m_2\ (v_{S_2}/\omega_1)^2+J_{S_2}\ (\omega_2/\omega_1)^2+m_3\ (v_C/\omega_1)^2 \tag{5-13}$$

2. 框图设计

图 5-2 所示框图，用 Visual Basic 语言编制程序如下：

```
Option Explicit
```

```
Private Const Pi = 3.1415926535
Dim m2 As Double        ' m2 是连杆 2 的质量，即公式中的 m2
Dim m3 As Double        ' m3 是滑块 3 的质量，即公式中的 m3
Dim j1 As Double        ' 曲柄 1 的转动惯量，即公式中的 J1
Dim js As Double        ' 连杆 2 的转动惯量，即公式中的 Js2
Dim ab As Double        ' 曲柄 1 的长度，即公式中的 lAB
Dim bc As Double        ' 连杆 2 的长度，即公式中的 lBC
Dim bs As Double        ' s2 点处的定位尺寸，即公式中的 lBS2
Dim e As Double         ' 偏距，即公式中的 e
Dim p1 As Double        ' 曲柄 1 的位置角，即公式中的 φ1
Dim p2 As Double        ' 连杆 2 的位置角，即公式中的 φ2
Dim je As Double        ' 曲柄 1 为等效构件时的等效转动惯量
Dim meg As Double       ' 滑块 3 的重力 G3 的等效力矩 Meg
Private Sub Command1_Click ( )
Dim r As Double         ' 即公式中的 R
Dim vr As Double        ' 即公式中的 vC/ω1
Dim r1 As Double        ' 即公式中的 vS2x/ω1
Dim r2 As Double        ' 即公式中的 vS2y/ω1
Dim wr As Double        ' 即公式中的 ω2/ω1
Dim sr As Double        ' 即公式中的 (vS2/ω1)^2
Dim tmp As Double
tmp = Pi/180#
m2 = Val (InputBox (" please input the value of the variable of m2"))
m3 = Val (InputBox (" please input the value of the variable of m3"))
j1 = Val (InputBox (" please input the value of the variable of j1"))
js = Val (InputBox (" please input the value of the variable of js"))
ab = Val (InputBox (" please input the value of the variable of ab"))
bc = Val (InputBox (" please input the value of the variable of bc"))
e = Val (InputBox (" please input the value of the variable of e"))
bs = Val (InputBox (" please input the value of the variable of bs"))
For p1 =0 To 2* Pi Step 30* tmp
    r = ( -e -ab* Sin (p1)) /bc:                p2 = Atn (r/Sqr (1 -r^2))
    wr = -ab* Cos (p1)/(bc* Cos (p2)):          vr = -ab* Sin (p1) -bc* Sin (p2)* wr
    r1 = -ab* Sin (p1) -bs* Sin (p2)* wr:       r2 = ab* Cos (p1) +bs* Cos (p2)* wr
    sr = r1^2 +r2^2:                            meg = m3* 9.8* vr
    je = j1 +m2* sr +js* wr^2 +m3* vr^2
    Print" p1 = "; Format (p1/tmp," ###");"; meg = "; Format (meg," ##.###");";_ je = "; Format (je," ##.###")
Next p1
```

End Sub

3. 计算结果

p1 =0； meg = −9. 939； je =0. 42
p1 =30； meg = −47. 404； je =1. 569
p1 =60； meg = −65. 959； je =2. 682
p1 =90； meg = −58. 8； je =2. 19
p1 =120； meg = −35. 886； je =1. 034
p1 =150； meg = −11. 396； je =0. 43
p1 =180； meg =9. 939； je =0. 42
p1 =210； meg =29. 4； je =0. 822
p1 =240； meg =47. 308； je =1. 543
p1 =270； meg =58. 8； je =2. 19
p1 =300； meg =54. 536； je =1. 939
p1 =330； meg =29. 4； je =0. 822

## 第二节　机械系统的运动方程式及其求解

### 一、机械系统的运动方程式

1. 动能形式的运动方程式

建立机械系统的等效动力学模型以后，机械系统的运动方程式是针对其等效构件而言的。常把作用于系统的所有驱动力（包括驱动力矩）和所有阻力（包括阻力矩）分别等效到等效构件上，求出其等效驱动力 $F_{ed}$（或等效驱动力矩 $M_{ed}$）的等效阻力 $F_{er}$（或等效驱动力矩 $M_{er}$）。在任一时间间隔内，由机械系统的功能关系可得到动能形式的运动方程式为

$$\frac{1}{2}m_e v^2 - \frac{1}{2}m_{e0}v_0^2 = \int_0^s F_e \mathrm{d}s = \int_0^s (F_{ed} - F_{er})\mathrm{d}s \tag{5-14}$$

$$\frac{1}{2}J_e \omega^2 - \frac{1}{2}J_{e0}\omega_0^2 = \int_0^{\varphi} M_e \mathrm{d}\varphi = \int_0^{\varphi} (M_{ed} - M_{er})\mathrm{d}\varphi \tag{5-15}$$

式中　$J_{e0}$——该时间间隔开始（即 $t=0$、$\varphi=0$ 或 $s=0$）时，等效构件的等效转动惯量；

$m_{e0}$——该时间间隔开始（即 $t=0$、$\varphi=0$ 或 $s=0$）时，等效构件的等效质量；

$\omega_0$——该时间间隔开始（即 $t=0$、$\varphi=0$ 或 $s=0$）时，等效构件的角速度；

$v_0$——该时间间隔开始（即 $t=0$、$\varphi=0$ 或 $s=0$）时，等效构件的线速度；

$J_e$——该时间间隔结束（即时间为 $t$、转角为 $\varphi$ 或线位移为 $s$）时，等效构件的等效转动惯量；

$m_e$——该时间间隔结束（即时间为 $t$、转角为 $\varphi$ 或线位移为 $s$）时，等效构件的等效质量；

$\omega$——该时间间隔结束（即时间为 $t$、转角为 $\varphi$ 或线位移为 $s$）时，等效构件的角速度；

$v$——该时间间隔结束（即时间为 $t$、转角为 $\varphi$ 或线位移为 $s$）时，等效构件的线速度。

式（5-14）用于等效构件为移动构件，式（5-15）用于等效构件为转动构件。

2. 力或力矩形式的方程式

上述机械系统运动方程式是以动能形式表示的，为了便于对某些问题求解，将式（5-14）两边对 $s$ 求导，式（5-15）两边对 $\varphi$ 求导，即可转化为力或力矩形式的运动方程式

$$F_e = m_e \frac{dv}{dt} + \frac{v^2}{2}\frac{dm_e}{ds} = m_e a^t + \frac{v^2}{2}\frac{dm_e}{ds} \tag{5-16}$$

式中 $a^t$——等效点的切向加速度。

$$M_e = J_e \frac{d\omega}{dt} + \frac{\omega^2}{2}\frac{dJ_e}{d\varphi} = J_e \alpha + \frac{\omega^2}{2}\frac{dJ_e}{d\varphi} \tag{5-17}$$

式中 $\alpha$——等效点的角加速度。

式（5-16）用于等效构件为移动构件，式（5-17）用于等效构件为转动构件。

**二、运动方程式的求解**

不同的机械系统是由不同的原动机与执行机构组合而成的。原动机不同，则其发出的驱动力可以是不同运动参数的函数，如蒸汽机、内燃机等原动机发出的驱动力是活塞位置的函数，电动机发出的驱动力矩是转子角速度 $\omega$ 的函数等。执行机构按其机械特性可分为五类：第一类，工作阻力是常数（如起重机、轧钢机、刨床、造纸机等）；第二类，阻力随速度变化（如鼓风机、排烟机、离心泵、离心分离器、螺旋桨等）；第三类，阻力随路程变化（如活塞式压缩机和泵、金属切割机、矿井升降机、振动输送机、曲柄压力机等）；第四类，阻力随路程与速度变化（如高速运输机）；第五类，阻力随时间变化（如碎石机、球磨机、揉面机等）。综上所述，各种执行机构的机械特性均不相同，等效力矩可能是位置、速度或时间的函数。此外，等效力矩可以用函数式表示，也可以用曲线或数值表格表示。因此，运动方程式的求解方法也不尽相同，一般有解析法、数值计算法和图解法等。图解法步骤详见参考文献［11］。下面将介绍解析法和数值计算法。

用内燃机驱动活塞式压缩机的机械系统属于等效转动惯量和等效力矩均为位置函数的情况。此时，内燃机给出的驱动力矩 $M_d$ 和压缩机所受到的阻抗力矩 $M_r$ 都可视为位置的函数，即 $M_d = M_d(\varphi)$，$M_r = M_r(\varphi)$，故等效力矩 $M_e$ 也是位置的函数，即 $M_e = M_e(\varphi)$。另外，等效转动惯量 $J_e$ 也是位置的函数，即 $J_e = J_e(\varphi)$。在此情况下，假设等效力矩的函数形式 $M_e = M_e(\varphi)$ 可以积分，且其边界条件已知，即当 $t = t_1$ 时，$\varphi = \varphi_1$，$\omega = \omega_1$，$J_e = J_e(\varphi_1)$；当 $t = t_2$ 时，$\varphi = \varphi_2$，$\omega = \omega_2$，$J_e = J_e(\varphi_2)$，则根据动能形式的运动方程式可得

$$\int_{\varphi_1}^{\varphi_2} M_e(\varphi)\,d\varphi = \frac{1}{2}J_e(\varphi_2)\omega_2^2 - \frac{1}{2}J_e(\varphi_1)\omega_1^2$$

从而可求得

$$\omega_2 = \sqrt{\frac{J_e(\varphi_1)}{J_e(\varphi_2)}\omega_1^2 + \frac{2}{J_e(\varphi_2)}\left[\int_{\varphi_1}^{\varphi_2} M_e(\varphi)\,d\varphi\right]}$$

将上式写成普遍式

$$\omega_k = \pm\sqrt{\frac{J_e(\varphi_i)}{J_e(\varphi_k)}\omega_i^2 + \frac{2}{J_e(\varphi_k)}\left[\int_{\varphi_i}^{\varphi_k} M_e(\varphi)\,d\varphi\right]} \tag{5-18}$$

式中 $M_e$——等效力矩；

$J_e$——等效转动惯量；

$\omega_i$——$t=t_i$ 时的瞬时角速度，逆时针方向为正，顺时针方向为负；

$\omega_k$——$t=t_k$ 时的瞬时角速度，逆时针方向为正，顺时针方向为负。

不断地将 $\omega_i \Leftarrow \omega_k$、$\varphi_i \Leftarrow \varphi_k$，并算出新的 $\omega_k$，就可得到 $\omega=\omega(\varphi)$ 的一系列数值。

令

$$\omega_{ik} \approx \frac{1}{2}(\omega_i+\omega_k) \tag{5-19}$$

而

$$\omega_{ik}=\frac{\varphi_k-\varphi_i}{t_k-t_i}=\frac{\Delta\varphi_{ik}}{t_k-t_i} \tag{5-20}$$

故可得

$$t_k=t_i+\frac{\Delta\varphi_{ik}}{\omega_{ik}} \tag{5-21}$$

式（5-18）中的定积分可用数值积分法近似求出。采用数值积分法中的矩形法，可得

$$\int_{\varphi_i}^{\varphi_k} M_e(\varphi)\,\mathrm{d}\varphi \approx \frac{1}{2}(M_i+M_k)\Delta\varphi_{ik} \tag{5-22}$$

将式(5-22）代入式(5-18）得

$$\omega_k=\pm\sqrt{\frac{J_e(\varphi_i)}{J_e(\varphi_k)}\omega_i^2+\frac{\Delta\varphi_{ik}}{J_e(\varphi_k)}(M_i+M_k)} \tag{5-23}$$

若采用数值积分法中的辛普生法(SIMPSON'S METHOD)，则

$$\int_{\varphi_C}^{\varphi_D} M_e(\varphi)\,\mathrm{d}\varphi=\frac{h}{3}[M_0+M_{2N}+4(M_1+M_3+\cdots+M_{2N-1}) + 2(M_2+M_4+\cdots+M_{2N-2})]$$

式中　$\varphi_C \sim \varphi_D$——积分区间；

$N$——积分区间 $\varphi_C \sim \varphi_D$ 的等分数；

$h$——每个等分长度之半。

$$h=(\varphi_D-\varphi_C)/(2N) \tag{5-24}$$

$M_0$ 和 $M_{2N}$——积分区间起点和终点对应的 $M_e$ 值；

$M_1$，$M_2$，…，$M_{2N-1}$——积分区间内每半等分段 $\varphi$ 坐标对应的 $M_e$ 值，如图 5-3 所示。

图中　$N=4$

$$h=(\varphi_D-\varphi_C)/8$$

$$\int_{\varphi_C}^{\varphi_D} M_e(\varphi)\,\mathrm{d}\varphi=\frac{h}{3}[M_0+M_8 +4(M_1+M_3+M_5+M_7) +2(M_2+M_4+M_6)]$$

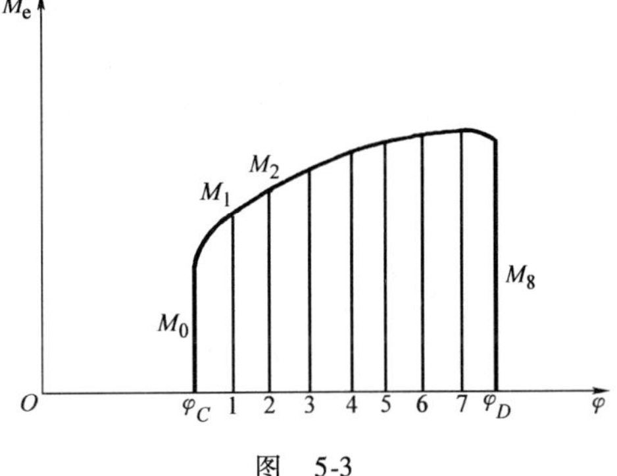


图　5-3

辛普生法的积分精度较矩形法高。

下面以牛头刨床主运动机构为例，详细说明当等效力矩和等效转动惯量均是等效构件的

位置函数时，如何求解原动件的真实运动。

在图 5-4a 所示牛头刨床的主运动机构中，设各构件的尺寸为 $l_{O_2A}=0.1174\text{m}$，$l_{O_3B}=0.728\text{m}$，$l_{O_2O_3}=0.38\text{m}$；原动件曲柄 1 的平均角速度 $\omega_1=13.6135\text{rad/s}$，方向为顺时针；滑枕 5 的冲程 $H=0.45\text{m}$，重力 $G_5=620\text{N}$；极位夹角 $\theta=36°=0.628318\text{rad}$；所受的切削阻力 $F_r=1600\text{N}$，方向和变化规律如图所示；导杆 3 的重力 $G_3=200\text{N}$，对过质心 $S_3$ 之轴的转动惯量 $J_{S_3}=1.1\text{kg}\cdot\text{m}^2$，质心的位置尺寸 $l_{O_3S_3}=0.364\text{m}$；曲柄 1 对过质心 $S_1$（$S_1$ 点和 $O_2$ 点重合）的转动惯量 $J_{S_1}=64\text{kg}\cdot\text{m}^2$，作用在其上的驱动力矩 $M_d$ = 常数。其他构件的质量和转动惯量忽略不计，求一个运动循环中，原动件曲柄 1 的真实运动规律。

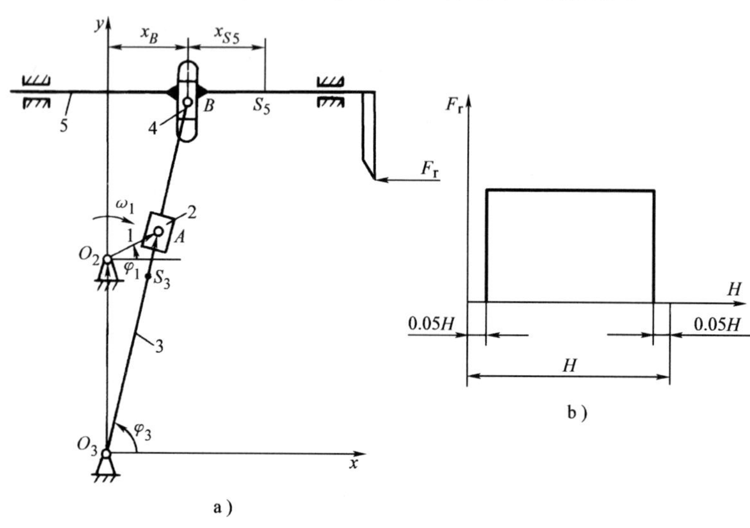


图 5-4

1. 建立数学模型

为了求曲柄 1 的真实运动规律，需首先建立机构的等效动力学数学模型。为此，选取曲柄 1 为等效构件，设 $v_{S_3}$和 $v_5$ 分别为 $S_3$ 点和滑枕 5 的速度，$\omega_3$ 为构件 3 的角速度，则等效构件 1 的等效转动惯量 $J_e$ 和等效力矩 $M_e$ 与速比 $v_{S_3}/\omega_1$、$\omega_3/\omega_1$ 和 $v_5/\omega_1$ 有关，需首先求这些速比。

由图 5-4a 中的三角形 $O_3O_2A$ 可得

$$l_{O_3A}=\sqrt{l_{O_2A}^2+l_{O_3O_2}^2-2l_{O_2A}l_{O_3O_2}\cos\left(\pi/2+\varphi_1\right)}$$

即

$$l_{O_3A}=\sqrt{l_{O_2A}^2+l_{O_3O_2}^2+2l_{O_2A}l_{O_3O_2}\sin\varphi_1} \tag{5-25}$$

由图 5-4a 中的封闭矢量多边形 $O_3O_2A$，可得矢量方程

$$\boldsymbol{O_3O_2}+\boldsymbol{O_2A}=\boldsymbol{O_3A} \tag{a}$$

将该矢量方程投影在 $y$ 轴和 $x$ 轴上，可得

$$l_{O_3O_2}+l_{O_2A}\sin\varphi_1=l_{O_3A}\sin\varphi_3 \tag{b}$$

$$l_{O_2A}\cos\varphi_1=l_{O_3A}\cos\varphi_3 \tag{c}$$

由式（b）和式（c）可得

$$\varphi_3=\arctan\left[\left(l_{O_3O_2}+l_{O_2A}\sin\varphi_1\right)/\left(l_{O_2A}\cos\varphi_1\right)\right] \tag{5-26}$$

将式（b）对时间求导可得

$$l_{O_2A}\omega_1\cos\varphi_1=l_{O_3A}\omega_3\cos\varphi_3 \tag{d}$$

将图 5-4a 所示的 $xO_3y$ 坐标系统绕 $O_3$ 点转 $\varphi_3$ 角，则由式（d）可得

$$l_{O_2A}\omega_1\cos(\varphi_1-\varphi_3)=l_{O_3A}\omega_3\cos(\varphi_3-\varphi_3)$$

故
$$\omega_3/\omega_1=l_{O_2A}\cos(\varphi_1-\varphi_3)/l_{O_3A} \tag{5-27}$$

设构件 3 上 $B$ 点的 $x$ 坐标为 $x_B$，速度为 $v_B$

则
$$x_B=l_{O_3B}\cos\varphi_3 \tag{5-28}$$

因滑块 4 相对于滑枕 5 沿 $x$ 方向无相对运动，故滑枕 5 的速度为

$$v_5=-\omega_3 l_{O_3B}\sin\varphi_3$$

即
$$v_5/\omega_1=-l_{O_3B}\sin\varphi_3\omega_3/\omega_1 \tag{5-29}$$

因 $S_3$ 点的速度
$$v_{S_3}=l_{O_3S_3}\omega_3$$

故
$$v_{S_3}/\omega_1=l_{O_3S_3}\omega_3/\omega_1 \tag{5-30}$$

设等效阻力矩为 $M_r$，$G_3$ 与 $v_{S_3}$间的夹角为 $\alpha_3$，则

$$M_r=F_r(v_5/\omega_1)\cos\pi+G_5(v_5/\omega_1)\cos\pi/2+G_3(v_{S_3}/\omega_1)\cos\alpha_3 \tag{e}$$

设 $S_3$ 点的 $y$ 坐标为 $y_{S_3}$，沿 $y$ 轴方向的速度为 $v_{S_3y}$，则

$$y_{S_3}=l_{O_3S_3}\sin\varphi_3$$

$$v_{S_3y}=l_{O_3S_3}\omega_3\cos\varphi_3$$

$$v_{S_3y}/\omega_1=l_{O_3S_3}\cos\varphi_3\omega_3/\omega_1 \tag{5-31}$$

将 $v_{S_3}$沿 $x$、$y$ 两坐标轴方向分解，得

$$v_{S_3}=v_{S_3x}+v_{S_3y} \tag{f}$$

因 $G_3$ 与 $v_{S_3x}$间的夹角 $\alpha_{3x}=\pi/2$，所以 $\cos\alpha_{3x}=0$。$G_3$ 与 $v_{S_3y}$间的夹角为 $\alpha_{3y}$，则当 $v_{S_3y}>0$ 时，$\alpha_{3y}=\pi$，所以 $\cos\alpha_{3y}=-1$；而当 $v_{S_3y}<0$ 时，$\alpha_{3y}=0$，所以 $\cos\alpha_{3y}=1$。

因 $G_3$ 与 $F_r$ 的方向都与坐标轴的正向相反，$\omega_1$ 为顺时针方向，故均应代入负值，从而由式（e）得

$$M_r=-F_r v_5/\omega_1-G_3 v_{S_3y}/\omega_1 \tag{5-32}$$

因为在一个运动循环中，等效驱动力矩所做的功与等效阻力矩所做的功相等，又已知 $M_d$ = 常数，所以

$$M_d=\left(\int_0^{-2\pi}M_r(\varphi_1)\mathrm{d}\varphi_1\right)\Big/(2\pi) \tag{5-33}$$

由式(5-4) 得等效转动惯量

$$J_e=m_3(v_{S_3}/\omega_1)^2+J_{S_3}(\omega_3/\omega_1)^2+m_5(v_5/\omega_1)^2+J_1 \tag{5-34}$$

因这里求出的 $M_r$ 为负值，故等效力矩

$$M_e=M_d+M_r \tag{5-35}$$

等效构件的瞬时角速度计算公式见式（5-23）。因为 $\omega_1$ 的方向是顺时针方向，故根式前面

应取负号。为了较精确地求出等效驱动力矩 $M_d$，式（5-33）中的定积分用辛普生方法求出。

2. 框图设计

框图设计如图 5-5 所示。

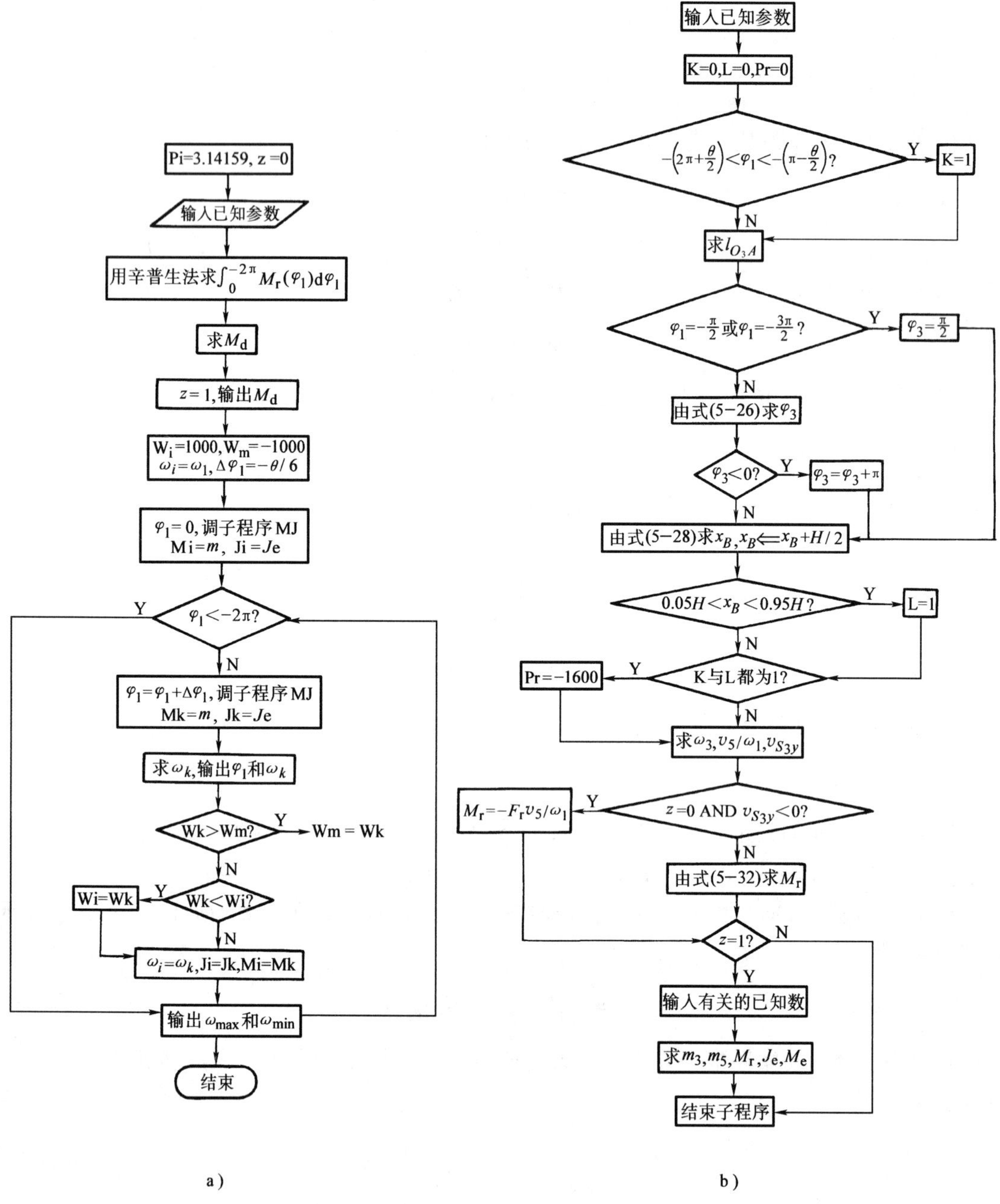


图 5-5

a）主程序框图 b）子程序 MJ 框图

3. 程序设计

```
Option Explicit
Private Const Pi = 3. 14159
```

```
Dim th#,mr#,m#,j#,p1#,n#,w1#,z#,md#
Private Sub Command1_Click( )
    Dim s5#,RT#,K#,L#,x1#,x2#,hh#,si#,wo#,dp#,mi#,ji#,mk#,jk#,wk#,wi#,wm#
    z =0: th =0.628318: w1 = -13.6135: RT =0: x1 =0: x2 = -2*Pi: n =45
    hh = (x2 - x1)/(2*n)
    si =0:p1 = x1:MJ
    Do While(n >0)
      si = si + mr:p1 = p1 + hh:MJ:si = mr*4 + si:p1 = p1 + hh:MJ
      si = mr + si: n =n -1
    Loop
    RT = si*hh/3#
    md = RT/(2*Pi)
    z =1:wi =1000:wm = -1000
    Print"md = ";Format(md,"##.#####")
    wo = w1:dp = -th/3
    p1 =0:MJ:mi = m:ji = j
    Print"p1 = ";p1;"wk = ";Format(w1,"##.#####")
    Do While(p1 > =( -2*Pi))
      p1 = p1 + dp:MJ: mk = m:jk = j
      wk = -Sqr(ji*wo*wo/jk + Abs(dp)*(mi + mk)/jk)
      Print"p1 = ";Int(p1*180/Pi +0.5),"  wk = ";Format(wk,"##.#####")
      If(wk > wm)Then wm = wk
      If(wk < wi)Then wi = wk
      wo = wk: ji = jk: mi = mk
    Loop
    Print"Wmax = ";Format(wm,"##.#####");"  Wmin = ";Format(wi,"##.#####")
End Sub
Private Sub MJ( )
    Dim sa#,p3#,xb#,pr#,w3#,vr#,dy#,wr#,l1#,l3#,l4#,ls#,g3#,g5#,m3#,m5#,j1#,j3#,K#,
L#,h#
    l1 =0.1174:l3 =0.728:l4 =0.38:ls =0.364:g3 = -200:h =0.45: K =0: L =0: pr =0
    If((p1 < -(Pi - th/2))And(p1 > -(2*Pi + th/2)))Then K =1
    sa = Sqr(l1^2 + l4^2 +2*l4*l1*Sin(p1))
    If((p1 = -Pi/2)Or(p1 =-3*Pi/2))Then
      p3 = Pi/2
    Else
      p3 = Atn((l4 + l1*Sin(p1))/(l1*Cos(pI)))
    End If
    If(p3 <0)Then p3 = Pi + p3
```

```
    xb = l3 * Cos(p3)
    xb = xb + h/2
    If((xb > =0.05 * h)And(xb < =h * 0.95))Then L = 1
    If((K = 1)And(L = 1))Then pr = -1600
    w3 = l1 * w1 * Cos(p1 - p3)/sa
    vr = -l3 * Sin(p3) * w3/w1
    dy = ls * Cos(p3) * w3
    If((z = 0)And(dy < 0))Then
        mr = -pr * vr
    Else
        mr = -pr * vr - g3 * dy/w1
    End If
    If(z = 1)Then
        g5 = -620:j1 = 64:j3 = 1.1
        m3 = Abs(g3)/9.8:m5 = Abs(g5)/9.8
        wr = w3/w1
        j = j1 + m3 * (ls * wr)^2 + j3 * wr^2 + m5 * vr^2
        m = md + mr
    End If
End Sub
```

4. 计算结果

| | | | |
|---|---|---|---|
| md = 104.00975 | | p1 = -180 | wk = -13.98202 |
| p1 = 0 | wk = -13.6135 | p1 = -192 | wk = -13.95275 |
| p1 = -12 | wk = -13.6627 | p1 = -204 | wk = -13.89906 |
| p1 = -24 | wk = -13.68669 | p1 = -216 | wk = -13.83948 |
| p1 = -36 | wk = -13.66497 | p1 = -228 | wk = -13.77874 |
| p1 = -48 | wk = -13.57545 | p1 = -240 | wk = -13.72015 |
| p1 = -60 | wk = -13.41317 | p1 = -252 | wk = -13.66611 |
| p1 = -72 | wk = -13.22042 | p1 = -264 | wk = -13.6185 |
| p1 = -84 | wk = -13.0919 | p1 = -276 | wk = -13.57882 |
| p1 = -96 | wk = -13.11524 | p1 = -288 | wk = -13.54829 |
| p1 = -108 | wk = -13.29124 | p1 = -300 | wk = -13.52791 |
| p1 = -120 | wk = -13.53313 | p1 = -312 | wk = -13.51842 |
| p1 = -132 | wk = -13.74571 | p1 = -324 | wk = -13.52028 |
| p1 = -144 | wk = -13.8857 | p1 = -336 | wk = -13.53345 |
| p1 = -156 | wk = -13.95738 | p1 = -348 | wk = -13.55698 |
| p1 = -168 | wk = -13.98263 | W max = -13.0919 | W min = -13.98263 |

5. 标识符

| 程序中符号 | 公式中符号 | 说明 | 程序中符号 | 公式中符号 | 说明 |
|---|---|---|---|---|---|
| mr | $M_r$ | 等效阻力矩 | p1 | $\varphi_1$ | 构件 1 的位置角 |
| h | $H$ | 滑枕 5 的冲程 | p3 | $\varphi_3$ | 构件 3 的位置角 |
| th | $\theta$ | 极位夹角 | j | $J_e$ | 等效转动惯量 |
| md | $M_d$ | 等效驱动力矩 | mk | $M_k$ | $k$ 处的等效力矩 |
| l4 | $l_{O_3O_2}$ | $O_3$、$O_2$ 间的长度 | g3 | $G_3$ | 构件 3 的重力 |
| j3 | $J_{S_3}$ | 构件 3 的转动惯量 | jk | $J_k$ | $k$ 处的等效转动惯量 |
| l3 | $l_{O_3B}$ | 构件 3 的长度 | g5 | $G_5$ | 滑枕 5 的重力 |
| dp | $\Delta\varphi_{ik}$ | 积分步长 | wk | $\omega_k$ | $k$ 处的角速度 |
| l1 | $l_{O_2A}$ | 构件 1 的长度 | j1 | $J_{S_1}$ | 构件 1 的转动惯量 |
| mi | $M_i$ | $i$ 处的等效力矩 | w0 | $\omega_i$ | $i$ 处的角速度 |
| ls | $l_{O_3S_3}$ | 杆 3 上 $O_3S_3$ 的长度 | m3 | $m_3$ | 构件 3 的质量 |
| ji | $J_i$ | $i$ 处的等效转动惯量 | pr | $F_r$ | 切削阻力 |
| w1 | $\omega_1$ | 曲柄 1 的平均角速度 | m5 | $m_5$ | 构件 5 的质量 |
| m | $M_e$ | 等效力矩 | Sa | $l_{O_3A}$ | $O_3A$ 的瞬时长度 |
| RT | $\int_0^{2\pi} M_r d\varphi_1$ | 等效阻力矩 | hh | $h$ | 积分步长之半 |
| xb | $x_B$ | 滑枕 5 的位置尺寸 | x1 | $\varphi_C$ | 积分区间的上限 |
| w3 | $\omega_3$ | 构件 3 的角速度 | x2 | $\varphi_D$ | 积分区间的下限 |
| dy | $v_{S_3y}$ | $S_3$ 点的 $y$ 向速度 | n | $N$ | 积分区间的等分数 |

6. 编程应注意的问题

由图 5-4b 可知，切削阻力 $F_r$ 只有在工作行程中，且 $0.05H \leqslant x_B + H/2 \leqslant 0.95H$ 时才存在，其他位置均为零。在程序中应设立两个开关控制 $F_r$ 的赋值。

在子程序中，先求出等效阻力矩 $M_r$，然后求等效力矩 $M_e$ 和等效转动惯量 $J_e$。在主程序中求等效驱动力矩 $M_d$ 前调这个子程序时，只需求出 $M_r$ 就应返回；而求出 $M_d$ 以后调这个子程序时，需将 $M_r$、$M_e$ 和 $J_e$ 全部求出后再返回。针对此问题，应设置一个开关来控制子程序从不同处返回主程序。

对于重力，重心上升时为阻力，重心下降时为驱动力。在主程序中，求 $M_d$ 前调子程序求 $M_r$ 时，应去掉重心下降的情况。

## 第三节 机械系统中飞轮的调速作用

### 一、产生速度波动的原因

机械系统在运转过程中，由于等效驱动力矩与等效阻力矩并不时刻保持相等，因而某阶段产生盈功，某阶段发生亏功。功的变化导致机械系统动能的改变，从而产生机器主轴的速度波动。按盈亏功变化情况的不同，机械系统的速度波动分为周期性速度波动和非周期性速度波动两种，它们的调节方法也不同。

若机械系统的等效驱动力矩和等效阻力矩都按同一周期作周而复始的变化，在该周期内驱动功和阻力功相等，则机械主轴的速度波动为周期性的，称周期稳定运转。周期性速度波动的平均速度为一常数。但在一个周期的任一时间间隔内，驱动功与阻力功不一定相等，因而产生周期性的速度波动。速度波动的程度可用飞轮来控制。

若机械系统在运转过程中，机械做功的变化并不具有一定的规律而是随机改变的，则机械主轴的速度波动为非周期性的。这种速度波动需用调速器调节。

本章只讨论在周期性速度波动情况下，使机械主轴的运转速度波动程度小于某一预定值的飞轮设计问题。

**二、飞轮的简易设计方法**

1. 飞轮调速的基本原理

原动机的等效驱动力（或力矩）和工作机的等效阻力（或阻力矩）可以是位置、速度或时间的函数，其可能的组合是很多的。但就大多数机械系统而言，它们多是常数或机构位置的函数，且当主轴角速度变化不大时，速度函数的驱动力矩（如交流异步电动机）或阻力矩（如鼓风机）也可近似地认为是常数。因此，这里只介绍力是机构位置函数或常数时飞轮的设计方法。

取某机械系统的主轴为等效构件。设该系统的等效驱动力矩、等效阻力矩及等效转动惯量都是机构位置的函数，分别以 $M_d(\varphi)$、$M_r(\varphi)$ 及 $J(\varphi)$ 表示，飞轮的转动惯量 $J_F$ 为常量。在不考虑构件弹性变形能的情况下，取位置间隔 $\varphi_0 \sim \varphi$，系统力矩所做的功等于它的动能增量，即

$$\int_{\varphi_0}^{\varphi}[M_d(\varphi)-M_r(\varphi)]\mathrm{d}\varphi=\frac{1}{2}[J(\varphi)+J_F]\omega^2-\frac{1}{2}[J(\varphi_0)+J_F]\omega_0^2 \tag{5-36}$$

令

$$\int_{\varphi_0}^{\varphi}[M_d(\varphi)-M_r(\varphi)]\mathrm{d}\varphi=\Delta W$$

为主轴在 $\varphi_0 \sim \varphi$ 位置间隔内，力矩所做的盈功或亏功，又令

$$\frac{1}{2}[J(\varphi_0)+J_F]\omega_0^2=E(\varphi_0)$$

为系统在主轴处于周期起始位置 $\varphi_0$ 时的动能，则式(5-36) 可写作

$$\frac{1}{2}J_F\omega^2=\Delta W+E(\varphi_0)-\frac{1}{2}J(\varphi)\omega^2 \tag{5-37}$$

设在一个周期中，机械主轴的最大、最小角速度分别为 $\omega_{max}$、$\omega_{min}$，对应的主轴位置角为 $\varphi_{(max)}$、$\varphi_{(min)}$，从 $\varphi_0$ 到对应位置系统力矩所做的盈亏功为 $\Delta W_{(max)}$、$\Delta W_{(min)}$，按式（5-37)，该两位置有

$$\frac{1}{2}J_F\omega_{max}^2=\Delta W_{(max)}+E(\varphi_0)-\frac{1}{2}J(\varphi_{(max)})\omega_{max}^2 \tag{5-38a}$$

$$\frac{1}{2}J_F\omega_{min}^2=\Delta W_{(min)}+E(\varphi_0)-\frac{1}{2}J(\varphi_{(min)})\omega_{min}^2 \tag{5-38b}$$

令最大盈亏功 $\Delta W_{(max)}-\Delta W_{(min)}=[W]$，系统的等效转动惯量 $J(\varphi)=J_C+J_Z$，并考虑平均角速度 $\omega_m=(\omega_{max}-\omega_{min})/2$ 和运转不均匀系数 $\delta=(\omega_{max}-\omega_{min})/\omega_m$，则式（5-38a）与式（5-38b）相减，经整理后得

$$J_F=\frac{[W]}{\omega_m^2\delta}-J_C-\frac{J_Z(\varphi_{(max)})(1-\delta)-J_Z(\varphi_{(min)})(1-\delta)}{2\delta} \tag{5-39}$$

式中 $J_C$——与主轴有等速比构件的等效转动惯量（$kg \cdot m^2$）；

$J_Z$——与主轴有变速比构件的等效转动惯量（$kg \cdot m^2$）。

2. 飞轮转动惯量的近似计算

在一般机械中，由于 $J_Z$ 比 $J_C$、$J_F$ 小得多，且计算又比较复杂，因此在近似计算中常将它忽略不计，则飞轮转动惯量的近似计算公式为

$$J_F = \frac{[W]}{\omega_m^2 \delta} - J_C \tag{5-40}$$

分析式（5-40），在机械系统的等效力矩已给定的情况下，最大盈亏功［$W$］是一个确定值，$J_C$ 为一常量；当要求机械主轴在给定的平均角速度 $\omega_m$ 邻近运转时，增大飞轮转动惯量 $J_F$ 即可有效地减小 $\delta$，从而控制主轴速度波动的程度。当机械出现盈功时，飞轮将此盈功以动能形式储存起来，由于惯量很大而使主轴速度升高的幅度减小；反之，当机械出现亏功时，飞轮释放出动能以弥补功的不足，且由于大惯量而使主轴速度下降的幅度也减小。于是，减小了机械运转速度波动的程度，从而达到调速的目的。

3. 飞轮尺寸的确定

求得飞轮的转动惯量以后，就可以进而确定其尺寸。飞轮常做成图 5-6 所示形状。它由轮缘 1、轮毂 2 和轮辐 3 三部分组成。因与轮缘比较，轮辐及轮毂的转动惯量较小，故常略去不计。设 $G_A$ 为轮缘的重力，$D_1$、$D_2$ 和 $D$ 分别为轮缘的外径、内径与平均直径，则轮缘转动惯量近似为

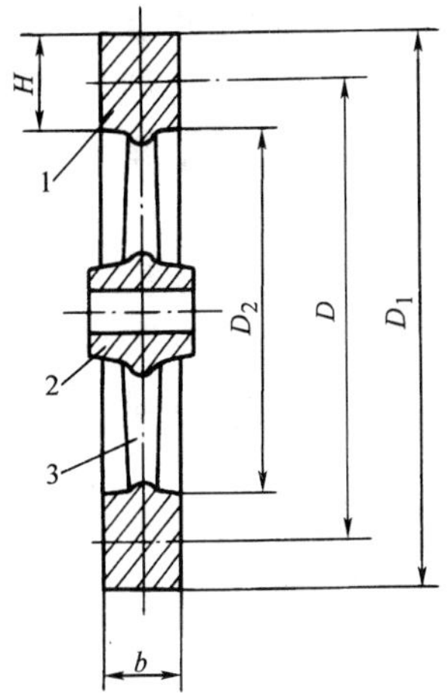

图 5-6
1—轮缘 2—轮毂 3—轮辐

$$J_F \approx J_A = G_A\ (D_1^2 + D_2^2)\ /(8g) \approx G_A D^2/(4g)$$

或

$$G_A D^2 = 4gJ_F \tag{5-41}$$

式中 $J_F$——飞轮的转动惯量；

$G_A D^2$——飞轮的飞轮矩。

由式（5-41）可知，当选定飞轮轮缘的平均直径 $D$ 后，即可求出飞轮轮缘的重力 $G_A$。至于平均直径 $D$ 的选择，一方面需考虑飞轮在机械中的安装空间，另一方面还需使其圆周速度不致过大，以免轮缘因离心力过大而破裂。

设轮缘的宽度为 $b$（m），材料单位体积的重力为 $\gamma$（$N/m^3$），则

$$G_A = \pi DHb\gamma \tag{5-42}$$

于是

$$Hb = G_A/(\pi D\gamma)$$

式中 $G_A$——轮缘的重力（N）；

$D$、$H$——轮缘的平均直径（m）和厚度（m）。

当飞轮的材料及比值 $H/b$ 选定后，由式（5-42）即可求得轮缘的横剖面尺寸 $H$ 和 $b$。

## 第四节 飞轮转动惯量的计算及飞轮设计举例

### 一、图解法计算飞轮转动惯量的步骤

对一般机械系统来说，飞轮转动惯量的计算不必要求很高的精确度，常用图解法确定最大盈亏功，用式（5-40）计算 $J_F$。下面就力矩是位置函效的情况介绍图解法。

1. 一般已知数据

1）在一个稳定运转循环中，等效驱动力矩 $M_d(\varphi)$ 和等效阻力矩 $M_r(\varphi)$ 的函数或数值

表（如果题目未给出等效力矩的值，则需按式(5-33)和式(5-32)计算等效驱动力矩或等效阻力矩值）。

2）机械的许用运转不均匀系数［$\delta$］。

3）机械主轴的转速 $n$。

4）与主轴有等速比的构件之转动惯量 $J_C$。

2. 图解的步骤

1）确定初始位置 $\varphi_0$，选定适当的力矩比例尺 $\mu_M$（N · m/mm）和主轴转角比例尺 $\mu_\varphi$（rad/mm）。在直角坐标系 $\varphi$—$M$ 中绘制等效驱动力矩 $M_d(\varphi)$ 与等效阻力矩 $M_r(\varphi)$ 曲线。

在某些情况下，其中某一力矩为常数（如交流异步电动机的等效驱动力矩可认为是常数、起重铰车的等效阻力矩是常数等），此时该常数力矩值是未知的，可通过等效驱动力矩与等效阻力矩在一个周期内做功相等的原则求出，故暂不能画出。

2）用参考文献［2］所提供的图解积分方法。如图 5-7 所示，由力矩曲线 $M_d(\varphi)$、$M_r$（$\varphi$）在 $\varphi$—$W$ 直角坐标系中作出积分曲线，积分式为

$$W_d(\varphi)=\int_{\varphi_0}^{\varphi}M_d(\varphi)\mathrm{d}\varphi,\quad W_r(\varphi)=\int_{\varphi_0}^{\varphi}M_r(\varphi)\mathrm{d}\varphi$$

作图时注意，由于在一个周期内驱动功与阻力功是相等的，因此，积分曲线 $M_d(\varphi)$ 与 $M_r(\varphi)$ 在一个周期的始末各汇交于同一点。

当驱动力矩或阻力矩中有一个为常数，则只需画出其中变化力矩曲线所对应的功曲线，另一常数力矩曲线所对应的功曲线必定是通过变化力矩功曲线始末两点的斜直线，并由此求得其常数力矩之值。

功曲线的比例尺（J/mm）按下式计算

$$\mu_W=H\mu_M\mu_\varphi \qquad (5\text{-}43)$$

3）在直角坐标系 $\varphi$—$\Delta W$ 中，按 $W_d(\varphi)$、$W_r(\varphi)$ 作盈亏功曲线 $\Delta W(\varphi)$。

4）与 $\Delta W(\varphi)$ 曲线的最高点相对应的即为具有最大角速度 $\omega_{max}$的主轴转角位置 $\varphi_{(max)}$，其最低点对应的即为具有最小角速度的位置 $\varphi_{(min)}$。于是，最大盈亏功［$W$］(J)即为 $\Delta W(\varphi)$ 曲线最高与最低点之间的纵坐标差值 $e$（mm），其值为

$$[W]=e\mu_W \qquad (5\text{-}44)$$

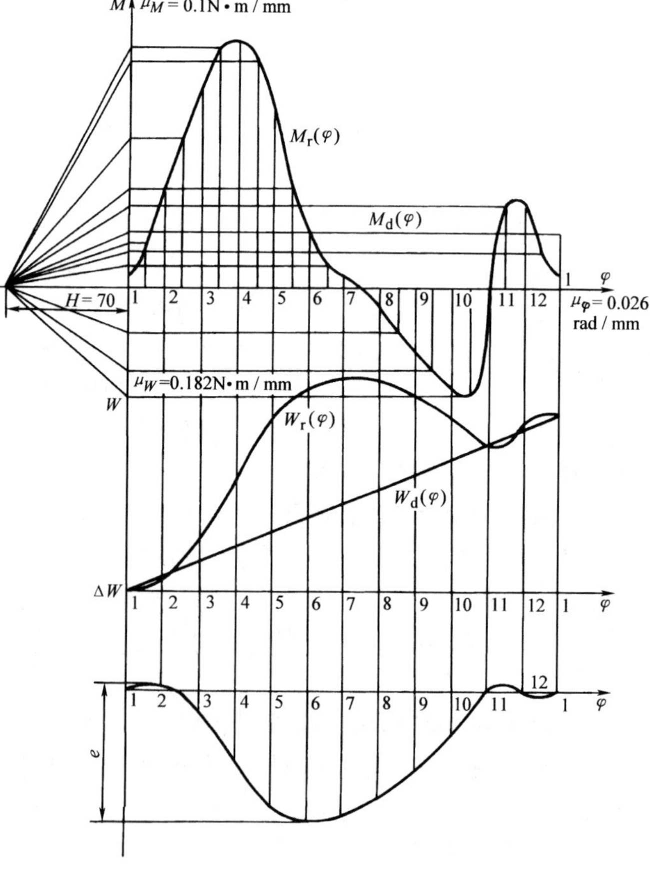


图 5-7

5）按式(5-40)计算飞轮转动惯量 $J_F$。

6）按飞轮的结构要求确定飞轮的主要尺寸及其他结构尺寸。

## 二、飞轮转动惯量的计算机计算方法

1. 计算方法概述

对于周期性的速度波动，在波动的一个周期内，输入功等于总耗功，从而使机械具有稳定的平均速度。但在一个周期中，其瞬时速度是变化的，机械运转的不均匀程度用一个周期中的最大角速度 $\omega_{max}$ 和最小角速度 $\omega_{min}$ 的差与其平均角速度 $\omega_m$ 的比值 $\delta$ 表示，称为运转不均匀系数，即

$$\delta = (\omega_{max} - \omega_{min})/\omega_m \tag{5-45}$$

其中，平均角速度 $\omega_m$ 可用两种方法求得。一种是通过定积分求其较精确的值，即

$$\omega_m = \frac{1}{T}\int_0^T \omega \mathrm{d}t \tag{5-46}$$

式中　$T$——周期，定积分可用前述数值方法（辛普生法或矩形法）求得。

另一种是以最大和最小角速度的算术平均值代替，即

$$\omega_m = \frac{1}{2}(\omega_{max} - \omega_{min}) \tag{5-47}$$

要确定一个周期中的最大角速度 $\omega_{max}$ 和最小角速度 $\omega_{min}$，用计算机计算法是很容易实现的。只要设两个变量，一个存放 $\omega_{max}$，比如设为 WM；另一个存放 $\omega_{min}$，比如设为 WU。WM 和 WU 的初值分别赋予一个很小的和很大的数，小者小到任一点的实际 $\omega$ 值都不可能比它小，大者大到任一点的实际 $\omega$ 值都不可能达到它。然后，在计算等效构件的真实运动过程中，从开始到最后，每一点都与 WM 和 WU 相比较。只要 $\omega_m$ 大于 WM，就将 $\omega_m$ 的值赋予 WM；只要 $\omega_m$ 小于 WU，就将其值赋予 WU。否则，WM 和 WU 中的值不变。这样，到一周期结束时，WM 中必然装着 $\omega_{max}$，而 WU 中必然装着 $\omega_{min}$。

2. 计算机计算的方法步骤

首先，假设一个较小的 $J_F$，用前述方法求出等效构件此时的真实运动规律，选出一个周期中各计算点中的最大角速度 $\omega_{max}$ 和最小角速度 $\omega_{min}$，并由此求出平均角速度 $\omega_m$ 和运转不均匀系数 $\delta$。

其次，若求出的 $\delta$ 大于其许用值 $[\delta]$，则将 $J_F$ 增大一倍或某一适当的数值，重复第一步的过程，直至 $\delta \leqslant [\delta]$ 时为止。

为了使 $J_F$ 不致过大，还可以给定 $A \leqslant \delta \leqslant [\delta]$。在计算中，若 $\delta > [\delta]$，则将 $J_F$ 增大某一倍数或某一适当的数值；若 $\delta < A$，则将 $J_F$ 减去某一数值，然后重复第一步的过程，直至 $\delta$ 符合要求时为止。

3. 实例分析

下面以曲柄滑块机构为例，说明该方法的详细过程。

在图 5-8 所示的曲柄滑块机构中，已知连杆 2 和滑块 3 的质

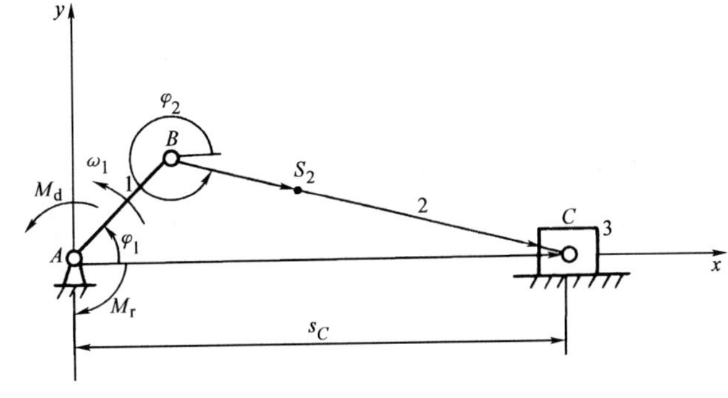


图　5-8

量分别为 $m_2=10\text{kg}$，$m_3=30\text{kg}$；曲柄 1 对于转轴 $A$ 的转动惯量 $J_1=8\text{kg}\cdot\text{m}^2$；连杆 2 对其过重心轴 $S_2$ 的转动惯量 $J_{S_2}=1\text{kg}\cdot\text{m}^2$；各构件的尺寸 $l_{AB}=0.2\text{m}$，$l_{BC}=0.6\text{m}$，$l_{BS_2}=0.2\text{m}$；曲柄的初始角速度 $\omega_0=10\text{rad/s}$；作用于曲柄上不变的驱动力矩和阻力矩各为 $M_\text{d}=50\text{N}\cdot\text{m}$ 和 $M_\text{r}=20\text{N}\cdot\text{m}$。若要求曲柄 1 速度波动的不均匀系数 $1/25\leqslant\delta\leqslant1/20$，试求飞轮的转动惯量 $J_\text{F}$ 和装飞轮后曲柄的真实运动规律。

（1）建立数学模型　选曲柄 1 为等效构件，首先求机构的等效转动惯量 $J_\text{F}$。设

$$r=l_{AB}/l_{BC} \tag{5-48a}$$

$$rr=-r\sin\varphi_1 \tag{5-48b}$$

由运动分析可得

$$\varphi_2=\arctan(rr/\sqrt{1-(rr)^2}) \tag{5-49}$$

$$\omega_2/\omega_1=-r\cos\varphi_1/\cos\varphi_2 \tag{5-50}$$

$$v_C/\omega_1=-l_{AB}\sin\varphi_1-l_{BC}\sin\varphi\ \omega_2/\omega_1 \tag{5-51}$$

式中　$\varphi_2$ 和 $\omega_2$——连杆的位置角和角速度；

$v_C$——滑块 3 的速度；

$\omega_1$——曲柄 1 的角速度。

由图 5-8 可得 $S_2$ 点的 $x$ 和 $y$ 坐标分量分别为

$$x_{S_2}=l_{AB}\cos\varphi_1+l_{BS_2}\cos\varphi_2 \tag{a}$$

$$y_{S_2}=l_{AB}\sin\varphi_1+l_{BS_2}\sin\varphi_2 \tag{b}$$

将式（a）和式（b）分别对时间求导后，再除以 $\omega_1$ 得

$$v_{S_2x}/\omega_1=-l_{AB}\sin\varphi_1-l_{BS_2}\sin\varphi_2\omega_2/\omega_1 \tag{5-52}$$

$$v_{S_2y}/\omega_1=l_{AB}\cos\varphi_1+l_{BS_2}\cos\varphi_2\omega_2/\omega_1 \tag{5-53}$$

$$(v_{S_2}/\omega_1)^2=(v_{S_2x}/\omega_1)^2+(v_{S_2y}/\omega_1)^2 \tag{5-54}$$

将式（5-4）用于该曲柄滑块机构可得

$$J_\text{e}=J_1+m_2(v_{S_2}/\omega_1)^2+J_{S_2}(\omega_2/\omega_1)^2+m_3(v_C/\omega_1)^2 \tag{5-55}$$

因为驱动力矩 $M_\text{d}$ 和阻力矩 $M_\text{r}$ 均为常数，且均作用在等效构件上，所以等效力矩 $M_\text{e}$ 也为常数，即

$$M_\text{e}=M_\text{d}-M_\text{r}$$

设等效构件 $i$、$k$ 两点的瞬时角速度分别为 $\omega_i$ 和 $\omega_k$，则由式（5-18）可得

$$\omega_k=\sqrt{\frac{J_\text{e}(\varphi_i)}{J_\text{e}(\varphi_k)}\omega_i^2+\frac{2M_\text{e}\Delta\varphi_{ik}}{J_\text{e}(\varphi_k)}} \tag{5-56}$$

平均角速度 $\omega_\text{m}$ 和不均匀系数 $\delta$ 分别由式(5-47) 和式(5-45) 求出。

（2）框图设计　框图设计如图 5-9 所示。

（3）程序与计算结果（用 Visual Basic 语言编制程序）

```
Option Explicit
Private Const Pi = 3.1415926
Dim p1, j1, j, m As Single
Private Sub Command1_Click( )
```

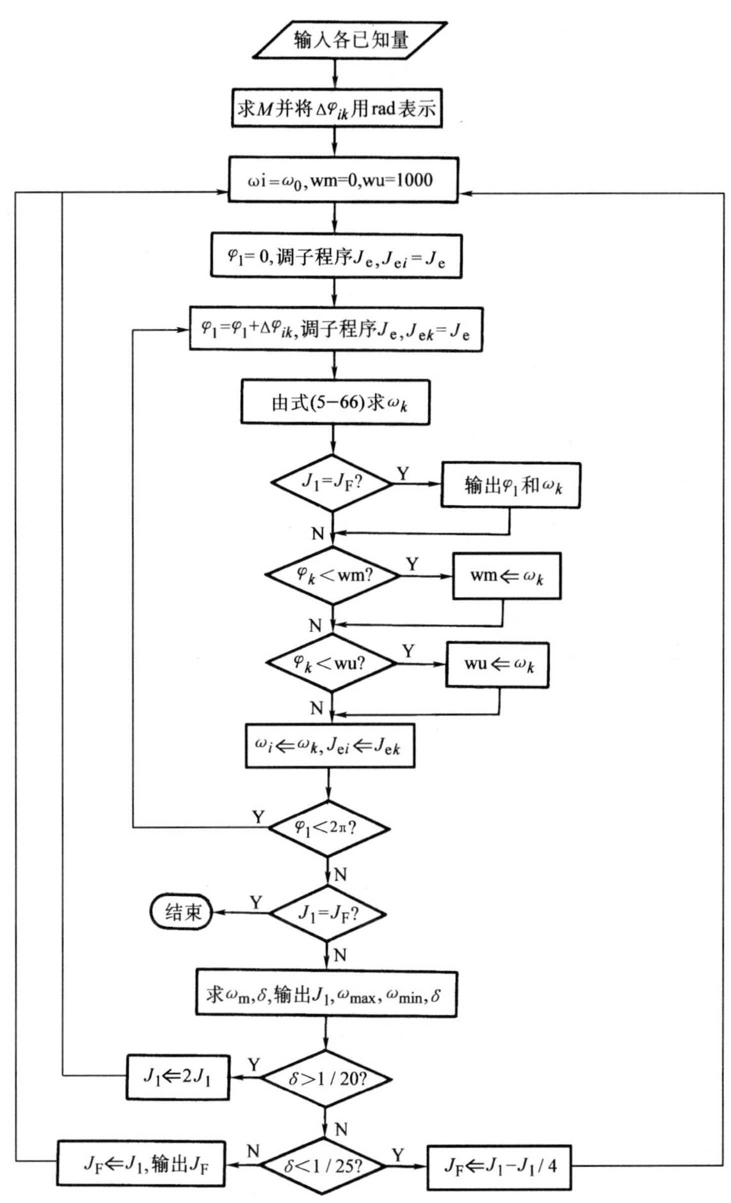


图　5-9

```
Rem 该子程序用于计算运动不均匀系数、飞轮转动惯量及 k 点处的角速度
Dim wu,wm,dp,wi,m,jk,wk,ji,jf,mw,d1 As Double
Dim wo,lt,ld,mr,md As Double
Dim i As Integer
wo = 10: lt = 0.04: ld = 0.05: mr = 20: md = 50: j1 = 8#
m = md - mr
dp = Pi/180#* 15#
```

```
Do While(True)
   wi = w0
   wu = 1000
   wm = 0
   p1 = 0
   Je
   ji = j
   Do While(p1 + 0.0000001 < 2 * Pi)
         p1 = p1 + dp
         Je
         jk = j
         wk = Sqr(ji * wi * wi/jk + 2 * m * dp/jk)
         If(j1 = jf)Then
         Print"p1 = ";Fix(p1 * 180/Pi + 0.5),"wk = ";Format(wk,"##.#######")
         End if
         If(wk > wm)Then wm = wk
         If(wk < wu)Then wu = wk
         wi = wk
         ji = jk
   Loop
   If(j1 = jf)Then Exit Do
   mw = (wm + wu)/2
   dl = (wm - wu)/mw
   Print"j1 = ";j1
   Print"Wmax = ";Format(wm,"##.#######");;"Wmin = ";Format(wu,"##.#######");_
         "DELTA = ";Format(d1,"##.#######")
   If(dl > ld)Then
         j1 = j1 * 2
   ElseIf(dl < lt)Then
         j1 = j1 - j1/4
   Else
         jf = j1
         Print"jf = ";jf
   End If
Loop
End Sub
Private Sub Je( )
Rem 该子程序用于计算等效转动惯量
Dim ab, bc,rr,p2,vr,wr,r1,r2,m2,m3,js,r,sr,bs,b As Double
```

```
    ab = 0.2: bc = 0.6: m2 = 10#: m3 = 30#: js = 1#
    bs = 0.2
    r = ab/bc
    rr = -r * Sin(p1)
    b = rr/Sqr(1 - rr * rr)
    p2 = Atn(b)
    wr = -r * Cos(p1)/Cos(p2)
    vr = -ab * Sin(p1) - bc * Sin(p2) * wr
    r1 = -ab * Sin(p1) - bs * Sin(p2) * wr
    r2 = ab * Cos(p1) + bs * Cos(p2) * wr
    sr = r1 * r1 + r2 * r2
    j = j1 + m2 * sr + js * wr * wr + m3 * vr * vr
End Sub
```

计算结果：

```
j1 = 8
Wmax = 12.0615713      Wmin = 9.6122288      DELTA = .2260187
j1 = 16
Wmax = 11.0970296      Wmin = 9.7898806      DELTA = .1251644
j1 = 32
Wmax = 10.5676661      Wmin = 9.8903419      DELTA = .066216
j1 = 64
Wmax = 10.2890241      Wmin = 9.943943      DELTA = .0341108
j1 = 48
Wmax = 10.3830147      Wmin = 9.9258113      DELTA = .0450251
jf = 48
p1 = 15      wk = 10.0002102      p1 = 195      wk = 10.2050686
p1 = 30      wk = 9.9756212       p1 = 210      wk = 10.2080976
p1 = 45      wk = 9.9443195       p1 = 225      wk = 10.2018382
p1 = 60      wk = 9.9258113       p1 = 240      wk = 10.1869255
p1 = 75      wk = 9.931917        p1 = 255      wk = 10.1673052
p1 = 90      wk = 9.9627701       p1 = 270      wk = 10.1517044
p1 = 105     wk = 10.0093772      p1 = 285      wk = 10.1520127
p1 = 120     wk = 10.0601452      p1 = 300      wk = 10.1776025
p1 = 135     wk = 10.106467       p1 = 315      wk = 10.2285754
p1 = 150     wk = 10.1443793      p1 = 330      wk = 10.2929742
p1 = 165     wk = 10.1731694      p1 = 345      wk = 10.3507349
p1 = 180     wk = 10.1933065      p1 = 360      wk = 10.3830147
```

(4) 标识符

| 程序中符号 | 公式中符号 | 说　　明 | 程序中符号 | 公式中符号 | 说　　明 |
| --- | --- | --- | --- | --- | --- |
| ab | $l_{AB}$ | 曲柄 1 的长度 | p1 | $\varphi_1$ | 曲柄 1 的位置角 |
| bc | $l_{BC}$ | 连杆 2 的长度 | p2 | $\varphi_2$ | 连杆 2 的位置角 |
| bs | $l_{BS_2}$ | $S_2$ 点的定位尺寸 | jk | $J_{ek}$ | $k$ 处的等效转动惯量 |
| w0 | $\omega_0$ | 曲柄 1 的初始角速度 | wk | $\omega_k$ | $k$ 处的角速度 |
| m2 | $m_2$ | 连杆 2 的质量 | wm | $\omega_{\max}$ | 最大角速度 |
| m3 | $m_3$ | 滑块 3 的质量 | wu | $\omega_{\min}$ | 最小角速度 |
| j1 | $J_1$ | 曲柄 1 的转动惯量 | jf | $J_F$ | 最后的等效转动惯量 |
| js | $J_{S_2}$ | 连杆 2 的转动惯量 | j | $J_e$ | 中间的等效转动惯量 |
| mw | $\omega_m$ | 平均角速度 | md | $M_d$ | 等效驱动力矩 |
| dl | $\delta$ | 运动不均匀系数 | mr | $M_r$ | 等效阻力矩 |
| rr | $rr$ | $-r\sin\varphi_1$ | ld | 1/20 | 不均匀系数的上限 |
| lt | 1/25 | 不均匀系数的下限 | wr | $\omega_2/\omega_1$ |  |
| r | $r$ | $l_{AB}/l_{BC}$ | vr | $v_C/\omega_1$ |  |
| m | $M_e$ | 等效力矩 | r1 | $v_{S_{2x}}/\omega_1$ |  |
| Pi | $\pi$ | 圆周率 | r2 | $v_{S_{2y}}/\omega_1$ |  |
| dp | $\Delta\varphi_{ik}$ | 计算步长 | sr | $(v_{S_2}/\omega_1)^2$ |  |
| wi | $\omega_i$ | $i$ 处的角速度 | ji | $J_{ei}$ | $i$ 处的等效转动惯量 |

# 第六章　机械运动方案与创新设计

## 第一节　机械设计概述

**一、机械设计的概念**

机械设计是根据使用要求对机械的工作原理、结构、运动方式、力和能量的传递方式、各个零件的材料和形状尺寸以及润滑方法等进行构思、分析和计算，并将其转化为制造依据的工作过程。

机械设计是机械工程的重要组成部分，是机械生产的第一步，是决定机械特性最主要的因素。设计过程蕴含着创新和发明。

**二、机械设计的一般程序**

机械产品设计是一项复杂细致的工作，为了提高机械设计质量，必须有一套设计程序。虽然不可能列出一个在任何情况下都有效的程序，但根据人们设计机械长期的经验，机械设计的一般程序可用表 6-1 所示的框图程序表示。

**三、机械设计类型**

对机械产品的设计，由于情况不同可以有下述三类不同的设计：

(1) 开发性设计　在设计原理、结构等完全未知的情况下，应用成熟的科学技术或经过实验证明是可行的新技术，设计过去没有过的新型机械（新产品）。这是一种完全创新设计。最初的蒸汽机车设计就属于开发性设计。这也叫从“零”——→“原型”的创新开发。

(2) 适应性设计　在原理方案基本保持不变的前提下，对产品作局部的变更或设计一个新部件，使产品在质和量方面更能满足使用要求。例如，内燃机安装增压器后就可使输出功率增大，安装节油器后就可节约燃料，这种设计就属于适应性设计。

(3) 变型设计　在工作原理和功能结构都不变的情况下，变更产品的结构配置和尺寸，使之适应于更多容量的要求。这里的容量含义很广，如功率、转矩、加工对象的尺寸、传动比范围等。例如，由于需要传递的转矩或速比改变而重新设计减速器的传动尺寸，就属于变型设计。

在机械产品设计中，开发性设计总是少量的，为了充分发挥现有机械的潜力，适应性设计和变型设计是很重要的。作为一个设计者，应在“创新”上下功夫，从而提高机械的工作性能。

## 第二节　机械运动方案设计

机械运动方案设计是机械产品设计的重要阶段，也是机械设计工作的基础。机械运动方案设计的好坏，对机械能否完成预期的工作任务、工作质量的优劣以及产品在国际市场上的竞争力，都起着决定性的作用。机械运动方案设计的过程，可用表 6-1 和图 6-1 所示的框图来表示。

机械运动方案设计主要包括下列内容：机械的功能原理设计、运动规律设计、执行机构形式设计、执行系统的协调设计和方案评价。

表 6-1 机械设计的一般程序框图

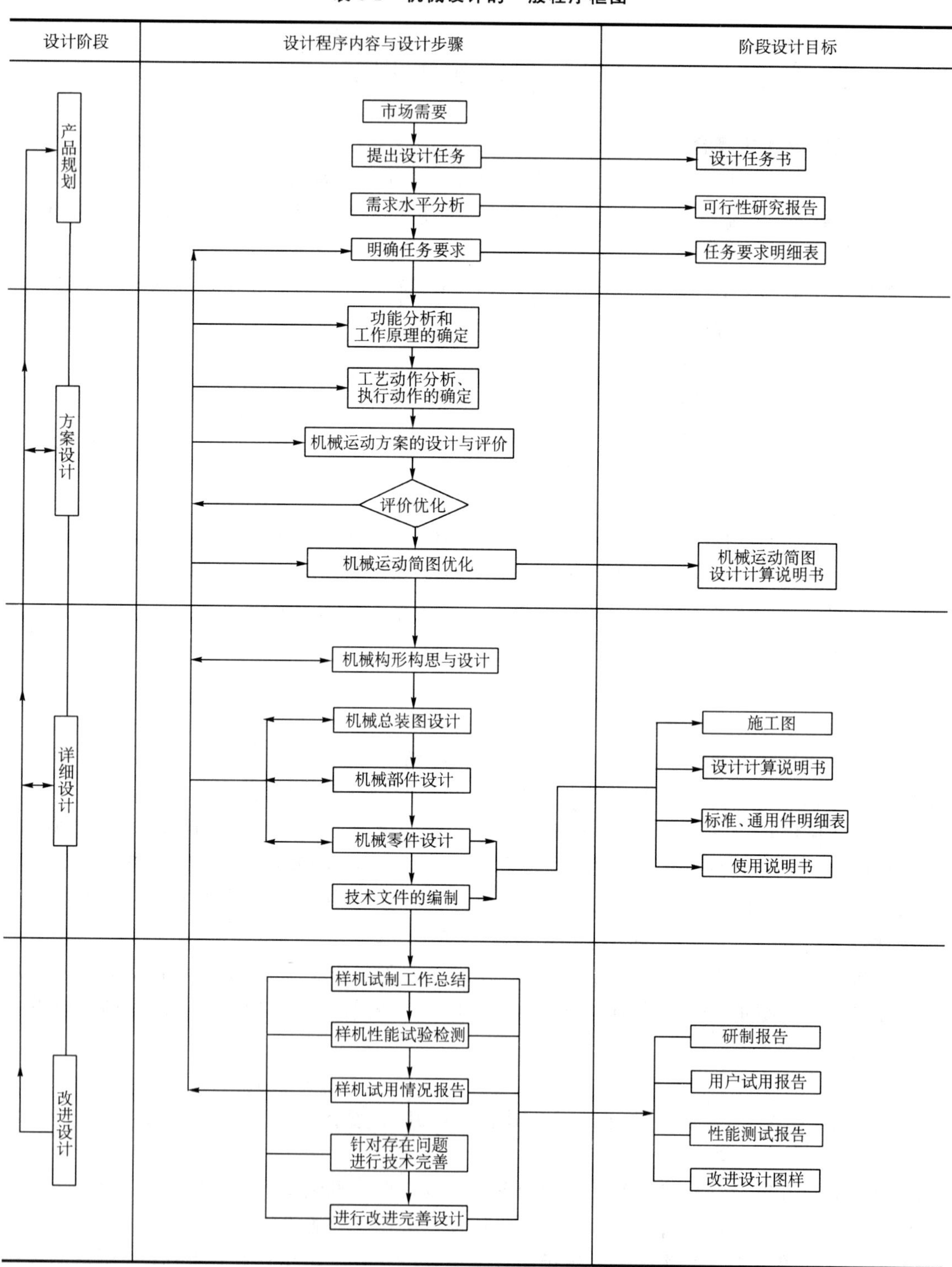

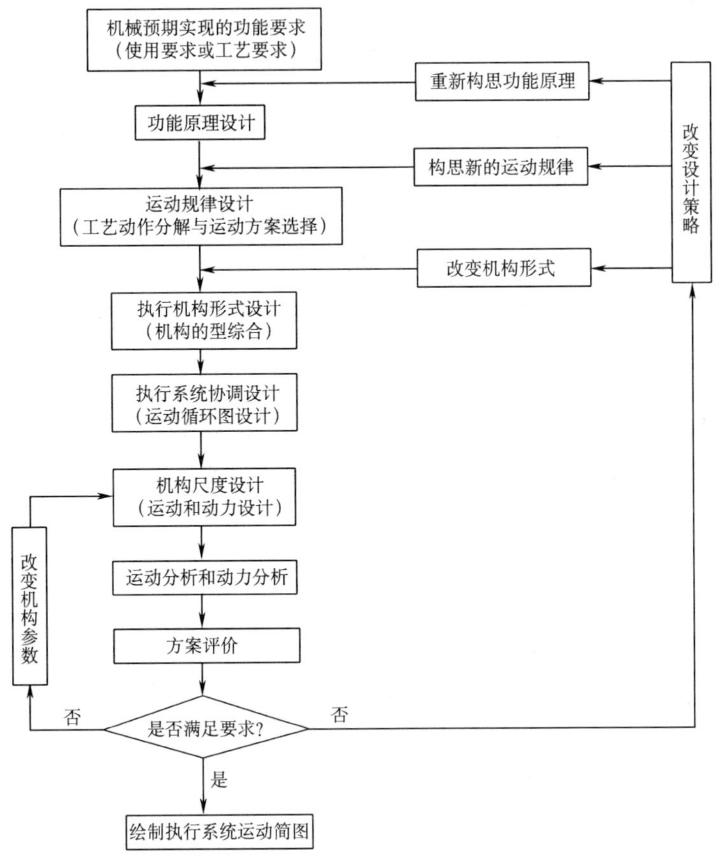


图　6-1

## 一、功能原理设计

任何一部机械的设计都是为了实现某一预期的功能要求，包括工艺要求和使用要求。功能原理设计，就是根据机械所要实现的功能（功用），考虑选择何种工作原理来实现这一功能要求。实现同一功能要求，可选用不同的工作原理，选择的工作原理不同，需要的工艺动作必然不同。如要设计一个齿轮加工设备，其预期的功能是在轮坯上加工出轮齿，为实现这一功能要求，可选用展成原理（工艺动作除了有切削运动、进给运动外，还需要刀具与轮坯的对滚运动等），也可采用仿形原理（工艺动作除了有切削运动、进给运动外，还需准确的分度运动）。又如要求设计包装颗粒糖果的糖果包装机，既可用图 6-2a 所示的扭结式包装原理，也可用图 6-2b 所示的折叠式包装原理，还可用图 6-2c 所示的接缝式包装原理。三种包装原理所依据的工作原理不同，工艺动作显然不同，所设计的机械运动方案也完全不同。因此，在进行功能原理设计时，就要根据机械预期实现的功能要求，进行创新构思、搜索探求，优化筛选出既能很好地满足功能要求，工艺动作又简单的工作原理。

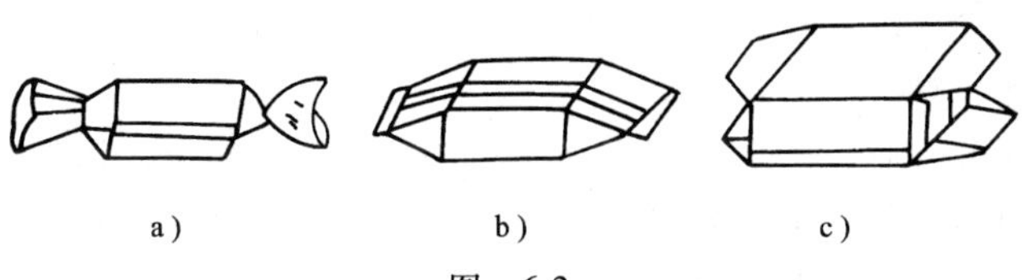


图　6-2

### 二、运动规律设计

机械工作原理确定后，就需要进行运动规律设计。运动规律设计是指为实现上述工作原理而决定选择何种运动规律。这一工作通常是通过对工作原理所提出的工艺动作的分解来进行的。工艺动作分解方法不同，所得到的运动规律也各不相同，则机械运动方案也就不同。图 6-3 所示为折叠式包装工艺动作的一种分解过程。图中包装材料由上而下供送到输入工位。将包装的方糖供送到输入工位可采用三种方案：

方案 A 的糖果可以首尾衔接，也可不衔接，比较灵活方便，但供送路线长。

方案 B 的糖果供送路线短，但首尾不衔接，将糖果由工位 1 推送到工位 2 的执行构件运动比较复杂。

方案 C 的糖果供送路线最短，但需要增加一个将糖果升高的执行机构。

工位 2 完成上、下、前面三个面的包装，工位 3 完成后面及两端折角包装，工位 4 完成两端下面折边，工位 5 两端上面折边，工位 6 将折叠式包装动作完成后的产品输出。

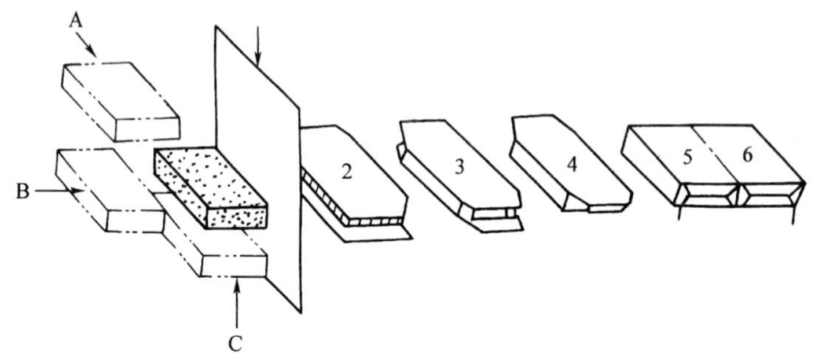


图 6-3

若要求设计一个计算机的绘图机，使其能按照计算机发出的指令绘制出各种平面曲线。绘制复杂平面曲线的工艺动作可以有不同的分解方法：一种方法是让绘图纸固定不动，而绘图笔作 $x$、$y$ 两个方向的移动，从而在绘图纸上绘制出复杂的平面曲线。按工艺动作的这种分解方法，就得到了如图 6-4a 所示的小型绘图机的运动方案。工艺动作的另一种分解方法是让绘图笔作 $x$ 方向的移动，而让绘图纸绕在卷筒上绕 $x$ 轴作往复转动，从而在绘图纸上绘制出复杂的平面曲线。按工艺动作的这种分解方法，就得到了如图 6-4b 所示的大型绘图机的运动方案。

由此可见，机械的工艺动作分解过程，本身就是一个创造性的设计过程。从对以上两个例子的分析可以看出，在完成了机械功能原理设计、选定了机械工作原理后，对工艺方法和工艺动作的分析就成了运动规律设计和运动方案选择的前提。工艺动作简单、合理，可使机械运动方案达到简单、合理、可靠、完善的程度。机械运动规律设计和运动方案选择所涉及的问题很多，应综合考虑各方面的因素，根据实际情况对各种运动规律和运动方案进行分析和比较，从中选出最佳方案。

### 三、机构的形式设计

机械的工艺动作分解后，确定了完成这些动作或功能所需执行构件的数目和各执行构件的运动规律，即可根据所需的运动规律合理选择或创新执行动作的机构形式。这一工作称为机构的形式设计，又称为机构型综合。机构形式设计是机械运动方案设计中重要的部分。机

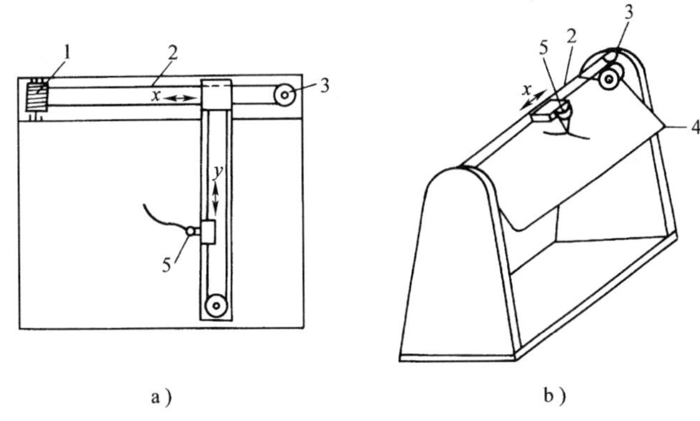


图 6-4

1—主动轮 2—钢丝 3—从动轮 4—绘图纸 5—绘图笔

构形式设计的优劣，直接关系到方案的先进性、实用性和可靠性。

1. 机构形式设计的原则

1）按已拟定的工作原理进行机构形式设计时，应满足执行构件所需的运动要求，包括运动形式、运动规律或已知运动轨迹方面的要求。满足同一动作要求的机构类型很多，可多选几个，再进行比较，保留性能好的，淘汰不理想的。

例如，若要求执行构件完成精确而连续的位移规律，可选用的机构类型很多，有连杆机构、凸轮机构、液压机构和气动机构等。但经比较分析后，最理想的还是凸轮机构，因它可以确保准确的位移规律，并且结构简单。采用连杆机构，则结构稍复杂；若采用液压或气动机构来完成精确的位移规律就不太妥当，因为液体或气体的泄漏，以及环境温度的变化均影响其运动的准确性。液压、气动机构最适合用于始、末位置要求准确，而中间其他位置不需要准确定位的情况下。

2）应力求机构结构简单。机构结构简单主要体现在运动链要短，构件和运动副数目要少，机构尺寸要适度，在整体布局上占用空间小、布局紧凑。坚持这个原则，可使材料耗费少，降低制造费用，减轻机械重量；运动副数目少，运动链短，可减少由于各零件制造误差而形成的运动链累积的误差，有利于提高机构的运动精度、机械效率和工作可靠性。

3）要注意选择那些加工制造简单、容易保证较高配合精度的机构。在平面机构中，低副机构比高副机构容易制造；在低副机构中，转动副比移动副制造简单，易保证运动副元素的配合精度。

4）要保证机构高速运转时动力特性良好。动力特性良好主要体现在要保证机械运转时的动平衡，使机械系统的振动降低到最低水平。

5）应注意机械效益和机械效率问题。机械效益是衡量机构省力程度的一个重要标志，机构的传动角越大，压力角越小，机械效益越高。选择时，可采用大传动角的机构，以减小输入轴上的转矩。尽量少采用移动副（这类运动副易发生楔紧或自锁现象）。

机械效率反映机器对机械能的有效利用程度。为提高机械效率，机构的运动链要尽量短，机构的动力特性要好，机构的机械效益要高；另外，合适的机构选型也可以提高机械效率。

6）机构形式设计也要考虑动力源的形式。若有气、液源时，可利用气动、液压机构，以简化机构结构，也便于调节速度。若采用电动机，则要考虑机构的原动件应为连续转动的构件。

7）必须考虑机械的安全问题，以防止机械损坏或出现生产和人身事故的可能性。

2. 机构的选型

机构选型是根据现有各种机构按照动作功能或运动特性进行分类，然后根据设计对象中执行构件所需要的运动特性或动作进行搜索、选择、比较、评价，选出合适形式的执行机构。

实现各种运动要求的现有机构可以从机构手册、图册或资料上查阅获得。为了便于设计人员的选用或得到某种启示来创造新机构，本书列出一部分按照执行机构的运动方式及功能进行分类的机构形式及应用实例（表6-2）和常用机构的主要性能与特点（表6-3）。

**表6-2 按运动方式及功能对机构进行分类**

| 执行机构运动方式及功能 | 机构类型 | 典型应用实例与原理 |
|---|---|---|
| 匀速转动 | （1）连杆机构 | |
| | 平行四边形机构 | 机车车轮联动机构、联轴器 |
| | 双转块机构 | 联轴器 |
| | （2）齿轮机构 | 用于减速、增速和变速 |
| | 摆线针轮机构 | |
| | （3）行星轮系 | 用于减速、增速、运动的合成与分解 |
| | （4）谐波传动机构 | 减速器 |
| | （5）挠性件传动机构 | 远距离传动、无级变速 |
| | （6）摩擦轮机构 | 无级变速 |
| 非匀速转动 | （1）连杆机构 | 惯性振动筛 |
| | 双曲柄机构 | 刨床 |
| | 转动导杆机构 | 发动机 |
| | 曲柄滑块机构 | 联轴器 |
| | 铰链四杆机构 | 机床、自动机、压力机 |
| | （2）非圆齿轮机构 | |
| | （3）挠性件传动机构 | |
| | （4）组合机构 | |
| 往复移动 | （1）连杆机构 | |
| | 曲柄滑块机构 | 用于冲、压、锻等机械装置 |
| | 移动导杆机构 | 缝纫机针头机构 |
| | （2）齿轮齿条机构 | 可实现匀速运动，用于插床 |
| | （3）凸轮机构 | 用于控制动作，如配气机构 |
| | （4）楔块机构 | 压力机械、夹紧装置 |
| | （5）螺旋机构 | 压力机、车床进给装置 |
| | （6）挠性件传动机构 | 用于远距离往复移动 |
| | （7）气、液动机构 | 升降机 |

（续）

| 执行机构运动方式及功能 | 机构类型 | 典型应用实例与原理 |
| --- | --- | --- |
| 往复摆动 | （1）连杆机构 | |
| | 曲柄摇杆机构 | 破碎机 |
| | 摇杆滑块机构 | 车门启闭机构 |
| | 摆动导杆机构 | 具有急回性质，用于牛头刨机构 |
| | 曲柄摇块机构 | 液压摆缸，用于自动装卸 |
| | 等腰梯形机构 | 汽车转向机构 |
| | （2）凸轮机构 | |
| | （3）齿轮齿条机构 | |
| | （4）非圆齿轮齿条机构 | |
| | （5）挠性件传动机构 | |
| | （6）气、液动机构 | |
| 间歇运动 | （1）棘轮机构 | 机床进给、转位或分度、单向离合器、超越离合器 |
| | （2）槽轮机构 | 车床刀架的转位、自动包装机的转位、电影放映机 |
| | （3）凸轮机构 | 分度装置、间歇回转工作台 |
| | （4）不完全齿轮齿条机构 | 间歇回转、移动工作台 |
| | （5）气、液动机构 | 分度、定位 |

**表 6-3 常用机构的主要性能与特点**

| 机构类型 | 主要性能特点 | 能实现的运动变换 |
| --- | --- | --- |
| 平面连杆机构 | 结构简单，制造方便，运动副为低副，能承受较大载荷；但平衡困难，不宜用于高速，在实现从动杆多种运动规律的灵活性方面，不及凸轮机构 | 转动⟷转动<br>转动⟷摆动<br>转动⟷移动<br>转动⟶平面运动 |
| 凸轮机构 | 结构简单，可实现从动杆各种形式的运动规律，运动副为高副，依靠力或几何封闭保持运动副接触，故不适用于重载，常在自动机或控制系统中应用 | 转动⟷移动<br>转动⟶摆动 |
| 齿轮机构 | 承载能力和速度范围大，传动比恒定，运动精度高，效率高，但运动形式变换不多。非圆齿轮机构能实现变传动比传动。不完全齿轮机构能传递间歇运动 | 转动⟷转动<br>转动⟷移动 |
| 轮系 | 轮系能获得大的传动比或多级传动比。差动轮系可将运动合成与分解 | |
| 螺旋机构 | 结构简单，工作平稳，精度高，反行程有自锁性能，可用于微调和微位移，但效率低，螺纹易磨损。如采用滚珠螺旋，可提高效率 | 转动⟷移动 |
| 槽轮机构 | 常用于分度转位机构，用锁紧盘定位，但定位精度不高，分度转角取决于槽轮的槽数，槽数通常为 4～12，槽数少时，角加速度变化较大，冲击现象较严重，不适用于高速 | 转动⟶间歇转动 |
| 棘轮机构 | 结构简单，可用作单向或双向传动，分度转角可以调节，但工作时冲击噪声大，只适用于低速轻载，常用于分度转位装置及防止逆转装置中，但要附加定位装置 | 摆动⟶间歇转动 |
| 组合机构 | 可由凸轮、连杆、齿轮等机构组合而成，能实现多种形式的运动规律，且具有各机构的综合优点，但结构较复杂，设计较困难。常在要求实现复杂动作的场合应用 | 灵活性较大 |

由于机械运动方案设计的多样性和复杂性，至今没有一套既简便又行之有效的模式可循。为满足同一个运动规律要求，可选不同的机构类型组成，故它是一项极具创造性的工作。因此，设计者只有熟悉现有各种机构的运动特性和功能，才能通过类比，选择出合适的机构。此外，对一些所选机构优缺点的分析都具有相对性，在对某具体执行机构进行构型设计时，应综合考虑，统筹兼顾，抓住主要矛盾，有所侧重。

**四、执行系统的协调设计**

当根据生产工艺要求确定了机械的工作原理和执行机构的运动规律，并确定了各执行机构的形式及驱动方式后，各执行机构不仅要完成各自的执行动作，而且相互必须协调一致，以完成机械预期的功能和生产过程，这方面的工作称为执行系统协调设计。如果动作不协调，非但不能工作，而且还会损坏机件和产品，造成事故。因此，执行系统的协调设计是机械运动方案设计不可缺少的一个环节。

1. 执行系统协调设计的原则

（1）各执行机构的动作在时间上协调配合　有些机械要求各执行构件在运动时间上的先后和运动位置的安排方面，必须协调地相互配合。

图 6-5 所示为一干粉料压片机。它由上冲头（六杆机构 8—9—10—11—12—13）、下冲头（双凸轮机构 5—6—7—8）和料筛传送机构（凸轮连杆机构 1—2—3—4—8）所组成。料筛由传送机构把它送至上、下冲头之间，通过上、下冲头加压把粉料压成片状。显然，在送料期间，上冲头不能压到料筛，只有当料筛位于上、下冲头之间，冲头才能加压，所以送料和上、下冲头之间的运动，在时间顺序上有严格的协调要求。

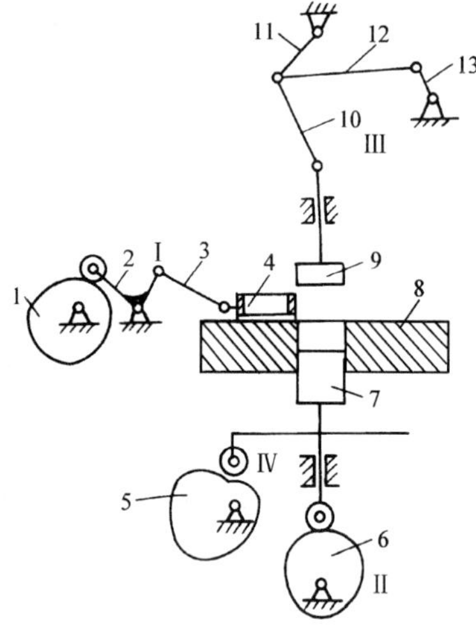

图　6-5

（2）各执行机构在空间布置上协调配合　为了使执行系统能够完成预期的工作任务，除应保证各执行机构的动作在时间上协调配合外，在空间布置上也必须协调一致。对于有位置制约的执行系统，必须进行各执行机构在空间上的协调设计，以保证在运动过程中各执行机构之间以及机构与周围环境之间不发生干涉。

（3）各执行机构运动速度的协调配合　有些机械要求执行构件运动之间必须保持严格的速比关系，如用展成法加工齿轮时，刀具和工件的展成运动必须保持恒定的转速比。

（4）多个执行机构完成一个执行动作时，各执行机构之间的协调配合　图 6-6 所示为一纸板冲孔机构。完成冲孔工艺动作需要由两个执行机构组合来实现：一个是曲柄摇杆中摇杆的上下摆动，带动冲头滑块上

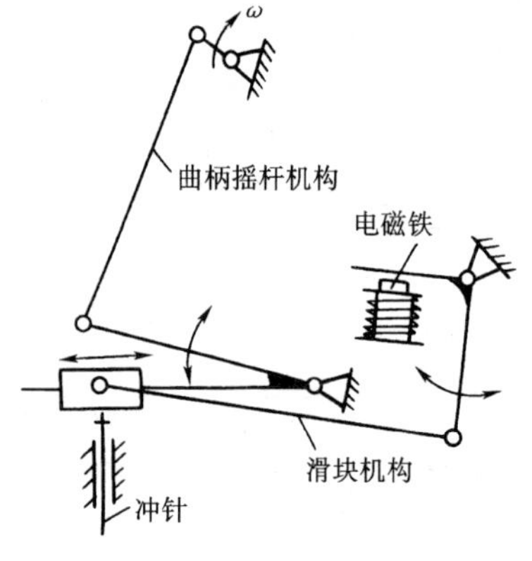

图　6-6

下摆动；另一个是电磁铁动作，四杆滑块带动滑块冲头在动导路（摆杆）上移动。只有当冲头移至冲针上方，同时冲头向下摆时，才打击冲针，完成冲孔任务。显然，这两个执行机构的运动必须精确地协调配合，否则就会产生空冲现象。

2. 机械运动循环图

为了保证机械在工作时各执行机构间动作的协调配合关系，在设计机械时应编制用以表明在机械一个工作循环中各执行构件运动配合关系的所谓工作循环图（也叫运动循环图）。在编制运动循环图时，要选择一个执行构件作为定标件，用它的运动位置（转角或位移）作为确定其运动先后次序的基准。运动循环图通常有三种形式，见表 6-4。

**表 6-4 机械运动循环图的形式、绘制方法和特点**

| 形式 | 绘 制 方 法 | 特 点 |
|---|---|---|
| 直线式 | 在一个运动循环中，将机械各执行构件各行程区段的起止时间和先后顺序，按比例地绘制在直线坐标轴上 | 绘制方法简单，能清楚地表示出一个运动循环内各执行构件运动的相互顺序和时间（转角）关系，直观性较差，不能显示各执行构件的运动规律 |
| 圆周式 | 以极坐标系原点 $O$ 为圆心作若干个同心圆环，每个圆环代表一个执行构件，由各相应圆环分别引径向直线表示各执行构件不同运动状态的起始和终止位置 | 直观性强，能比较直接地看出各执行机构主动件在主轴或分配轴上所处的相位，便于各机构的设计、安装和调试<br>当执行机构数目较多时，由于同心圆环太多，不能一目了然；也无法显示各执行构件的运动规律 |
| 直角坐标式 | 用横坐标轴表示机械主轴或分配轴转角，以纵坐标轴表示各执行构件的角位移或线位移，为简明起见，各区段之间均用直线连接 | 直观性最强，不仅能清楚地表示出各执行构件动作的先后顺序，而且能表示出各执行构件在各区段的运动规律。对指导各执行机构的几何尺寸设计非常便利 |

图 6-7a、b、c 分别为干粉料压片机直线式、圆周式和直角坐标式运动循环图。

## 五、机械运动方案评价

1. 方案评价的意义

机械运动方案设计是机械设计全过程的重要阶段，也是对机械设计乃至以后制造和使用最关键的一个阶段，其创新效果如何将直接影响机械产品的功能质量和使用效果。因此，应对这个阶段的工作进行一个总的评价。

如前所述，实现同一功能，可以采用不同的工作原理，从而构思出不同的设计方案；采用同一工作原理，工艺动作分解的方法不同，也会产生出不同的设计方案；采用相同的工艺动作分解方法，选用的机构形式不同，又会形成不同的设计方案。因此，机械系统的方案设计是一个多解性问题。面对多种设计方案，设计者必须分析比较各方案的性能优劣、价值高低。经过科学评价和决策，才能获得最满意的方案。机械系统方案设计的过程，就是一个先通过分析、综合，使待选方案数目由少变多，再通过评价、决策，使待选方案数目由多变少，最后获得满意方案的过程。因此，需要建立一个评价体系，进行全面、综合的评价，由此可得出整个最优的机械运动方案。

2. 评价指标和评价体系

机械系统设计方案的优劣，通常应从技术、经济、安全可靠三方面予以评价。但是，由于在机械运动方案设计阶段还不可能具体地涉及机械的结构和强度设计等细节，因此评价指标应主要考虑技术方面的因素，即功能和工作性能方面的指标应占有较大的比例。表 6-5 列

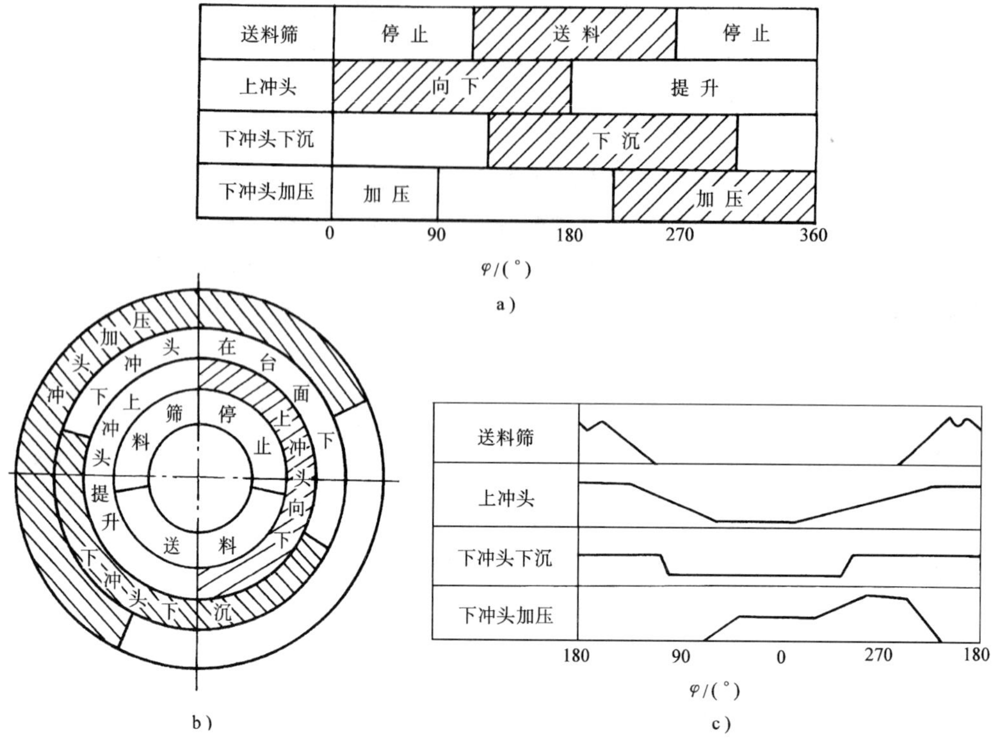


图 6-7

出了机械系统功能和性能的各项评价指标及其具体内容。

**表 6-5 机械系统功能和性能的各项评价指标及其具体内容**

| 序 号 | 评 价 指 标 | 具 体 内 容 |
|---|---|---|
| 1 | 系统功能 | 实现运动规律或运动轨迹，实现工艺动作的准确性、特定功能等 |
| 2 | 运动性能 | 运转速度、行程可调性、运动精度等 |
| 3 | 动力性能 | 承载能力、增力特性、传力特性、振动噪声等 |
| 4 | 工作性能 | 效率高低、寿命长短、可操作性、安全性、可靠性、适用范围等 |
| 5 | 经济性 | 加工难易、能耗大小、制造成本等 |
| 6 | 结构紧凑性 | 尺寸、重量、结构复杂性等 |

表 6-5 中所列的各项评价指标及其具体内容，是根据机械系统设计的主要性能要求和机械设计专家的咨询意见设定的。对于具体的机械系统，这些评价指标和具体内容还需要依实际情况加以增减和完善，以形成一个比较合适的评价指标。

根据上述评价指标，即可着手建立一个评价体系。所谓评价体系，就是通过一定范围内的专家咨询（在一个班级内选择若干个学习成绩好的学生，也可以作为专家），确定评价指标及其评定方法。需要指出的是，对于不同的设计任务，应根据具体情况，拟定不同的评价体系。例如，对于重载的机械，应对其承载能力一项给予较大的重视；对于加速度较大的机械，应对其振动、噪声和可靠性给予较大的重视；至于适用范围这一项，对于通用机械，适用范围广些为好，而对专用机械，则只需完成设计目标所要求的功能即可。

3. 评价方法

评价方法分为三类：

(1) 经验评价法　根据评价者的经验，对方案作粗略的定性评价。当方案不多、问题不太复杂时，可采用经验评价法。排除法（淘汰法）是一种较简单的评价方法。根据设计要求请专家逐个方案、逐项进行评价，有一项不满足要求就予以排除。未淘汰的待选方案即可进入下一轮设计。

排队法是将方案两两对比，优者给 1 分，劣者给 0 分，求总分后以高者为佳。该方法一般适用于对创新方案进行初步评价。

(2) 数学分析法　运用数学工具进行分析、推导和计算，得到定量的评价参数供决策者参考。这种方法在评价过程中应用最广泛，有评分法、技术经济评价法和模糊评价法等。其中，模糊评价法用于在方案评价过程中有一部分评价目标（如美观、安全性、舒适性、便于加工等）只能用好、差、受欢迎等“模糊概念”来评价的场合。

(3) 试验评价法　对于一些比较重要的方案环节，采用分析计算仍没有把握时，应通过模拟试验或样机试验，对方案进行试验评价。这种方法得到的评价参数准确，但代价较高。

## 第三节　机械运动方案中的机构创新设计

机构创新设计是一项创始意念设计，通过借鉴成功的经验及机构实例资料，利用各种“创造技法”去激发创造思维，设计满足运动要求的初始机械运动方案。在初定运动方案后，可以通过以下几种方法构造出更多的机械运动方案。

### 一、机构的变异法

变异是在维持机构特性不变或略有变化的条件下，通过运动副形状、尺寸或位置的改变而使机构变型。通过变异而获得新功能的机构，称为变异机构。应用变异机构是为了实现更多功能的要求，使机构具有更好的性能，并且为机构组合提供更多的基本机构。机构变异的方法很多，下面介绍几种常用的方法。

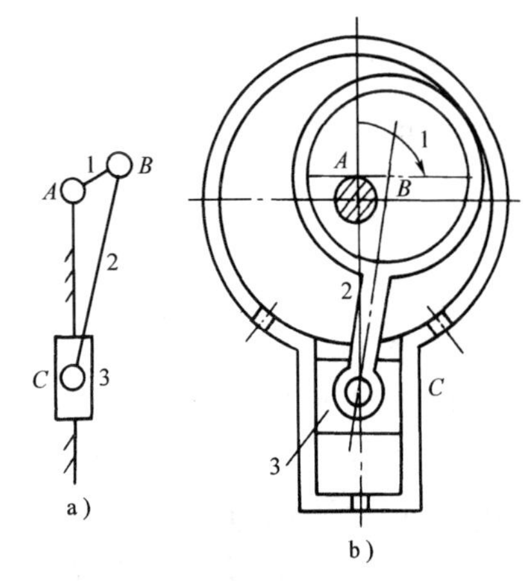

图　6-8

1. 改变运动副尺寸

图 6-8a 所示为曲柄滑块机构。当转动副的直径尺寸加大到将转动副 *A* 包括在其中，曲柄 1 就变成了一个偏心盘，曲柄滑块机构便变异成图 6-8b 所示的活塞泵。

2. 改变运动副的形状

图 6-9 所示为作间歇直动的槽条机构，是将槽轮变异为移动形式。

3. 改变构件的结构形状

图 6-10 所示为单停歇导杆机构，是在原直线导杆机构的基础上设置一段圆弧槽，其圆弧半径与曲柄长度相等，则导杆将在左极位时作较长时间的停歇。

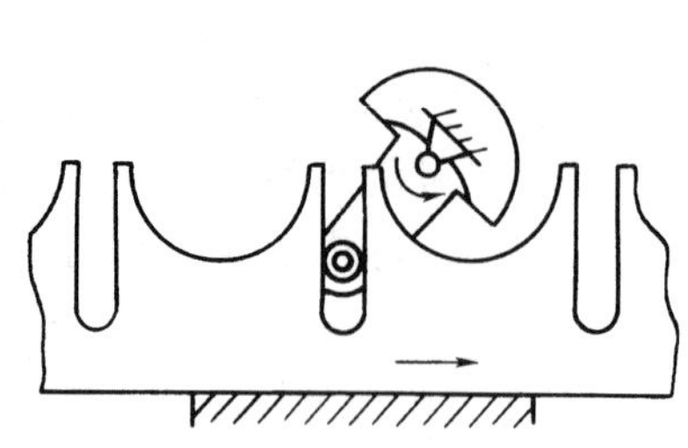

图 6-9

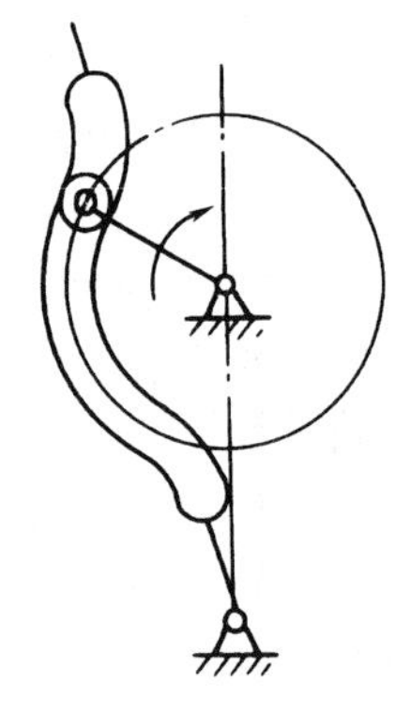

图 6-10

4. 选用不同的构件作为机架

图 6-11 所示为凸轮机构的机架变换及实际应用。图 6-11a 所示为摆动推杆盘形凸轮机构；图 6-11b 所示为机架变换后的凸轮机构；图 6-11c 所示为凸轮—行星机构，是机架变换后凸轮的应用实例。

5. 增加辅助结构

图 6-12 所示是一种推杆可调的凸轮机构。该凸轮机构的推杆上有两个滚子 3 和 4，它们可沿弧形槽移动并固定。改变两滚子之间的中心距，可调节推杆 2 停歇的时间；不改变滚子间的中心距，而只改变滚子在弧形槽内的位置，则可调节推杆上升和下降的时间。

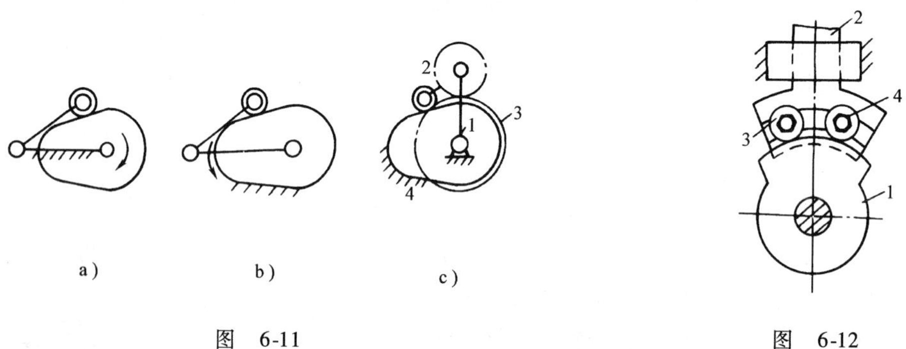


图 6-11

图 6-12

**二、机构的组合法**

机构组合是将几种基本机构组合在一起，组合体的各基本机构还保持各自的特性，但需要各个机构的运动或动作协调配合。

基本机构主要是指连杆机构、凸轮机构、齿轮机构和间歇机构等。这些基本机构应用非常广，但随着机械化、自动化程度的提高，对机构运动和动力特性提出更高的要求，单一基本机构由于本身的局限性而无法满足多方面的要求。因此，必须进行机构的组合创新设计，使各基本机构既能发挥其优点，又能改善其不良性能。运用机构的组合原理，可设计出既满足工作要求，又具有良好运动和动力特性的机构。常见的机构组合方式有串联式、并联式、复合式和装载式等。

机构的装载式组合（又称为机构的叠加式组合）是将一个机构安装在另一个机构的活动构件上的组合形式。装载式机构组合的主要功能是实现特定的输出，完成复杂的工艺动作。

图 6-13a 所示为电风扇摇头机构，风扇装载在双摇杆机构的摇杆上。风扇回转时，通过蜗杆传动使摇杆来回摆动。该机构的装载机构是双摇杆机构，被装载机构是电风扇。主动件为风扇的转子，装载机构由被装载机构带动。该机构只有一个自由度，其组合示意框图如图 6-13b 所示。

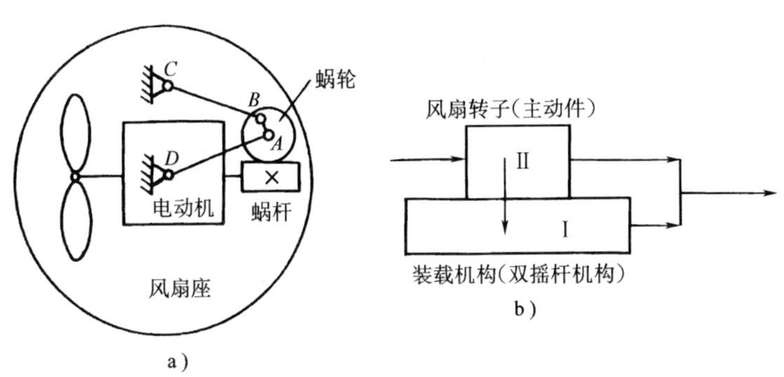


图　6-13

图 6-14a 所示为一液压挖掘机，由三套摆动液压缸机构装载组成。第一套液压缸机构 1—2—3—4 以挖掘机机身 1 为机架，输出构件是大转臂 4，该机构的运动可以使大转臂 4 实现仰俯动作。第二套液压缸机构是 4—5—6—7，装载在第一套机构的大转臂 4 上，该机构的输出构件是小转臂 7，其运动结果可使小转臂 7 实现伸缩摇摆。第三套机构是由 7—8—9—10 组成的液压缸机构，装载在第二套机构的小转臂 7 上，最终使铲斗 10 完成复杂的挖掘动作。该机构的组合示意框图如图 6-14b 所示。

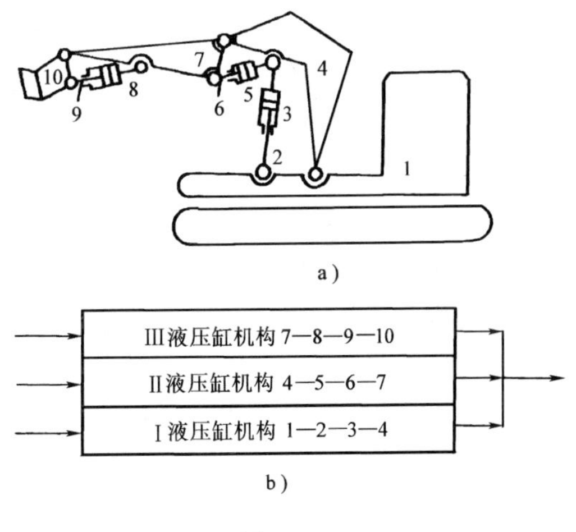


图　6-14

### 三、机构的演绎法

机构的演绎法，又称为再生运动链法。该方法的一般步骤是找出可用的已有设计，并归纳出这些机构的拓扑构造特性；然后，任意选择一个已存在的设计作为原始机构，经由一般化程序，把原始机构转化成只含有连杆和转动副的一般化运动链；运用数目综合理论，得到具有所需构件和运动副数目的一般化运动链图谱；根据设计要求，经由特定化程序指定运动链图谱中每一个运动链构件和运动副的类型，以获得特定化运动链图谱；从所得到的特定化运动链图谱中，找出能满足设计约束条件的可用特定化运动链图谱；经由具体化程序，将每个可用特定运动链转化成与其相对应的机构，以获得机构图谱；从建立的机构图谱中去掉已存在的现有机构，即获得新类型的机构图谱。该方法的详细内容见参考文献［10］。

在机械运动初始方案的基础上，通过机构创新设计构造出更多的机构形式，然后通过对比、评价，选出最佳的机械运动方案。

# 第七章　机械原理课程设计示例

## 第一节　刨床的刨刀往复运动机构的方案设计

机械方案设计将决定机械未来的面貌，对机械的性能、成本有较大的影响。完成同一生产任务的机器，可以有多种多样的设计方案，而同一种设计方案，又可以有不同的参数组合，设计者可根据具体情况拟定经济可靠、工作效率高的设计方案。

机械方案设计主要包括机构的选型与组合、运动形式的变换与传递，以及机构运动简图传动系统示意图等的绘制。

现以实现刨床的刨刀往复运动机构为例，说明如何进行方案设计。

### 一、主要运动要求

1）为了提高工作效率，在空回行程时，刨刀快速退回，即要有急回作用，行程速比系数要在 1.4 左右。

2）为了提高刨刀的使用寿命和工件的表面加工质量，在工作行程时，刨刀速度要平稳，切削阶段刨刀应近似匀速运动。

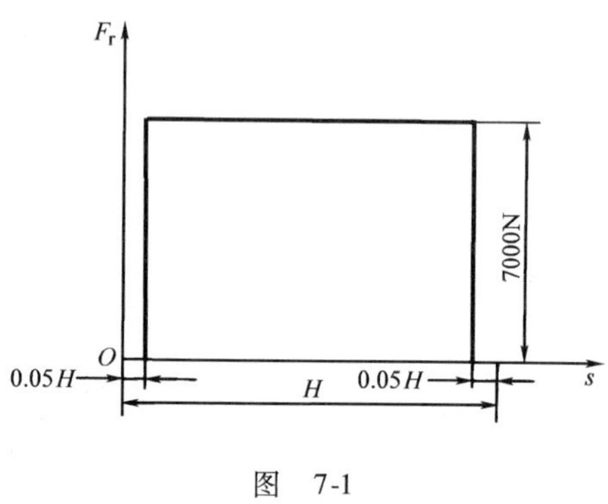

图　7-1

3）曲柄转速在 60r/min，刨刀的行程 $H$ 在 300mm 左右为好，切削阻力约为 7000N，其变化规律如图 7-1 所示。

### 二、机构选型

1. 方案Ⅰ

该方案（图 7-2）由两个四杆机构组成。使 $b>a$，构件 1、2、3、6 便构成摆动导杆机构，基本参数为 $a/b=\lambda$。构件 3、4、5、6 构成摇杆滑块机构。方案特点如下：

1）是一种平面连杆机构，结构简单，加工方便，能承受较大载荷。

2）具有急回作用，其行程速比系数 $k=(180°+\theta)/(180°-\theta)$，而 $\theta=2\arcsin(\lambda)$。只要正确选择 $\lambda$，即可满足行程速比系数 $k$ 的要求。

3）滑块的行程 $H=2L_{CD}\sin(\theta/2)$，$\theta$ 已经确定，因此只需选择摇杆 $CD$ 的长度，即可满足行程 $H$ 的要求。

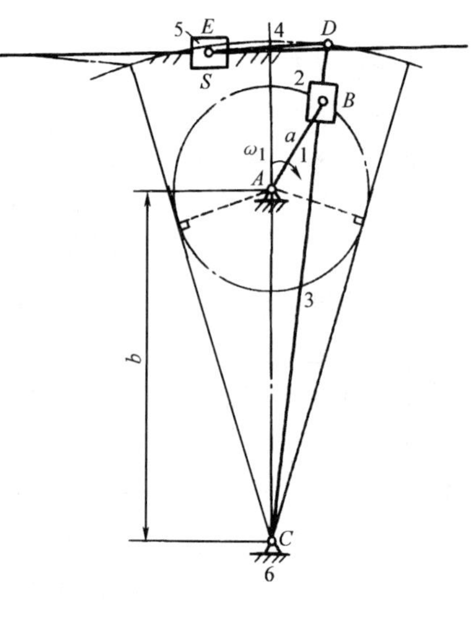

图　7-2

4）曲柄主动，构件 2 与 3 之间的传动角始终为 90°。摇杆滑块机构中，当 $E$ 点的轨迹位于 $D$ 点所作圆弧高度的平均线上时，构件 4 与 5 之间有较大的传动角。当 $a=110\text{mm}$、$b=380\text{mm}$、$L_{CD}=540\text{mm}$、$L_{DE}=135\text{mm}$ 时，可得构件 4 与 5 之间有较大的传动角 $\gamma_{\min}=85.09°$，$k=1.46$，$H=312\text{mm}$。机构横、纵向运动尺寸为 446.5mm 和 540mm。可见，此方案加工简单，占用面积比较小，传力性能好。

5）工作行程中，能使刨刀的速度比较慢，而且变化平缓，符合切削要求。

2. 方案Ⅱ

该方案如图 7-3 所示。将方案Ⅰ中的连杆 4 与滑块 5 的转动副变为移动副，并将连杆 4 变为滑块 4，即得方案Ⅱ，故该方案除具备第一方案的特点以外，因构件 4 与 5 间的传动角也始终为 90°，所以受力更好，结构也更紧凑。

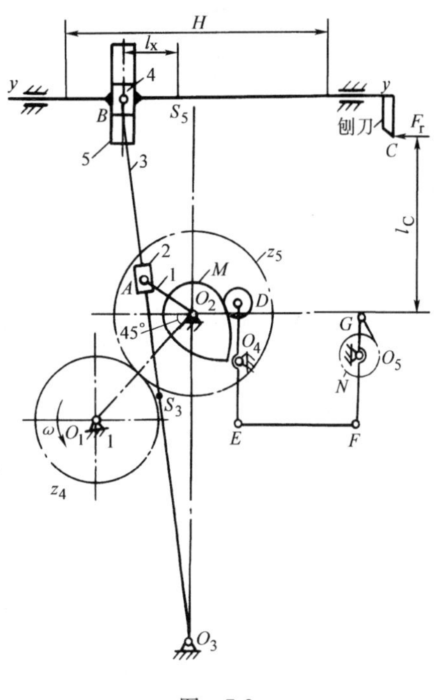

图 7-3

3. 方案Ⅲ

此方案（图 7-4）为偏置曲柄滑块机构，机构的基本尺寸为 $a$、$b$、$e$。方案的特点如下：

1）是四杆机构，结构较前述方案简单。

2）因极位夹角 $\theta=\arcsin[e/(b-a)]-\arcsin[e/(b+a)]$，故具有急回作用，但急回作用不明显。增大 $a$ 和 $e$ 或减小 $b$，均能使 $k$ 增大到所需值，但增大 $e$ 或减少 $b$ 会使滑块速度变化剧烈，最大速度、加速度和动载荷增加，且使最小传动角 $\gamma_{\min}$ 减小，传动性能变坏。再例如，当各构件的尺寸满足 $k=1.46$，$H=312\text{mm}$，工作行程中最小传动角为 36.9°，空回行程中最小传动角为 28.12°。显然，此方案传动角不符合要求。同时，横向运动尺寸约为纵向的 2 倍，结构欠匀称。

4. 方案Ⅳ

该方案如图 7-5 所示，由两个四杆机构串联而成（$b<a$）。其中，转动导杆机构的基本参数为 $a/b=\lambda$，对心曲柄滑块机构的曲柄和连杆长分别为 $c$ 和 $L$。方案特点如下：

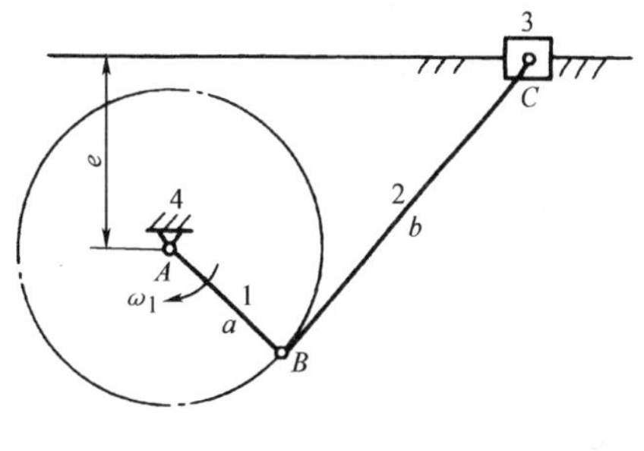

图 7-4

1）因行程速比系数 $k=(180°+\theta)/(180°-\theta)$，而 $\theta=2\beta=2\arcsin(1/\lambda)$，故只要适当选择 $\lambda$，可满足 $k$ 的要求。若减少 $\lambda$，可使 $k$ 增大，但将使导杆 3 的角速度变化剧烈，产生冲击。

2）滑块 5 的行程 $H=2c$，增大 $L$ 可增大 4 与 5 间的传动角，并使滑块 5 的速度变化平缓。

3）因曲柄 1 和导杆 3 都作整周运动，所以机构的横、纵向运动尺寸较大。另外，构件 4 和 5 间的最小传动角一般比方案Ⅰ、Ⅱ小。在满足 $k=1.46$、$H=312\text{mm}$ 时的各构件的尺寸下，机构的传力性能、工作行程中滑块 5 的速度变化情况和机构的横、纵向运动尺寸均不如

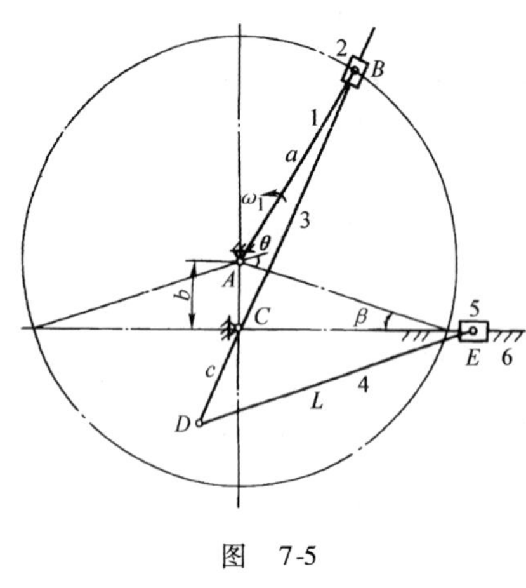

图 7-5

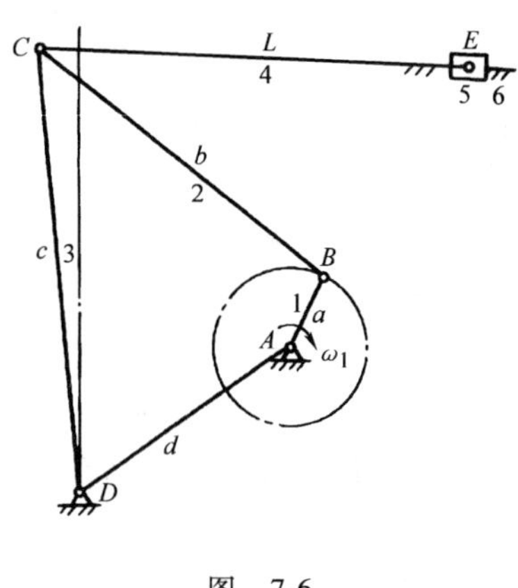

图 7-6

方案Ⅰ、Ⅱ好。

5. 方案Ⅴ

该方案如图 7-6 所示，由两个四杆机构组成。构件 1、2、3 和 6 组成曲柄摇杆机构，构件 3、4、5 和 6 组成摇杆滑块机构。方案特点如下：

1）具有急回作用，极位夹角 $\theta$、摇杆 3 的摆角 $\psi$ 及构件 2 与 3 之间的最小传动角 $\gamma_{\min}$ 如下：

$$\theta = \arccos\frac{d^2+(b-a)^2-c^2}{2d(b-a)} - \arccos\frac{d^2+(b+a)^2-c^2}{2d(a+b)}$$

$$\psi = \arccos\frac{c^2+d^2-(b+a)^2}{2cd} - \arccos\frac{c^2+d^2-(b-a)^2}{2cd}$$

$$\gamma_{\min} = \left(\arccos\left|\frac{b^2+c^2-(d\pm a)^2}{2bc}\right|\right)_{\min}$$

由此可知，$a$、$b$、$c$ 和 $d$ 对 $\theta$、$\psi$、$\gamma_{\min}$ 均有影响，设计计算比较麻烦。

2）作往返运动的滑块 5 以及作平面复杂运动的连杆 $BC$ 和 $CE$ 的动平衡较困难。

3）当各构件的尺寸满足 $k=1.46$、$H=314\text{mm}$ 时，构件 4 和 5 间的最小传动角在工作行程和空回行程中分别为 34.47°和 24.33°，构件 4 和 5 间的最小传动角为 88.76°；机构的横、纵向运动尺寸分别为 860mm 和 540mm。

由此可知，此方案的传力性能、横向尺寸和工作行程中滑块 5 的平稳性均不如方案Ⅰ、Ⅱ好。

6. 方案Ⅵ

该方案如图 7-7 所示，由两个四杆机构组成。构件 1、2、3 和 6 构成双曲柄机构。构件 3、4、5 和 6 构成曲柄滑块机构。方案特点如下：

1）有急回作用，因 $\varphi_1=\arctan(c/d)$，而 $\theta=180°-2\varphi_1$，行程速比系数 $k=(180°+\theta)/(180°-\theta)=(180°-\varphi_1)/\varphi_1$。可见，减小 $c$ 或增大 $d$

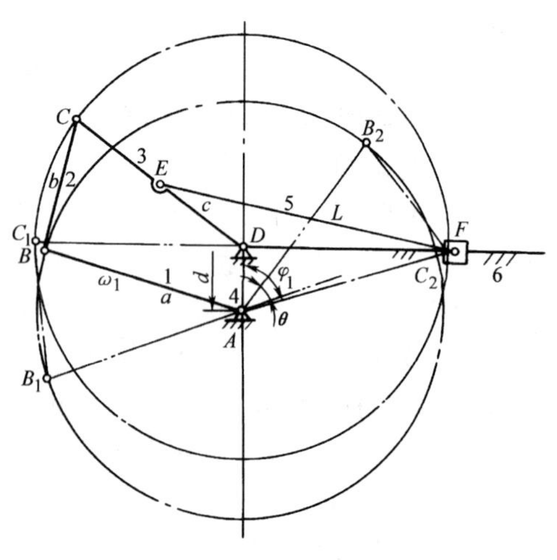

图 7-7

都能使 $k$ 增大。

2）因为曲柄 1 与 3 都能作整周运动，机构的横向与纵向运动尺寸均较大，且 $A$ 与 $D$ 的传动轴均应悬臂安装，否则机构运动时，轴与曲柄将发生干涉。

3）作往复运动的滑块以及作平面复杂运动的连杆 $EF$ 和 $BC$，其动平衡困难。

4）当各构件的尺寸满足 $k=1.6$，$H=312\text{mm}$，工作和空回行程时构件 2 与 3 间的最小传动角分别为 51.13°和 43.85°；构件 4 与 5 间的最小传动角为 70.18°；横、纵向运动尺寸分别为 925mm 和 718mm。刨刀的速度也不够平稳。

由此可知，该方案的传力性能、工作行程中速度的平稳性和横、纵向运动尺寸均不如方案Ⅰ、Ⅱ。

7. 方案Ⅶ

该方案由摆动导杆机构和齿轮齿条机构组成，如图 7-8 所示。方案特点如下：

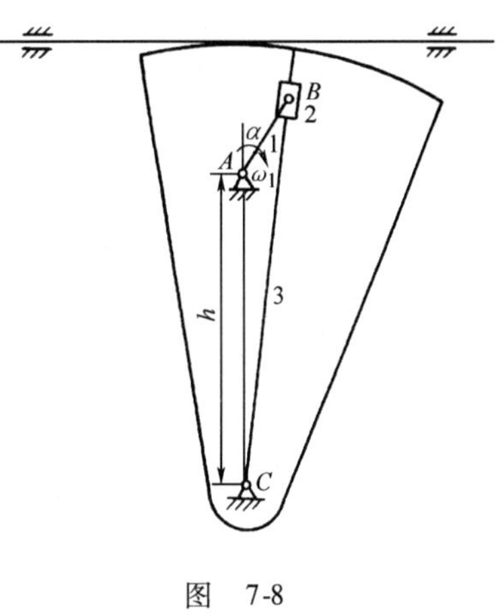

图　7-8

1）加工齿轮齿条比较复杂，特别是制造精度高的齿条较困难。

2）齿轮齿条之间为高副接触，易磨损，磨损后传动不平稳，并将产生噪声和振动。

3）导杆作变速往复摆动，特别在空回行程中，导杆角速度有较剧烈的变化，使齿轮机构受到很大的惯性冲击和振动。

4）需解决扇形齿轮的动平衡问题，否则动载荷增大。

由于齿条在较大的冲击载荷下工作，轮齿很容易产生折断，所以此方案不理想。

8. 方案Ⅷ

该方案由凸轮机构和摇杆滑块机构组成，如图 7-9 所示。方案特点如下：

1）凸轮机构虽可使从动件获得任意的运动规律，但凸轮制造复杂，表面硬度要求高，因此加工和热处理的费用较大。

2）凸轮与从动件间为高副接触，只能承受较小载荷；表面磨损较快，磨损后凸轮的廓线形状将发生变化。

3）由于滑块的急回运动性质，使凸轮机构受到的冲击较大。

4）滑块的行程 $H$ 比较大，调节比较困难，这必然使凸轮机构的压力角过大。为了减小压力角，必然增大基圆半径，从而使凸轮和整个机构的尺寸十分庞大。

图　7-9

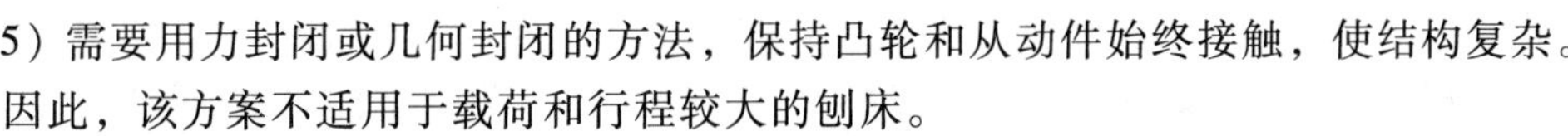

5）需要用力封闭或几何封闭的方法，保持凸轮和从动件始终接触，使结构复杂。

因此，该方案不适用于载荷和行程较大的刨床。

从以上八个方案的比较中可知，为了实现给定的刨刀运动要求，以采用方案Ⅱ较宜。

## 三、牛头刨床的传动系统

图 7-10 表示牛头刨床的机构简图，其传动部分由电动机经 V 带和齿轮传动，带动曲柄 7 和固接在其上的凸轮 12。刨床工作时，由导杆机构 7—8—9—10—11 带动刨头 11 和刨刀

18 作往复运动。刨头右行时，刨刀进行切削，称工作行程；刨头左行时，刨刀不切削，称空回行程。刨刀每切削完一次，利用空回行程的时间，凸轮 12 通过四杆机构 13—14—15 与棘轮带动螺旋机构（图中未画），使工作台连同工件作一次进给运动，以便刨刀继续切削。

该电动机采用绕线转子交流电动机，工作时不调速。初选电动机的转速，再根据曲柄 7 的转速（60r/min），计算传动系统的总传动比，之后进行传动比分配。

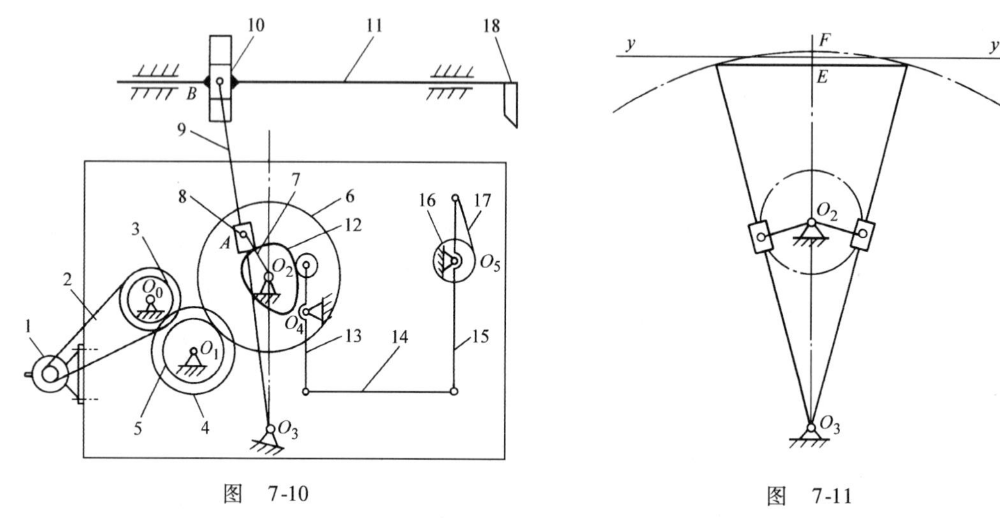


图 7-10

图 7-11

**四、导杆机构分析与设计**

1. 六杆机构的尺寸综合

（1）确定曲柄和导杆的尺寸　根据行程速比系数 $k$ 求出极位夹角 $\theta$，然后根据已知的 $l_{O_2O_3}$用作图法（图 7-11）或解析法确定曲柄和导杆的尺寸(精确到 0.1mm)。

（2）确定滑枕导路的位置　可根据传力的最有利条件来确定。如图 7-11 所示，一般将导路位置置于 $EF$ 的中点处。

2. 导杆机构的运动分析

（1）画机构位置图　根据前面求得的六杆机构各杆尺寸选取比例尺 $\mu_L$，在 1 号图纸上画出机构位置图，每个同学按所分配的两个曲柄位置画出机构的两个相应位置。其中一个位置用粗实线画出，另一个位置则用细实线画出。机构处于上极限位置时，曲柄的 $O_2A$ 位置为起始位置，如图 7-3 所示。

（2）用相对运动图解法求出所分配的两个位置的速度和加速度　首先列出速度、加速度矢量方程，在矢量方程中标明已知量和待求量，适当选取速度比例尺 $\mu_v$ 和加速度比例尺 $\mu_a$，在机构位置图旁画出速度、加速度多边形（先用细实线画出，再用解析法加以验证，确信正确无误后再加深），从而求出机构各运动副处的速度、加速度和各构件的角速度、角加速度。

（3）作导杆机构运动线图　将曲柄回转一周分成 12 等分，求出滑枕在各位置的位移 $s_C$、速度 $v_C$ 和加速度 $a_C$。以曲柄的转角为横坐标，以 $s_C$、$v_C$、$a_C$ 为纵坐标作出的线图，即为其运动线图。

以上过程若采用解析法请参考第二章。

3. 六杆机构的动态静力分析

用图解法作六杆机构动态静力分析的求解内容和步骤如下：

1）将六杆机构分解成两个Ⅱ级组和一个原动件。取一定的比例尺绘出杆组和原动件图，将其画在机构位置图所在的1号图纸上，杆组和原动件的位置和机构位置应一致。

2）根据运动分析求得的数据，计算各杆件上所作用的惯性力和惯性力矩，加在杆组中相应的构件上。对于同时存在惯性力和惯性力矩的构件，将惯性力和惯性力矩合成，用一合惯性力来表示。

3）在杆组上加上所有外力，并将杆组两个外接运动副的作用力分解成两个分力，其中一个力沿着杆的方向，而另一个力则垂直杆的方向。根据杆组静定条件写出力平衡矢量方程式。选择适当比例尺 $\mu_F$ 画出力矢量多边形，求出各运动副中约束反力的大小和方向，对于移动副，还应求出力的作用点。

4）确定加在原动件上的平衡力矩 $M_b$。

5）用速度多边形杠杆法（茹可夫斯基杠杆法）进行检验。将机构上作用的所有外力（包括惯性力）平移到机构的转向速度多边形的对应点上；将外力矩（包括惯性力矩和平衡力矩）用构件上转动副处作用的两个力来代替，然后将所有的外力对转向速度多边形的极点取矩，从而由已知力求出作用在原动件上的平衡力，将其乘以主动件实际长度得 $M'_b$，要求达到 $(M_b - M'_b)/M_b \leqslant 5\%$。

用解析法进行导杆机构动态静力分析时，方法和步骤参见第二章。

4. 计算电动机功率并选择电动机

1）根据一个周期内的平衡力矩求出导杆机构所需的平均功率，考虑到切削机构工作时载荷有变化，应加大容量来选择，具体应与飞轮设计同时考虑。

2）在不考虑附加飞轮时，应按图7-1所示切削阻力来计算电动机功率。

**五、齿轮机构设计**

1）根据运动及结构要求确定各轮齿数及主要参数，再确定齿轮传动类型，而后选择变位系数 $x_1$ 和 $x_2$，除保证两齿轮不产生根切外，变位系数尚应根据其他条件确定，选择方法见第四章。

2）计算该对齿轮的各部分尺寸（长度尺寸精确到小数点后1位，齿厚方面的各部分尺寸精确到小数点后两位），并验算重合度($\varepsilon_\alpha > 1.2$)和齿顶厚($s_a > 0.25m$)。

3）绘制齿轮机构传动啮合图。绘出在节点处啮合的一对轮齿，对于齿根圆小于基圆的齿轮，其非渐开线部分齿廓用径向线画出，径向线与齿根圆用半径为 $0.2m$(模数)的圆弧连接。渐开线齿廓部分可近似用齿廓在节点 $P$ 处的曲率半径为半径的圆弧代替。在图上应标注出齿顶圆、分度圆、节圆、基圆、齿根圆、中心距、实际啮合线、理论啮合线、啮合角和齿廓实际工作段。

**六、凸轮机构设计**

1）根据运动和工作要求选择从动推杆的运动规律，然后再根据从动推杆的运动规律和许用压力角 $[\alpha]$，用图解法或解析法确定凸轮机构的基圆半径 $r_0$、凸轮回转中心与摆动推杆摆动中心之间的距离 $a$ 及摆动推杆在初始位置时的摆角 $\psi_0$。

2）根据从动推杆的运动规律，建立凸轮轮廓曲线（理论轮廓曲线和实际轮廓曲线）设计及理论轮廓曲线曲率半径的数学模型；编写框图和计算程序，其中包括确定理论轮廓曲线上的最小曲率半径 $\rho_{min}$，并根据 $\rho_{min}$ 确定滚子半径 $r_r$，一般取 $r_r \leqslant 0.8\rho_{min}$。

3）绘制凸轮机构传动图，在图上用点画线画出凸轮理论轮廓曲线，用粗实线画出凸轮实际轮廓曲线和从动推杆，并在图上标出凸轮的转向、凸轮的升程运动角 $\delta_0$ 和回程运动角 $\delta'_0$ 以及从动推杆在最远位置停留时凸轮转过的角度 $\delta_{01}$、基圆半径 $r_0$、中心距 $a$、摆动推杆的尺寸和起始摆角 $\psi_0$。

**七、对刨床进行动力学分析**

1）分析刨床工作过程中的速度波动情况。

2）进行飞轮设计。用图解法求飞轮设计步骤如下：

① 求等效阻力矩。取曲柄为等效构件，不考虑各构件的重力，根据导杆机构运动分析中求出的数据，采用 $M_r\omega_1 = F_r v_C$ 关系式求出曲柄在不同位置时的 $M_r$ 值，然后选取适当的比例尺 $\mu_M$ 和 $\mu_{\varphi_1}$，画出等效阻力矩 $M_r = M_r(\varphi_1)$ 线图。

② 求等效力矩所做的功。应用图解积分法（见参考文献[2]）由 $M_r = M_r(\varphi_1)$ 线图作等效阻力矩所做的功 $W_r = W_r(\varphi_1)$ 线图。根据在一个运动周期内等效驱动力矩做的功等于等效阻力矩做的功以及 $W_d$ = 常数，求出等效驱动力矩所做功的 $W_d = W_d(\varphi_1)$ 线图，再通过图解微分法由 $W_d = W_d(\varphi_1)$ 求作等效驱动力矩 $M_d = M_d(\varphi_1)$ 线图。

③ 求最大盈亏功。不计机构各构件的质量和转动惯量所产生的动能，根据 $\Delta E = W_d - W_r$，由 $W_d = W_d(\varphi_1)$ 和 $W_r = W_r(\varphi_1)$ 线图求解绘出机械动能的增量 $\Delta E = \Delta E(\varphi_1)$ 线图。在线图上找出 $\Delta E_{max}$ 和 $\Delta E_{min}$，两者之差则为最大盈亏功。

上述各线图依次绘在 2 号图纸上。

④ 由最大盈亏功和有关的已知数据求飞轮的转动惯量。

⑤ 计算飞轮尺寸。

用解析法求飞轮转动惯量时，其方法和步骤参见第五章。

3）根据电动机额定力矩选择制动器。

## 第二节 简易圆盘印刷机的主要机构设计

**一、设计要求**

简易圆盘印刷机是印刷各种 8 开以下印刷品的机械，其印刷能力为 30 次/min。它要求能实现以下三个主要运动。

1. 印头 $O_2B$ 的往复摆动

如图 7-12 所示，印头上放置印刷纸张。$O_2B_1$ 是印头合上印刷的位置，$O_2B_2$ 是印头打开的位置，这时人工取出印刷好的纸和放入待印刷的纸，两位置的夹角 $\psi = 60°$，且要求印头打开的平均速度大于印头合上的平均速度，即要求印头有急回特性，行程速比系数 $k$ 要求在 1.1 左右。

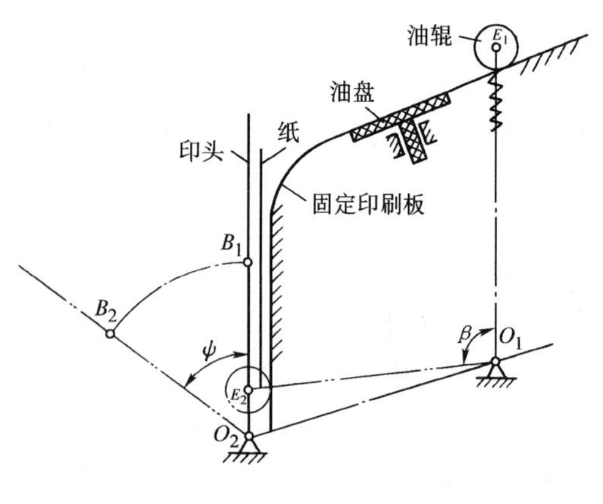

图 7-12

2. 油辊 $E$ 的上下滚动

当印头打开时（从 $O_2B_1$ 到 $O_2B_2$ 位置），油辊从 $O_1E_1$ 沿着固定印刷板运动到 $O_1E_2$，给固定印刷板上油墨；当印头合上时（从 $O_2B_2$ 到 $O_2B_1$ 位置），油辊从 $O_1E_2$ 返回 $O_1E_1$ 位置，

油辊两位置的夹角 $\beta=120°$，$O_1E$ 是径向可伸缩的构件。

3. 油盘的间歇转动

为使油墨在油辊上均匀涂敷，要求在油辊自 $O_1E_1$ 开始向下运动前，油盘作一次间歇转动，转角大于或等于 45°。

**二、机构的设计**

（一）各执行机构方案设计

1. $O_2B$ 往复摆动的实现机构

若选择电动机为动力源，则此机构具有将连续的回转运动变换为往复摆动的功能。可采用的机构比较如下：

（1）各种摆动从动件的凸轮机构　这种机构可以选择从动件运动规律，以满足急回特性的要求，但当从动件摆角（印头摆角 60°）较大时，为了使机构压力角不超过许用压力角，则凸轮的基圆半径较大，整个凸轮机构的尺寸也较大，同时高副机构易磨损，凸轮加工也较困难。

（2）齿轮齿条机构　需先将连续的回转运动变换为齿条的往复直线运动，然后再将齿条的往复直线运动变换为齿轮的往复摆动，且要实现急回运动，这在结构上较复杂。

（3）曲柄摇块机构和摆动导杆机构　摆动导杆机构是由曲柄摇块机构中摇块与导杆互换而得，其运动性质没有改变，实质上是一个机构。这种低副机构具有受力好、运动副几何封闭、制造简单等优点，且能满足急回特性的要求，但摆动导杆机构中导杆的摆动与极位夹角总是相等的，而在圆盘印刷机中印头摆角为 60°，极位夹角也为 60°，则行程速比系数为 2，大大超过设计要求，使回程速度太大，会引起冲击、振动。

（4）曲柄摇杆机构　曲柄摇杆机构具有低副机构的优点，且结构简单，能实现急回运动。比较上述机构的优缺点，选用曲柄摇杆机构为印头摆动机构较合适。

2. 油辊往复摆动的实现机构

由于油辊的往复摆动与印头的往复摆动之间要求有一定的位置协调关系，所以可知此机构应将摆动的印头作为原动件，具有将印头的往复摆动变换为油辊的往复摆动的功能。可采用的机构比较如下：

（1）齿轮机构　用三个外啮合齿轮，主动轮与印头固连，从动轮与油辊固连，中间是惰轮，这样可保证印头的摆动与油辊的摆动同步，根据齿轮的齿数比来满足摆角的大小。但当印头摆杆与油辊摆杆的轴线 $O_1O_2$ 距离较大时，齿轮中心距较大，机构尺寸也较大。

（2）双摇杆机构　可以实现印头与油辊的同步摆动，且低副机构的结构简单、制造方便，又因油辊摆动仅是给印刷板上油墨，摆角不要求十分精确，故选用双摇杆机构。

3. 实现油盘间歇转动的机构

棘轮机构、槽轮机构、凸轮式间歇机构以及不完全齿轮机构均可实现间歇转动。由于油盘间歇转动是 30 次/min，属于低速机构，故不需要凸轮式间歇机构；又因油盘间歇转动只是为了达到油墨在油辊上均匀涂敷的目的，不需要精确的转位，所以也无需用槽轮机构和不完全齿轮机构，故选用较简单的棘轮机构即可。

（二）各机构动作的配合协调

用运动循环图表示各机构动作的配合协调，如图 7-13 所示，以曲柄转角 360°为一个循环周期，以印头打开最大位置为起始位置。在原动曲柄轴转一圈的一个循环中，印头合上的速度比打开的速度慢，所以 $\varphi_1>\varphi_2$；油盘的间歇转动可取在油辊即将摆到 $O_1E_1$ 的位置和油辊才自 $O_1E_1$ 位置往下摆的时刻，这样油盘的转动不会与油辊的摆动相撞，根据具体情况取 $\varphi_3$ 和 $\varphi_4$。

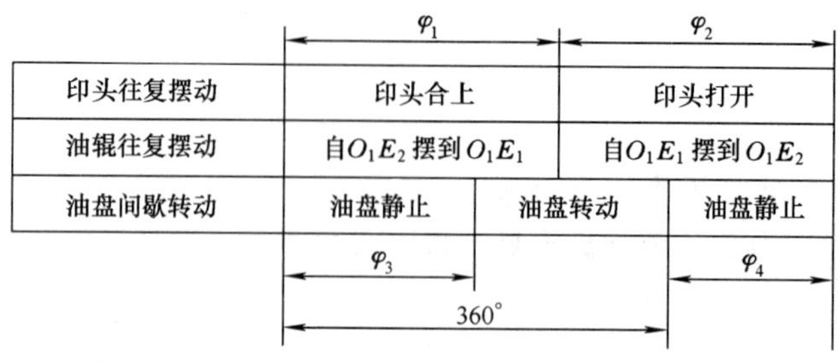


图 7-13

（三）传动系统方案设计

1. 预选原动机

根据圆盘印刷机的工作情况和原动机的选择原则，初选三相异步电动机为原动机，额定转速为 $n_H=960\text{r/min}$。因额定功率需在力分析后确定，故电动机的具体型号待定。

2. 计算总传动比

题目要求圆盘印刷机的生产率为 30 次/min，以曲柄每转一周圆盘印刷机印刷一张纸为一个周期，可知从电动机到曲柄的总传动比 $i_T$ 应为

$$i_T=\frac{n_H}{n}=\frac{960}{30}=32$$

3. 拟定传动系统方案

根据执行系统的工况和初选原动机的工况，以及要实现的总传动比，拟选用带传动机构和两级齿轮减速传动组成圆盘印刷机的传动系统，并将带传动机构置于系统的高速级，如图 7-14 所示。

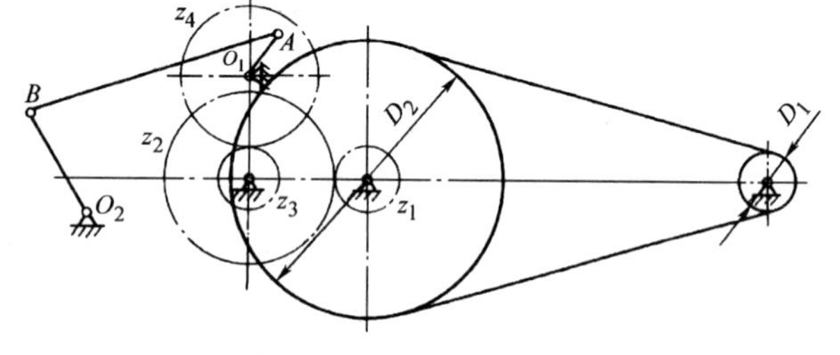


图 7-14

4. 分配各级传动的传动比

根据各级传动机构传动比的推荐值，初定带传动的传动比 $i_1=4$，第一级齿轮传动的传动比 $i_2=3.21$，第二级齿轮传动的传动比 $i_3=2.48$。选择各传动参数如下：

$$D_1=140\text{mm}\quad D_2=560\text{mm}\quad i_1=4$$

$$z_1=19\quad z_2=61\quad i_2=3.21$$

$$z_3=20\quad z_4=50\quad i_3=2.50$$

则实际传动比为

$$i_S=i_1i_2i_3=4\times3.21\times2.50=32.1$$

实际曲柄转速

$$n_S=\frac{n_H}{i_S}=\frac{960}{32.1}\text{r/min}=29.91\text{r/min}$$

误差为

$$\Delta n=\left|\frac{n_S-n}{n}\right|=\left|\frac{29.91-30}{30}\right|\times 100\%=0.3\%$$

运动精度足够，故此传动方案可用。

（四）印头摆动机构——曲柄摇杆机构的设计

由于机构的设计要求只知道印头摆角和行程速比系数，设计中需要的其他已知参数如印头摆杆长度等还不知道，所以应通过其他途径初步选定这些参数后再进行机构的完整设计。

1. 印头摆杆长度及摆动中心 $O_2$ 位置的确定

此圆盘印刷机的纸幅为 8 开以下，8 开纸幅尺寸为 420mm×297mm，考虑印刷板边框需要留有一定尺寸，大约为 30mm，所以取印刷板尺寸为 480mm×360mm，选定固定印刷板横幅放置，则固定印刷板高度即为 360mm。取印头高度中点为铰链点 $B$，则铰链 $B$ 到印头底部距离为 180mm，考虑结构等因素，初步确定印头摆杆摆动中心 $O_2$ 到印头底部距离为 140mm，则印头摆杆长度为 320mm；初定铰链位置 $B_1$ 到固定印刷板端面距离为 100mm，则印头摆杆摆动中心 $O_2$ 即确定，如图 7-15 所示。

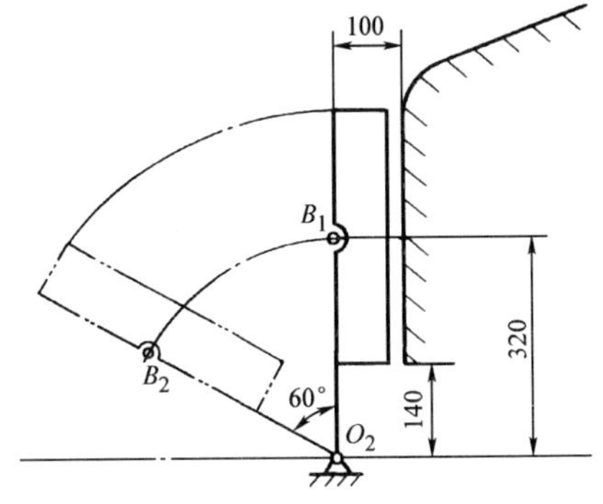


图 7-15

2. 机构的设计

已知数据：印头摆杆的两极限位置 $O_2B_1$ 和 $O_2B_2$；摆杆摆角 $\psi=60°$；行程速比系数 $k=1.1$；同时考虑传动角要求，选定 $\gamma_{min}\geqslant 45°$。可根据按给定的行程速比系数设计四杆机构的类型进行此曲柄摇杆机构的设计。极位夹角为

$$\theta=180°\frac{k-1}{k+1}=180°\frac{1.1-1}{1.1+1}\approx 8°$$

图解设计过程从略，设计结果如图 7-16 所示。

如图 7-16 所示，曲柄转动中心 $O_1$ 应位于固定印刷板端面和 $B_2\gamma_1$、$B_1\gamma_2$ 线所围区域中的圆弧 $s$—$s$ 上，而且离 $B_1$ 越近，传动角越大，传力效果越好。但同时曲柄转动中心 $O_1$ 离固定印刷板端面越近，会引起传动系统的大齿轮超出固定印刷板端面，这样结构上不好。所以，在保证传动角要求的同时，尽量使曲柄转动中心 $O_1$ 离固定印刷板端面远些为好；同时为了便于加工时划线定位，取定曲柄转动中心 $O_1$ 和印头摆杆摆动中心 $O_2$ 的连线 $O_1O_2$ 与水平线成 45° 角，这样便确定了曲柄转动中心 $O_1$ 的位置。

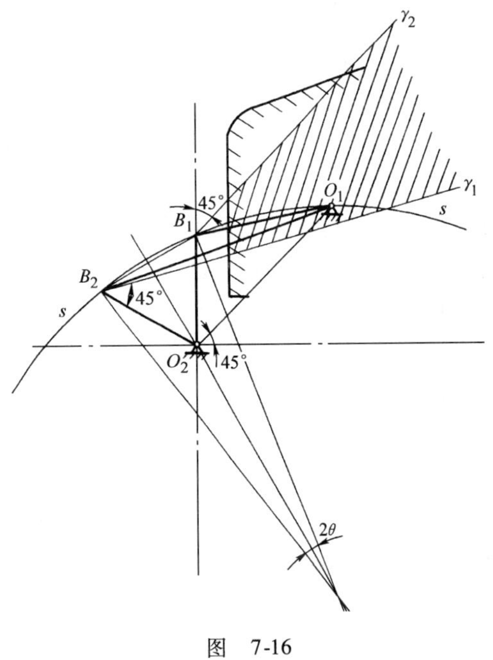


图 7-16

从图 7-16 中量取 $O_1B_1=405\text{mm}$，$O_1B_2=715\text{mm}$，$O_1O_2=566\text{mm}$。取曲柄 $O_1A$ 的长度为 $a$，连杆 $AB$ 的长度为 $b$，则根据

$$b+a=O_1B_2=715\text{mm}$$

$$b-a=O_1B_1=405\text{mm}$$

解得：曲柄 $O_1A$ 的长度 $a=155\text{mm}$，连杆 $AB$ 的长度 $b=560\text{mm}$。

至此，实现印头摆动的机构——曲柄摇杆机构设计完成。

（五）油辊往复摆动机构——双摇杆机构的设计

此机构以印头摆动的机构——曲柄摇杆机构的印头摆杆为原动件。现已知印头摆杆 $O_2B$ 的两位置 $O_2B_1$、$O_2B_2$ 和摆角 $\psi$ 以及油辊摆杆 $O_1E$ 的两对应位置 $O_1E_1$、$O_1E_2$ 和摆角 $\beta$。其中，油辊摆杆的摆动中心取为与曲柄回转中心同轴，如图 7-14 所示。此机构即可根据按两连架杆预定的对应位置设计四杆机构的类型进行设计。此处作图过程从略，设计结果如图 7-17 所示。

其中，铰链点 $C_1$ 应位于 $B_1B_2'$ 的垂直平分线 $kg$ 上。为了保证运动的连续性和各位置较大的传动角，现取在 $E_2O_1$ 的延长线和 $kg$ 线的交点 $C_1$ 上。这样，虽然在位置 $O_1C_1$ 处的传动角 $\gamma_1$ 较小，但此时油辊摆杆的受力也较小。

从图 7-17 中量得：连杆长 $B_1C_1=B_2C_2=610\text{mm}$，摆杆长 $O_1C_1=O_1C_2=200\text{mm}$。

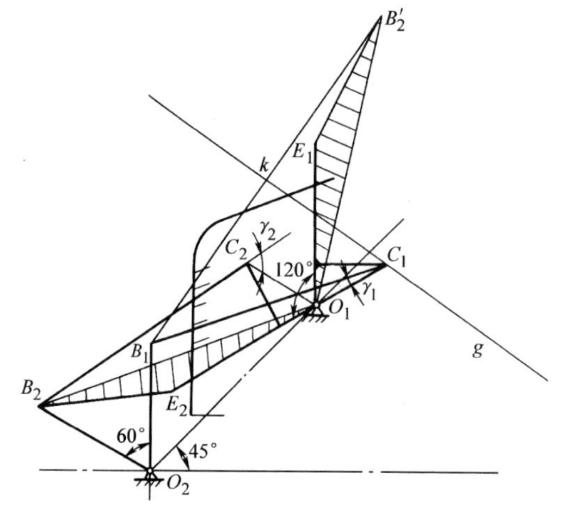


图 7-17

（六）油盘的间歇转动机构——棘轮机构的设计

由于油盘的间歇转动与油辊的摆动要相互协调配合，可知棘爪的摆动应与油辊的摆动同步，从而拨动油盘（做成棘轮）转动。棘爪的摆动可由摆动从动件凸轮机构实现，其中把凸轮与油辊摆杆固接，棘爪作为摆动从动件即可。由于此机构的设计与油辊往复摆动机构的位置和结构因素等相关，要等到主要结构形状、尺寸确定后才便于合理地设计，此处从略。

**三、机构的运动和动力分析**

在各机构设计完成后，便可按前述相关章节所述图解方法或解析方法进行各机构的运动分析，求得印头摆杆、油辊摆杆和各连杆等在一个运动循环周期内的（角）速度、（角）加速度，绘制出其运动线图，为随后的动力分析提供必要的数据。

对于动力分析，必须还要知道各构件的质量、转动惯量和质心位置。可以先根据设计条件和经验或者在对机构进行静力分析的基础上，初步给出各构件的结构尺寸，并定出其质量、转动惯量和质心位置等参数，据此可按前述相关章节的方法进行动态静力分析。并根据所求出的各力对各构件进行强度验算；再根据强度验算的结果对各构件的结构尺寸进行修正；然后，再视需要重复上述动态静力分析、强度验算和尺寸修正的过程，直至合理定出各构件的结构尺寸为止。最后，求出应加在曲柄轴上的平衡力矩 $M_b$，据此选择电动机额定功率 $P(\text{kW})$ 为

$$P=\frac{M_b\omega}{1000\eta}=\frac{M_b2\pi n}{60\times1000\eta}=\frac{M_bn}{9550\eta}$$

式中 $\omega$——曲柄轴的角速度（rad/s）；

$n$——曲柄轴的转速（r/min）；

$\eta$——从曲柄轴到电动机间的传动系统的效率。

可以看出，机构的动态静力分析是和机构的结构设计、强度计算穿插、交替进行的。

**四、机构的平衡设计、飞轮设计**

由于此圆盘印刷机中存在质心不在回转中心的摆动构件（如油辊摆杆）和作平面一般运动的连杆等构件，所以应进行绕固定轴回转构件的平衡设计和机构在机架上的平衡设计，以期消除或降低机架的振动。

飞轮的设计是为了减少机器速度的波动。为了减轻飞轮的重量，应将其安装在转速较高的主轴上。如图 7-14 所示，飞轮可安装在大带轮轴上的另一端，分处在机架的两旁，这样也有利于机架的平衡。具体分析和设计过程参见前述相关章节所述的方法进行，此处从略。

此外，齿轮机构的设计也应在此之前进行，其中齿轮的模数又与齿轮的强度设计相关。

最后应该强调，机械的设计不可能按照一个顺序的流程一次就能完成，而是要反复修改才能最终完善定型。我们这里所进行的机械原理方面的设计，实质上是机构的综合和分析，为后续机械的结构和零件的设计提供技术方案和数据，而其间某些部分的设计又要与机械的结构和零件的设计相结合交替进行。关于机械的结构和零件设计的内容，则是后续课程“机械设计”所讨论的问题。

## 第三节　偏置直动滚子从动件盘形凸轮轮廓设计

图 7-18a 所示为一个偏置直动滚子推杆盘形凸轮机构。已知凸轮回转方向和推杆的初始位置，偏距 $e=10\text{mm}$，基圆半径 $r_0=50\text{mm}$，滚子半径 $r_r=10\text{mm}$，最大升程 $h=30\text{mm}$。推杆的运动规律为推程以简谐运动上升，回程以等加速等减速下降，推程角 $\delta_0=120°$，远休止角 $\delta_{01}=60°$，回程角 $\delta'_0=120°$，近休止角 $\delta_{02}=60°$。试用图解法设计该凸轮的轮廓曲线。

1. 作出推杆的位移曲线

为了便于后面的作图需要，作出 $s=s(\delta)$ 曲线。取 $\mu_s=0.001\text{m/mm}$，在推程段将推程角 6 等分，再按照简谐运动的特点，如图 7-18b 所示，在 $s$ 轴上以推程 $h$ 为直径作一参考圆，依据此圆求出每个等分点的位移；在回程段，因为推杆的等加速等减速运动方程为一抛物线，所以如图 7-18b 所示可用作图的方法求出这段曲线。

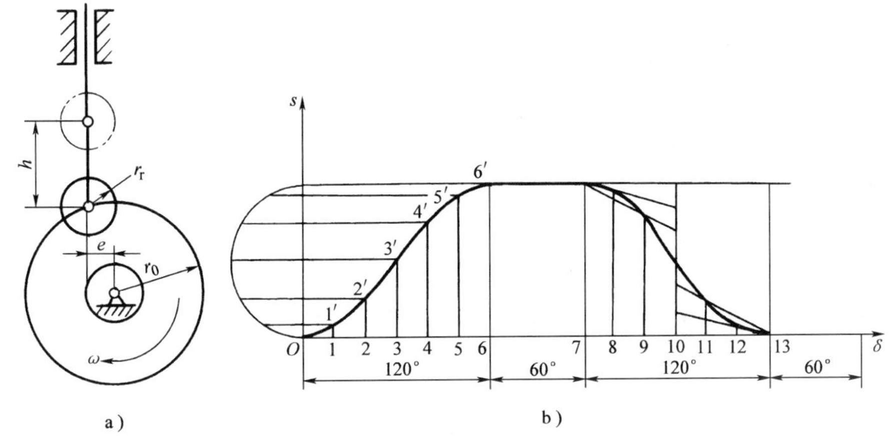


图　7-18

当然这部分也可以按照方程式，把每个等分点的角度代入计算式获得各点的位移值。

2. 作出凸轮理论轮廓曲线

1）取 $\mu_l=\mu_s$，以 $O$ 为圆心，$r_0$、$e$ 为半径分别作出基圆、偏距圆，并定出起点，如图 7-19 所示。

2）以 $OC$ 为始边，按 $-\omega$ 方向定出凸轮的推程角 $\delta_0$、远休止角 $\delta_{01}$、回程角 $\delta'_0$ 和近休止角 $\delta_{02}$，并将 $\delta_0$ 和 $\delta'_0$ 分成与位移曲线中相等的等分数，得到 $C_1$，$C_2$，…，$C_{13}$ 各个点。

3）从 $C_1$，$C_2$，…，$C_{13}$ 各点起作偏距圆的切线，并分别将它们向基圆外延长。由于过圆外一点向圆作切线能作出两条，因此切线方向一定要和初始的偏距圆切线方向保持一致。

4）在各切线的延长线上，量取 $C_1B_1=1-1'$（$1-1'$ 是位移线图上的线段长），$C_2B_2=2-2'$，…，$C_{12}B_{12}=12-12'$。

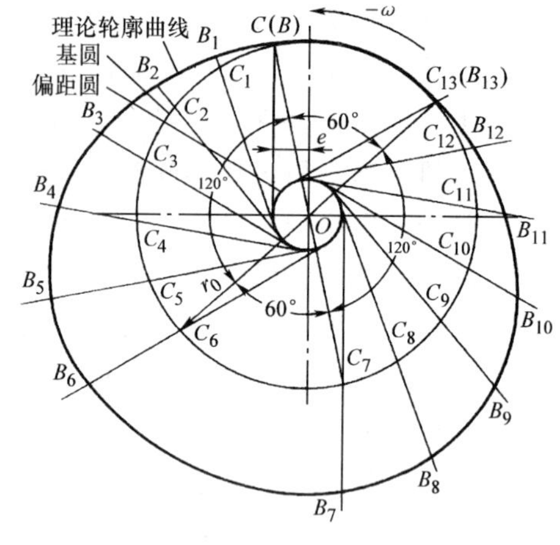


图 7-19

5）光滑连接 $B$，$B_1$，$B_2$，…，$B_6$，$B_7$，…，$B_{13}$ 各点，而 $B_6$，$B_7$ 用一段圆弧（以 $O$ 为圆心、$OB_6$ 为半径）来连接，则凸轮理论轮廓曲线就完整地作出，它由 $BB_6$、$B_6B_7$、$B_7B_{13}$ 和 $B_{13}B$ 四段曲线组成，如图 7-19 所示。

3. 作出凸轮实际轮廓曲线

以理论轮廓曲线上各点为圆心，滚子半径 $r_r$ 为半径作出一系列的圆，则此圆族的包络线为滚子推杆凸轮的实际轮廓曲线，如图 7-20 所示。图中只画出了内包络线，若需要几何封闭的凸轮副，还可以作出外包络线。

4. 检查凸轮机构压力角和最小曲率半径

压力角在凸轮的理论轮廓曲线上实施检查，建议在推程曲线的推程率 $ds/d\delta=v/\omega$ 的最大处进行。作出被检查点在理论轮廓曲线上的法线与滚子推杆在该点接触时的移动方向线，两者之间所夹的锐角便是凸轮机构在此位置的压力角。

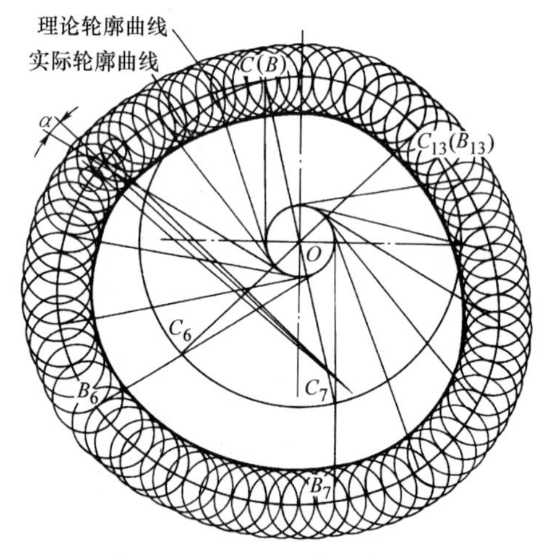


图 7-20

因为推程率最大处通常压力角也最大，如其小于许用压力角（一般规定 $[\alpha]=30°$），则设计合格；若被检查的压力角大于许用值，则应放大基圆半径重新设计，直到压力角合格为止。本例压力角最大值，在推程部分 $\delta=60°$ 处，经测量 $\alpha_{max}=14°$，小于许用压力角，故检查合格。

最小曲率半径指实际轮廓上的最小曲率半径 $R_{min}'$。具体求法是：先用目测法选择理论轮廓曲线上曲率半径最小的地方，在该处的曲线上取三点，用作图法以三点求圆心的方法（此法亦是求某点在曲线上法线的方法）求出曲率半径，作为理论轮廓曲线上该点的近似曲

率半径 $R_{min}$。具体作法可参阅第三章图 3-1，例如，欲求 $D$ 点的曲率半径可在邻近 $D$ 之两侧轮廓曲线上取 $M$、$N$ 两点，作 $DM$ 及 $DN$ 的垂直平分线，它们的交点 $O'$即所求曲率中心，$O'D$ 即所求曲率半径。根据包络理论，实际轮廓曲率半径为 $R'=R\mp r_r$，凸轮外形呈凸状时用“－”号，外形呈凹状时用“＋”号。本例中，凸轮外形呈凸状，故 $R_{min}'=R_{min}-r_r$，一般 $R_{min}'$大于 3mm 时，即认为合格。该凸轮可确定其在近休止圆弧上有 $R_{min}=50mm$，即 $R_{min}'=50mm-10mm=40mm$，属于合格。

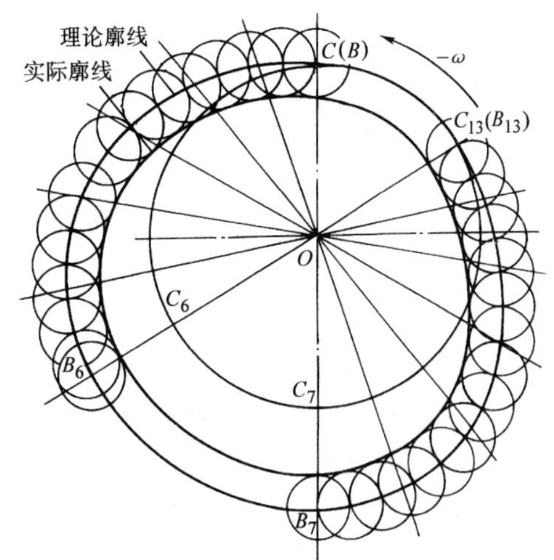

图　7-21

5. 说明

1）本例中，若 $e=0$，该凸轮机构则变为对心直动滚子推杆盘形凸轮机构。该机构凸轮轮廓的设计应注意两点：第一，起始点 $C$ 在 $O$ 点正上方；第二，各分点 $C_1$，$C_2$，…，$C_{13}$和 $O$ 点的连线代替了上述偏距圆的切线，其他作法同上，如图 7-21 所示。

2）若凸轮逆时针转动，则各分点 $C_1$，$C_2$，…，$C_{13}$按反转法原理应以顺时针方向排列，其他作法同上，不过此时推杆轨道偏置应在右侧较为合理。

# 第八章　平面机构分析与设计系统（MAD）

## 第一节　MAD 简介

平面机构分析与设计系统（简称 MAD）可以完成平面连杆机构、齿轮机构、凸轮机构、带传动及其组合机构的运动分析和动态静力分析；演示机构动画，画点的轨迹，绘制点的位移、速度、加速度、运动副反力等各种性能曲线；具有快速构造机构、精确构造机构、修改编辑机构、选取不同构件作机架等功能。限于篇幅，本书只介绍连杆机构的部分功能。

### 一、MAD 主界面

打开 MAD 后出现“平面机构分析与设计系统 MAD”主界面，如图 8-1 所示。主界面由标题栏、菜单栏、常用工具栏、快速构造机构工具栏、机构状态栏和机构区组成。

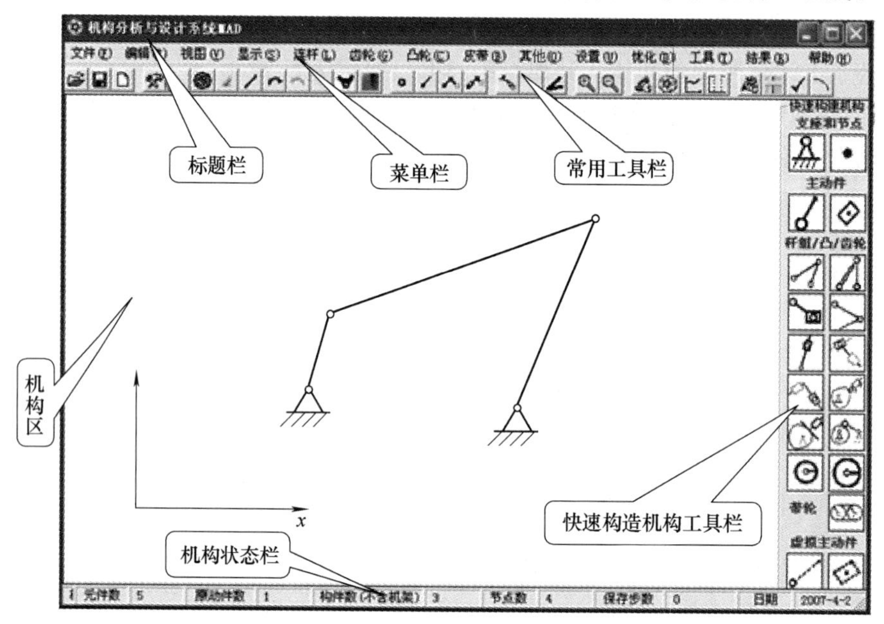


图　8-1

### 二、MAD 菜单栏

菜单栏由“文件”、“编辑”、“视图”、“显示”、“连杆”、“齿轮”、“凸轮”、“皮带”、“其他”、“设置”、“优化”、“工具”、“结果”和“帮助”等菜单组成。

“文件”菜单可以完成对机构的新建、打开、保存、另存、删除以及退出 MAD 系统；列出典型机构；显示最近打开的文件。

“编辑”菜单可以完成操作时撤销和恢复功能，对机构的尺寸、构件颜色等的编辑功能。

“视图”菜单可以完成对机构视图的缩放，打开或关闭菜单栏、常用工具栏，快速构造机构工具、状态栏，设置机构背景。

“显示”菜单用于显示机构中的节点、构件、齿轮、凸轮、带轮、皮带的编号，显示全局坐标系和构件坐标系。

“连杆”菜单可以完成构造各种连杆机构的功能。含各种杆组及原动件模块，单击后出现相应的对话框。

“齿轮”菜单可以完成构造平面齿轮机构。

“凸轮”菜单可以完成构造平面凸轮机构，编辑、导入、导出推杆的运动规律。

“皮带”菜单可以完成构造带传动，设置带的初拉力和弹性滑动系数等。

“其他”菜单可以完成构造间歇机构、准空间机构，添加同一构件标识的焊接圆弧，添加多功能圆弧，添加与编辑文本等。

“设置”菜单用于设置机架的速度和加速度，设置单位，在文件菜单列出最近打开文件的数目。

“优化”菜单可按轨迹、构件对应位置，选择设计变量，优化设计机构等。

“工具”菜单提供了捕捉机构图、演示机构动画、测量机构上两点距离和两线夹角、机构分析计算等功能。

“结果”菜单通过调用 EXCEL 输出计算结果，可对数据进行打印等。包括：节点位移、速度、加速度，构件角位移、角速度和角加速度，运动副反力、输出机构尺寸等。

“帮助”菜单用于显示版本信息、运行帮助文件等。

**三、工具栏**

工具栏包含对机构操作的常用工具。将鼠标移到各个按钮时将会出现相应的功能提示。

各按钮的功能见表 8-1。

**表 8-1　常用工具栏各按钮的功能**

| 图　标 | 功　　能 |
|---|---|
| | 打开按钮。打开已有机构并调入已有数据 |
| | 保存按钮。保存当前机构以及计算数据 |
| | 新建机构按钮。当前机构尺寸、颜色、计算等变化时，将提示是否保存 |
| | 编辑按钮。打开编辑机构对话框，对机构进行编辑 |
| | 移动按钮。移动节点位置，快速修改机构，当节点有齿轮时，因与齿轮中心距关联故不能移动 |
| | 擦除按钮。快速擦除机构两点连线。若是滑块轨道线的则不能擦除 |
| | 连线按钮。在连接两节点间画连线，当两节点不在同一构件时将提问是否连接 |
| | 撤销按钮。撤销对机构尺寸修改、添加的元件 |
| | 恢复按钮。恢复撤销的内容 |
| | 选机架按钮。选择机构中不同的构件作机架，对机构进行变换 |

（续）

| 图　标 | 功　　能 |
|---|---|
| | 添加节点按钮。打开添加节点对话框，在构件上添加节点 |
| | 添加转动主动件按钮。打开添加转动主动件对话框，在构件上添加节点 |
| | 添加 RRR 杆组按钮。打开添加 RRR 杆组对话框，在机构上添加 RRR 杆组 |
| | 添加带缸 RRR 杆组按钮。打开添加带缸 RRR 杆组对话框，在机构上添加带缸 RRR 杆组 |
| | 机构视图放大按钮。以试图区中心为圆心向四周放大 |
| | 机构视图缩小按钮。以视图区中心为圆心向内缩小 |
|  | 计算按钮。打开计算对话框，设置计算方式并计算 |
|  | 动画按钮。根据机构是否已有计算数据，打开相应的动画对话框。当未计算数据时打开立即动画对话框，当已有计算数据时打开数据动画对话框 |
| | 绘制机构性能曲线按钮。打开绘制曲线窗口，绘制机构运动、受力曲线 |

## 四、快速构造机构工具栏

快速构造机构工具栏由构造机构所需的常用元件组成，用于快速构造机构，将鼠标移到各个图标时将会出现相应的功能提示；在图标上单击鼠标右键将打开对应功能的使用帮助。

## 五、简单例子

构造铰链四杆机构并进行动画。步骤如下：

第一步：添加支座。单击“快速构造机构”工具栏上添加支座图标，把鼠标移到机构区，跟随鼠标将出现“添加支座”提示信息，在机构区适当位置单击添加第一个支座。

第二步：添加第二个支座，方法与第一步相同。

第三步：添加转动主动件。单击快速构造机构工具栏上添加转动主动件图标，把鼠标移到机构区，跟随鼠标将出现“选择主动件转动中心”提示信息。当鼠标在机构区移动时，靠近鼠标的支座会变为闪烁的红色（图 8-2a），此时单击鼠标左键选择主动件转动中心，屏幕提示“单击确定主动件 x 轴并添加节点”，将鼠标移到适当位置单击左键，则在该支座上添加转动主动件，同时在主动件上添加了一个节点（图 8-2b）。

第四步：添加 RRR 杆组。在快速构造机构工具栏上移动鼠标，找到添加 RRR 杆组图标并单击左键。把鼠标移到机构区，屏幕提示“选择第一外铰链”（图 8-2c），同时右侧支座变成闪烁的红色，单击左键，屏幕提示“单击确定内铰链位置”（图 8-2d），将鼠标移到机构区上方合适位置单击左键，屏幕提示“选择第二外铰链”（图 8-2e），将鼠标移到已添加的转动主动件节点附近，该节点变成闪烁的红色时单击。这样就完成了铰链四杆机构的建模（图 8-2f）。

第五步：动画。单击工具栏上按钮，铰链四杆机构开始运动。

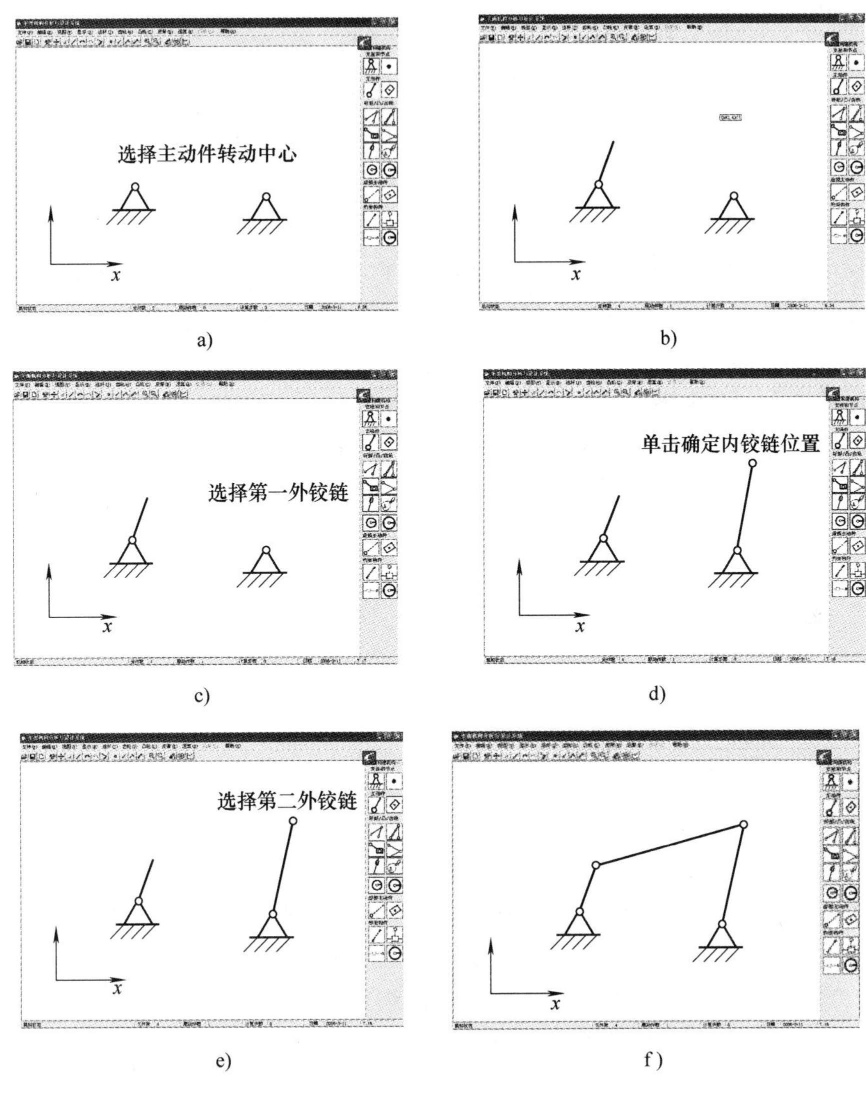


图　8-2

第六步：保存机构并退出 MAD。单击工具栏保存按钮，出现标准保存对话框，完成保存操作。此处保存的文件名为“铰链四杆机构”，扩展名是“jgx”。单击右上角关闭按钮或文件下拉菜单退出项，退出 MAD。

## 第二节　平面连杆机构的组成原理

MAD 是根据机构的组成原理构造连杆机构的。

### 一、Ⅱ级基本杆组的类型

1. 基本类型

当基本杆组由两个构件、三个低副组成时称为Ⅱ级杆组。用 R 表示转动副、P 表示移动副，则Ⅱ级杆组有 5 种类型：RRR、RRP、RPR、PRP 和 PPR 型，如图 8-3 所示。

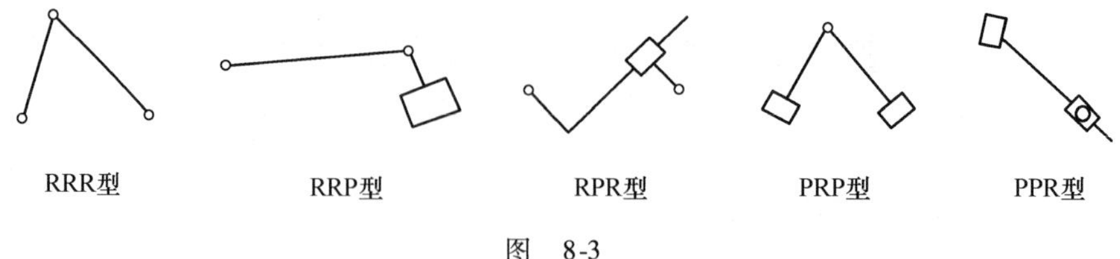


图 8-3

2. Ⅱ级杆组的演化

根据将杆组中含移动副的构件画成滑块或导杆，RRP 型、PRP 型、PPR 型可分为滑块式杆组和导杆式杆组。图 8-3 所示为滑块式杆组，图 8-4 所示为导杆式Ⅱ级杆组。

3. 带缸 RRR 杆组

在实际机械中，有许多带油缸的机构，原动件是由两个活动构件组成的，而机构组成原理假设原动件是与机架相联的一个构件。为了分析带油缸的结构，将油缸作为一个变长构件研究比较方便，MAD 中基本Ⅱ级杆组增加了带缸 RRR 杆组，如图 8-5 所示。

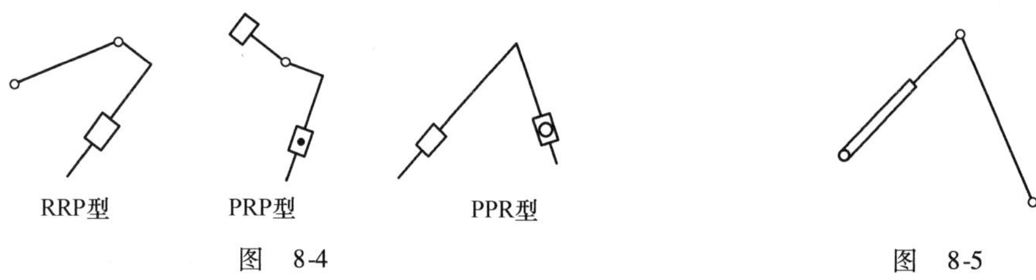


图 8-4　　图 8-5

## 二、高级杆组

1. 高级杆组的转化

基本杆组的构件数多于 2 个的杆组称为高级杆组。若高级杆组的内部运动副组成的多边形边数为 3 则为Ⅲ级杆组，为 4 则为Ⅳ级杆组……。由于构件数和运动副的增多，高级杆组的形式很多，如果针对具体的形式进行研究，那么会非常繁琐。MAD 系统采用虚拟原动件和约束构件的概念，借助Ⅱ级杆组分析方法对高级杆组组成的机构进行研究。图 8-6a 所示是牛头刨执行机构，可以分解为图 8-6b 所示的原动件 + 机架 + Ⅲ级杆组，因此该机构是一个三级机构。为了借助Ⅱ级杆组进行分析，将原机构分解为图 8-6c 所示形式，图中 *CD* 就是虚拟原动件，*EF* 为约束构件。软件在分析时，反复调整 *CD* 的角位移、角速度和角加速度，使 *EF* 构件和 *DE* 构件在 *E* 点的相对位移、速度和加速度为零。而通过调整约束构件 *EF* 上

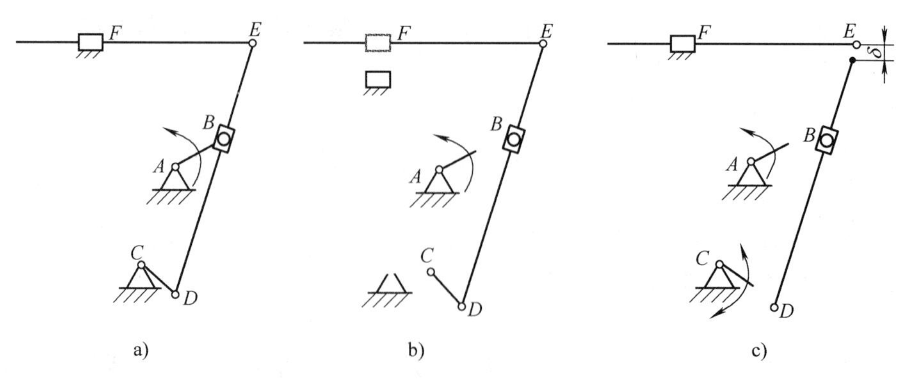


图 8-6

的运动副反力，使虚拟原动件 *CD* 上的虚拟驱动力矩等于 0。

2. 虚拟原动件

MAD 提供的虚拟原动件有虚拟转动原动件（图 8-7a）和虚拟移动原动件。虚拟移动原动件又分为滑块式（图 8-7b）和导杆式（图 8-7c）两种形式。

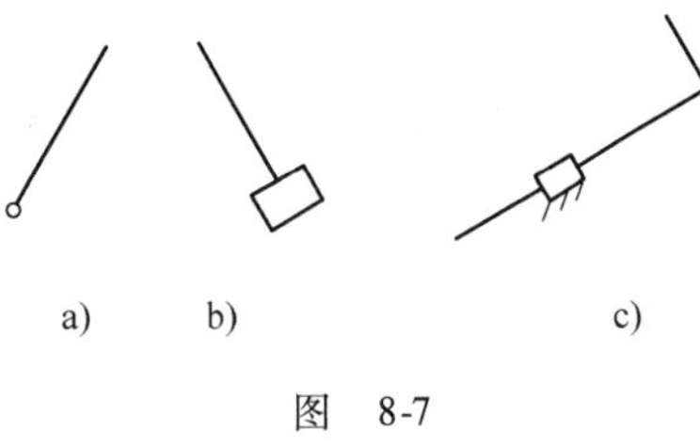

图　8-7

3. 约束构件

约束构件有双铰杆约束构件（RR 杆）和铰移杆约束构件（RP 杆）。RP 杆又分为滑块式（图 8-7b）和导杆式（图 8-7c）两种形式。RR 杆用于约束两点之间的距离不变、相对速度和加速度为 0。RP 杆用于约束点到某轨道的距离不变、点到轨道的相对速度和加速度为 0。

**三、机构的组成原理**

根据机构的拆分过程可知：任何连杆机构，都可以分解为原动件、机架和若干个基本杆组。反之，如果将基本杆组依次连接到原动件和机架上则组成机构，这就是机构的组成原理。图 8-8 所示是转动原动件、机架和 RRR 杆组，将 RRR 杆组的两个外部运动副依次连到原动件节点 *B* 和机架 *D* 上就构成了图 8-9 所示机构。

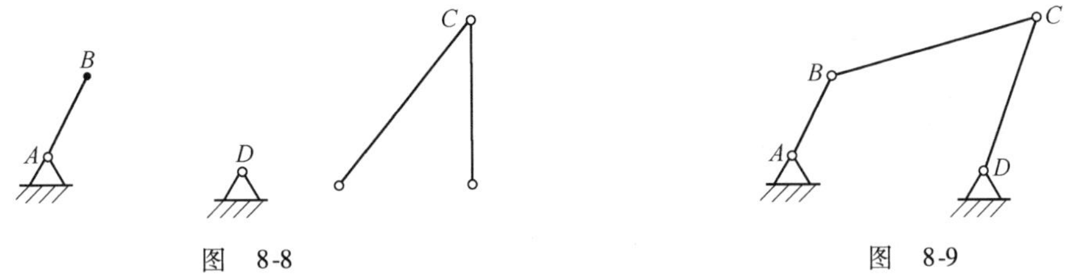

图　8-8　　　　图　8-9

在构造机构过程中，需依次向机构区添加支座、主动件、杆组等，称之为元件。MAD 提供构造连杆机构的元件分六类：①节点，在机架上添加支座或在活动构件上添加节点；②主动件，包括转动主动件、移动主动件；③杆组，包括 RRR 杆组、带缸 RRR 杆组、RRP 杆组、RPR 杆组、PRP 杆组、PPR 杆组；④虚拟主动件，包括转动主动件、移动主动件；⑤约束类，包括 RR 双铰杆、RP 移铰杆、液压缸主动件；⑥虚约束滑块（只是为了机构视图符合习惯增设，对机构运动和受力不起实际作用）。通过使用这些元件可以构成各种连杆机构。

## 第三节　MAD 中构造连杆机构的元件

MAD 中通过基本元件构造复杂机构，这里用例子说明构造连杆机构用到的元件的使用方法。

**一、节点、转动原动件、RRR 杆组**

构造图 8-9 所示的铰链四杆机构，设主动件曲柄 *AB* 长 100，连杆 *BC* 长 250，摇杆 *CD* 长 230，机架 *AD* 长 300。在不计算力的情况下，长度单位可以是任意的。当计算力时须在设置菜单设置单位。

本章第一节的例子中已经用快捷方式构造了铰链四杆机构，这一方法快速且方便，但是尺寸精度低，只能近似反映机构的运动情况，并且机构上也没加载荷，不能计算机构受力。要精确表达机构尺寸和受力，MAD 提供了两种办法：①用快捷方式构造好机构后，再对机构编辑修改；②用对话框构造。

本节使用“添加节点”、“添加转动主动件”和“添加杆组”对话框精确构造机构。

1. 添加节点 *A*

精确构造连杆机构需用连杆机构的元件，单击菜单栏“连杆”可以看到有关连杆的下拉菜单。

单击菜单栏“连杆”→“添加节点”（或单击工具栏上![icon]），打开“添加节点”对话框，如图 8-10 所示。下面介绍对话框。

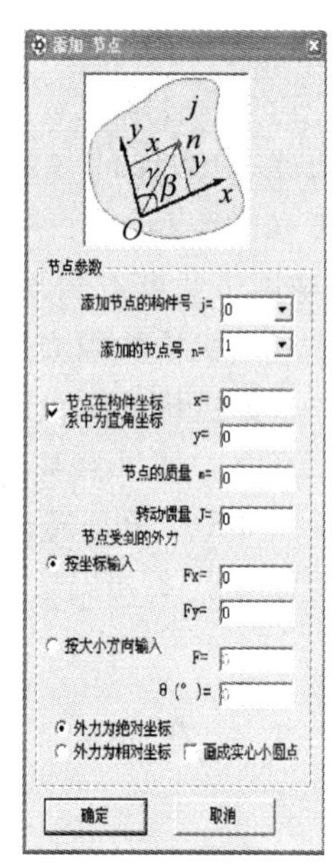


图 8-10

“添加节点的构件号 j =”为下拉选择框，框内列出了目前所有的构件号，可选择要添加节点的构件。当打开对话框时，在机构图上将显示已有构件号和节点号，规定机架为 0 号构件。在没有添加其他构件前选择框内只有 0，默认也是 0。当有其他构件时，构件号的提示字符变成红色，必须选择。

“添加的节点号 n =”为下拉选择框，框内列出了目前所有的可用节点号。通常没有必要更改默认值。

“节点在构件坐标系中的坐标”为添加节点的位置。MAD 有两种坐标系统：其一是全局坐标，表示点在整个机构区的位置；其二是局部坐标，表示点在构件上的相对位置，每个构件都有自己的局部坐标，局部坐标按右手定则规定，打开“添加节点”或有关对话框时系统会自动显示。也可以通过“显示”下拉菜单单击局部坐标显示。在没有添加其他节点前，默认值是 0。当已添加其他节点时，“x =”提示字符变成红色，必须填入数值。当勾选“节点在构件坐标系中为直角坐标”时，输入的是直角坐标，否则为极坐标，输入值前的提示字符也相应变化。

“节点的质量 m =”为节点处的集中质量，默认值是 0。

“转动惯量 J =”为节点处的转动惯量，默认值是 0。

“节点受到的外力”有两种输入方式：①按坐标分量输入；②按大小、力与 *x* 轴夹角输入。可以按全局坐标输入，也可以按构件的局部坐标输入。

“画成实心小圆点”复选框：当“添加节点的构件号 j =”选择为 0 时可见，其他构件时不可见。该框用于在机架上画线，而不画支座，本例不勾选。

单击“确定”按钮，则机构区左下方增加了支座。

2. 添加转动原动件

单击菜单栏→“添加转动主动件”（或单击工具栏上![icon]），打开“添加转动主动件”对话框如图 8-11 所示。

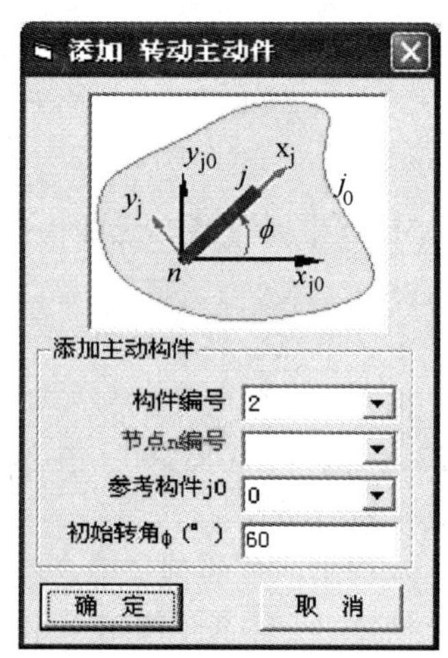


图 8-11

“构件编号”为所要添加的主动件编号，可更改，通常取默认值。

“节点 n 编号”为机构上已有的节点号，如果只有一个节点，则不需选择，否则，“节点 n 编号”为红色，必须选择。

“参考构件号 j0”为所添加的原动件是参考那个构件运动的。默认 0 号构件即机架。

“初始转角 φ(°) =”主动件的 $x$ 轴与参考构件的 $x$ 轴之间的夹角，默认值是 60，单位是度（°）。

单击“确定”，则添加了转动主动件。由于只添加了构件，构件上没有节点，机构图上只显示出了转动主动件的局部坐标系，如图 8-12a 所示。

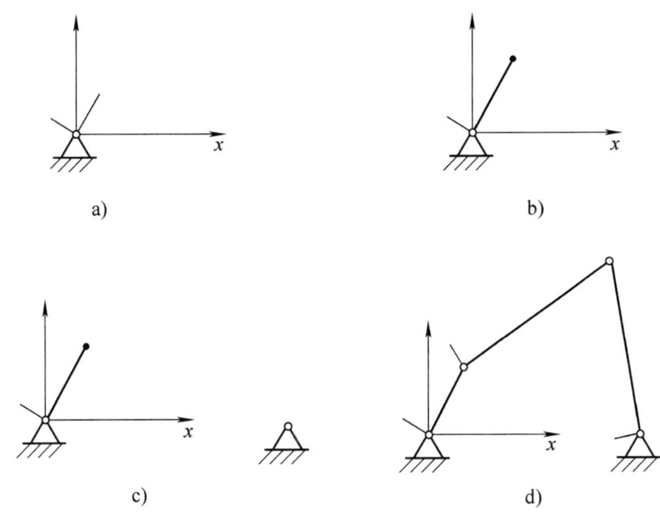


图　8-12

3. 添加节点 $B$

用与添加节点 $A$ 相同的方法打开“添加节点”对话框，在“添加节点的构件号 j =”下拉选择框内选择 1，“x =”框内填入 $AB$ 长度 100，单击确定，结果如图 8-12b 所示。

4. 添加节点 $D$

用与添加节点 $B$ 相同的方法打开“添加节点”对话框，在“添加节点的构件号 j =”下拉选择框内选择 0，“x”框内填入 $AD$ 长度 300，单击确定，结果如图 8-12c 所示。

5. 添加 RRR 杆组

单击菜单栏→“添加 RRR 杆组”（或单击工具栏上），打开“添加 RRR 杆组”对话框，如图 8-13 所示。

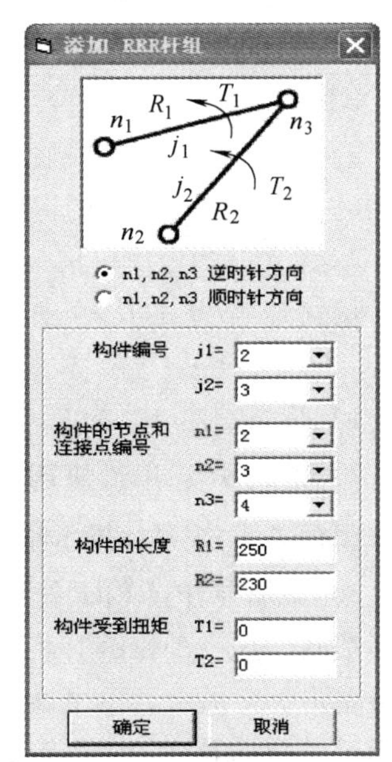


图　8-13

RRR 杆组的安装方式有两种，图 8-13 中三个铰链点转向分为顺时针方向和逆时针方向。本例是逆时针方向。

“构件编号”组成杆组的两构件编号。通常保持默认值不变。

“构件的节点和连接点编号”$n_1$、$n_2$ 是要连接到机构上的已有节点编号，分别选 2、3，即图 8-9 的 $A$、$B$ 节点。$n_3$ 是 RRR 杆组的内部节点，保持默认值。

将 $BC$ 的长度 250 和 $CD$ 的长度 230 分别填入 $R_1$ 和 $R_2$。

$T_1$ 和 $T_2$ 分别是构件 $j_1$ 和 $j_2$ 上受到的外力矩，规定逆时针方向为正，顺时针方向为负。本例不考虑受力，保持默认值 0 不变。

单击确定，结果如图 8-12d 所示。

单击工具栏上即可进行动画。

RRR 杆组的构件中，构件的坐标原点在外部转动副处，$x$ 轴方向从外部指向内部转动副，通过打开下拉菜单“显示”单击“局部坐标”查看。

**二、RRP 杆组**

1. 建立曲柄滑块机构

用快速构造工具栏建立图 8-14 所示的曲柄滑块机构 $ABCDE$。步骤如下：

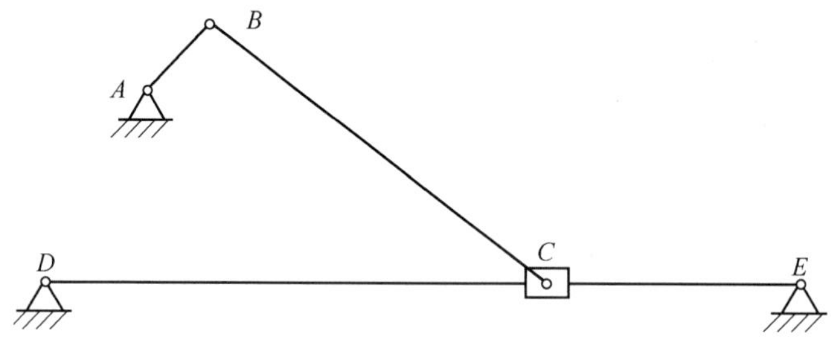


图 8-14

1）添加支座。单击，在机构区分别添加支座 $A$、$D$（见第一节例子）。

2）添加 $AB$。单击快速构造工具栏上的添加转动主动件图标，按鼠标提示添加 $AB$（见第一节例子）。

3）添加 RRP 杆组 $BC$。单击快速构造工具栏上的添加 RRP 杆组图标，按鼠标提示将鼠标分别移到 $B$ 点和 $D$ 点附近单击。

4）接着提示“单击确定内铰链位置”（图 8-15）。

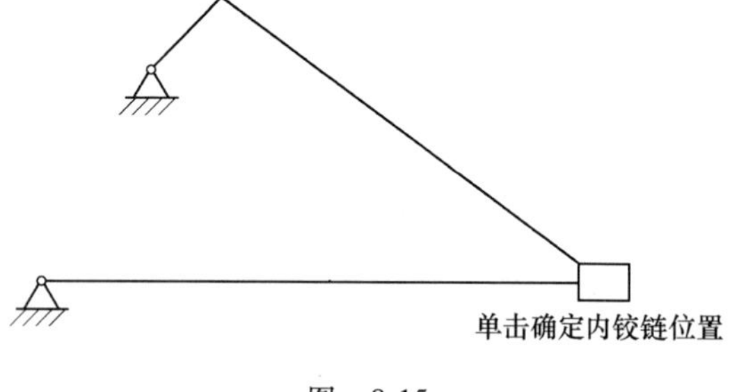


图 8-15

5）将鼠标移到合适的位置单击，就构成了曲柄滑块机构（图 8-14），$E$ 点是软件自动添加的，并且随着机构的运动，会自动调整到合适的位置。

2. 建立曲柄定块机构

用快速构造工具栏建立图 8-16 的曲柄定块机构 $ABC$，步骤如下：

1）添加支座 $A$。单击，在机构区添加支座 $A$。

2）添加 $AB$。单击快速构造工具栏上的添加转动主动件图标，按鼠标提示添加 $AB$，如图 8-17a 所示。

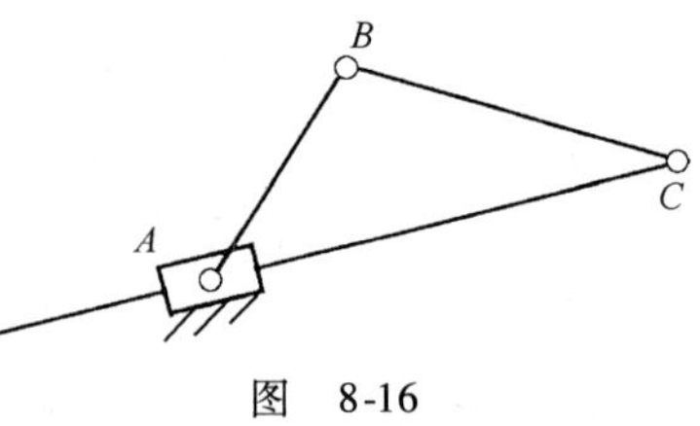


图 8-16

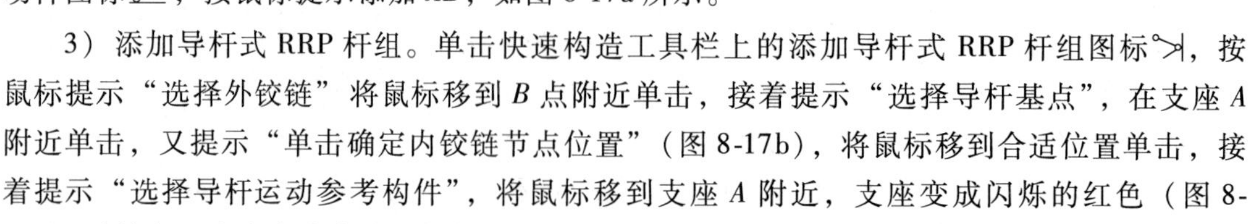

3）添加导杆式 RRP 杆组。单击快速构造工具栏上的添加导杆式 RRP 杆组图标，按鼠标提示“选择外铰链”将鼠标移到 $B$ 点附近单击，接着提示“选择导杆基点”，在支座 $A$ 附近单击，又提示“单击确定内铰链节点位置”（图 8-17b），将鼠标移到合适位置单击，接着提示“选择导杆运动参考构件”，将鼠标移到支座 $A$ 附近，支座变成闪烁的红色（图 8-17c）时单击，支座变成定块，就构造成了曲柄定块机构（图 8-17d）。

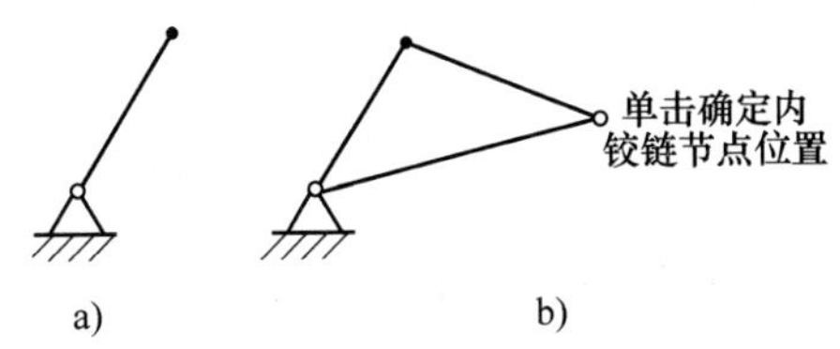


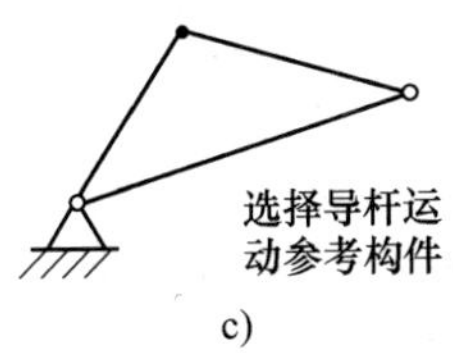


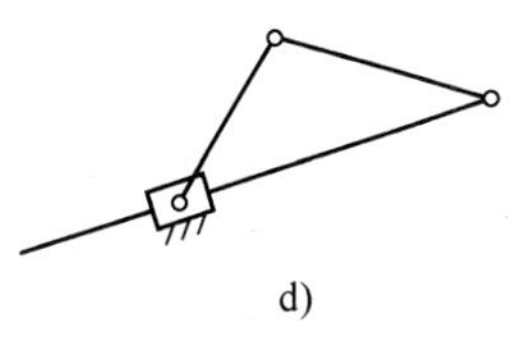


图　8-17

注意："导杆运动参考构件"是指和导杆组成移动副的构件。所谓基点，是指参考构件轨道上的一点。

3. RRP 杆组对话框

构造图 8-14 所示的曲柄滑块机构。已知曲柄 $AB=100$，连杆 $BC=200$，$A$ 点到 $DE$ 的距离（偏距）为 50，步骤如下：

1）用与本节标题一相同的方法，添加支座 $A$、$D$，转动主动件及其节点 $B$，$A$ 点的坐标是（100，50），$B$ 点的坐标是（100，0），$D$ 点的坐标是（0，0），如图 8-18a 所示。

2）添加 RRP 杆组。单击"连杆"下拉菜单的"添加 RRP 杆组"对话框，如图 8-19a 所示，此时机构图上自动显示节点和构件编号，根据窗口图和机构数据填写对话框，在绘图方式中选择"$BC$ 为滑块"。填好数据后单击确定，机构图变成图 8-18b 所示的曲柄滑块机构。在此步骤中如果绘图方式选择 $BC$ 为导杆，图 8-19a 中的视图窗变成了图

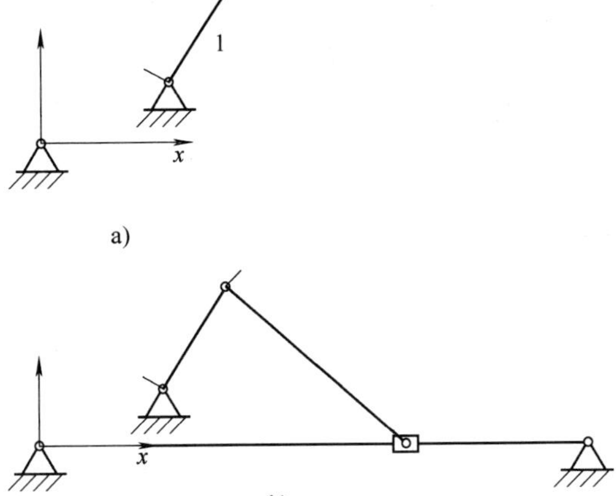


图　8-18

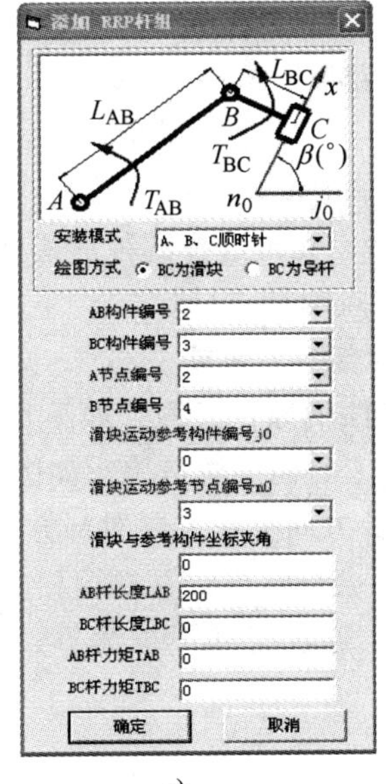


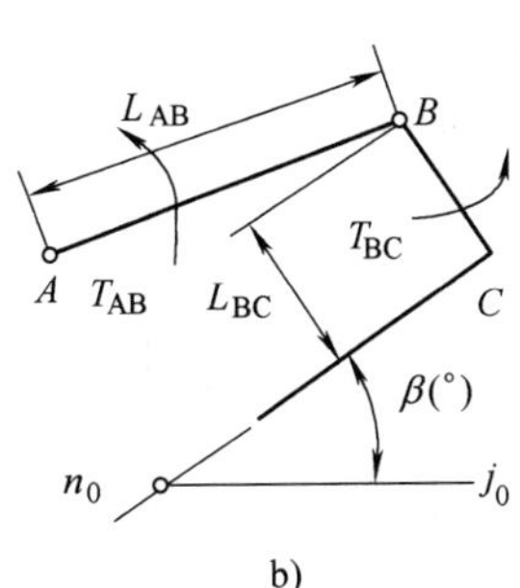


图　8-19

8-19b，单击“确定”，则机构变成了图 8-20 中的定块机构。

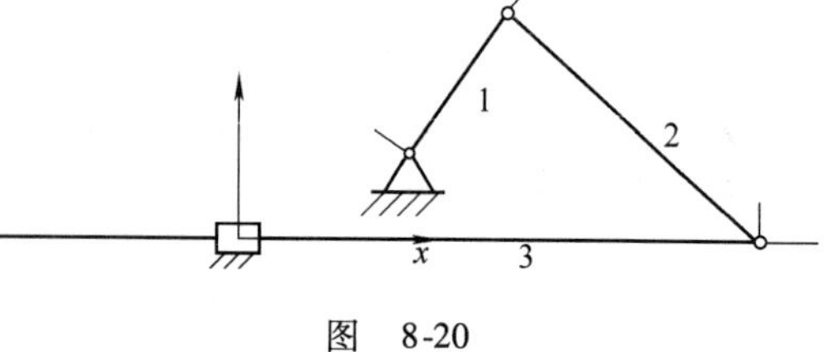

图 8-20

机构图上显示了全局坐标、局部坐标、构件编号，如果想取消，可单击“显示”下拉菜单将有关打“✓”项取消即可。

RRP 杆组的构件中，双铰杆的坐标原点在外部转动副处，*x* 轴方向从外部指向内部转动副。移铰杆的坐标原点在内部转动副处，方向由图 8-19 中对话框设定或快速构造机构时确定。

### 三、RPR 杆组

1. 建立曲柄导杆机构

用快速构造工具栏建立图 8-21 所示的曲柄导杆机构 *ABC*。步骤如下：

1）添加支座 *A*、*C* 和曲柄 *AB* 的方法请参考本节标题一。

2）添加 RPR 杆组。单击快速构造工具栏上添加 RPR 图标，将鼠标移到机构区，按提示移动鼠标，当支座 *C* 变成闪烁的红色时单击。

3）按提示移动鼠标，当点 *B* 变成闪烁的红色时单击，就构成了曲柄导杆机构。

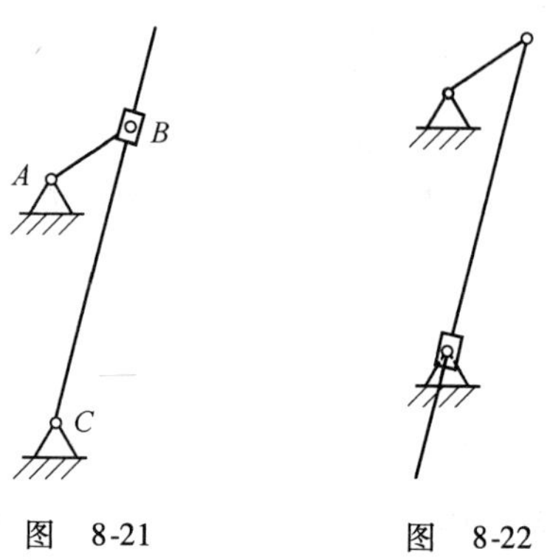

图 8-21　　图 8-22

在步骤 2）如果首先在 *B* 点附近单击，然后再在 *C* 点处单击，则机构变成了曲柄摇块机构，如图 8-22 所示。

2. RPR 杆组对话框

构造图 8-21 所示的曲柄导杆机构，已知曲柄 $AB=100$，机架 $AC=200$，步骤如下：

1）添加支座 *A*、*C*，转动主动件及其节点 *B*。*A* 点的坐标是（100，200），*B* 点的坐标是（100，0），*C* 点的坐标是（100，0），参考本节标题一。

2）打开“添加 RPR 杆组”对话框（图 8-23a），从元件图窗口可以看出，RPR 杆组的外部铰链 *A*、*C* 可以相对移动副轨道 *KB* 有偏距。单击窗口下的下拉框，有 4 种选择（图 8-23b）。根据实际机构选择即可，本处没有偏距，所以无论选择哪种形式都可以。

3）*A* 节点编号按 1）添加 *C* 点时产生的实际节点编号选择。

4）*C* 节点编号按 1）添加 *B* 点时产生的实际节点编号选择。

5）其他保持默认值。单击“确定”就构成了曲柄导杆机构，如图 8-21 所示。

如果取步骤 3）和 4）的连接节点相反，就构成了曲柄摇块机构，如图 8-22 所示。

规定 *AB* 上外力矩 $T_1$ 和 *BC* 上外力矩 $T_2$ 逆时针方向为正，顺时针方向为负。

如果对话框内红色标签的框内未填入数据，则会显示出错并提示相应信息。

RPR 杆组中，构件坐标原点在外部转动副处，通过打开下拉菜单“显示”单击“局部坐标”查看。

### 四、PRP 杆组

构造图 8-24a 所示的正切机构。步骤如下：

1）用“快速构造机构”图标在机构区合适的位置添加两个位于同一水平线上的支座。

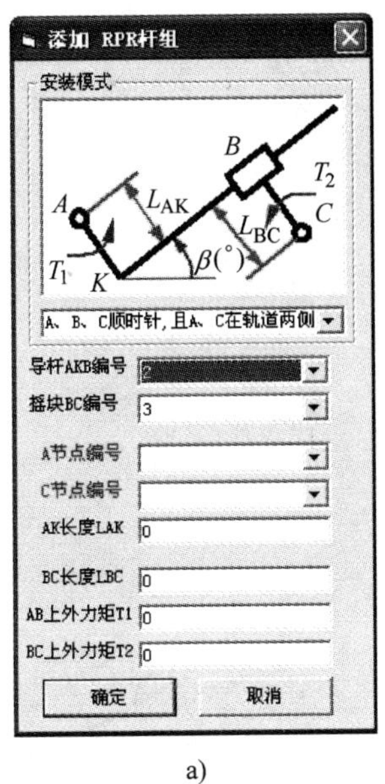


a)

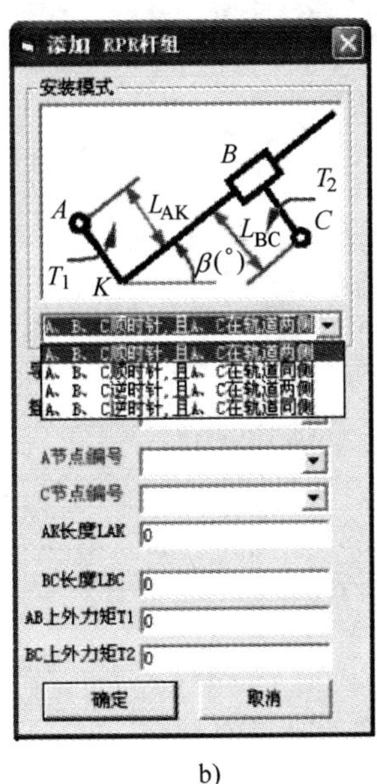


b)

图　8-23

2）单击工具栏上的“添加转动主动件”按钮，打开“添加转动主动件”按钮对话框。在对话框的“节点 n 编号”框内选择左侧的节点编号，然后单击“确定”按钮。结果如图 8-24b 所示。

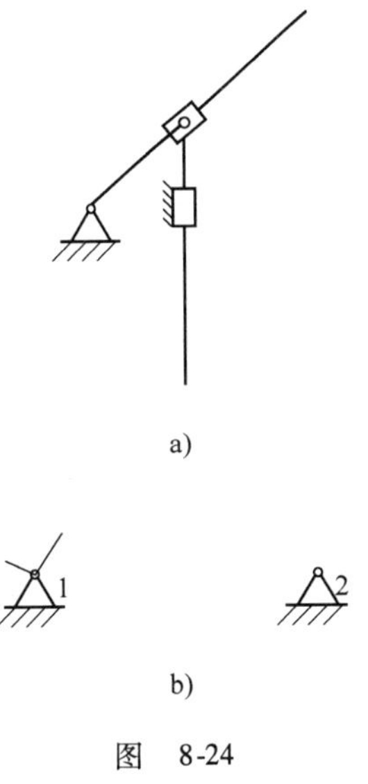

a)

b)

图　8-24

3）单击“连杆”下拉菜单的“添加 PRP 杆组”，打开相应的对话框（图 8-25）。

元件图窗口显示 PRP 的结构及参数。在元件图下方有安装模式下拉列表框，有 4 种形式：①$M$、$A$、$B$ 顺时针，$N$、$C$、$B$ 逆时针；②$M$、$A$、$B$ 顺时针，$N$、$C$、$B$ 顺时针；③$M$、$A$、$B$ 逆时针，$N$、$C$、$B$ 逆时针；④$M$、$A$、$B$ 逆时针，$N$、$C$、$B$ 顺时针。其中，$M$ 是构件 $AB$ 运动的基点，$N$ 是构件 $BC$ 运动的基点，$MA$ 构件是滑块的基构件（滑块在 $MA$ 构件上滑动），$MX_{MA}$ 是 $MA$ 构件的局部坐标的 $x$ 轴，轨道 $MA$ 与 $MA$ 构件的局部坐标系 $x$ 轴夹角为 $\beta_1$，$NC$ 构件是滑块的基构件（滑块在 $NC$ 构件上滑动），$NX_{NC}$是 $NC$ 构件的局部坐标的 $x$ 轴，轨道 $NC$ 与 $NC$ 构件的局部坐标系 $x$ 轴夹角为 $\beta_2$。$BC$ 构件可以绘成滑块，也可以绘成导杆；如选择“BC 为导杆”，那么视图窗口变成图 8-25b。图 8-24a 的正切机构中 $BC$ 为导杆。

4）$M$ 节点编号选择 1，N 节点编号选择 2，$AB$ 基构件选择 1，$BC$ 基构件选择 0，$BC$ 相对参考构件转角 $\beta_2$ 填入 90，其余保持默认值不变。

5）单击“确定”，就构成了正切机构（图 8-24a）。右侧的铰链支座自动变成了固定滑块。

PRP 杆组中，两构件的坐标原点都在内部转动副处，$x$ 轴与移动副方向平行，通过打开下拉菜单“显示”单击“局部坐标”查看。

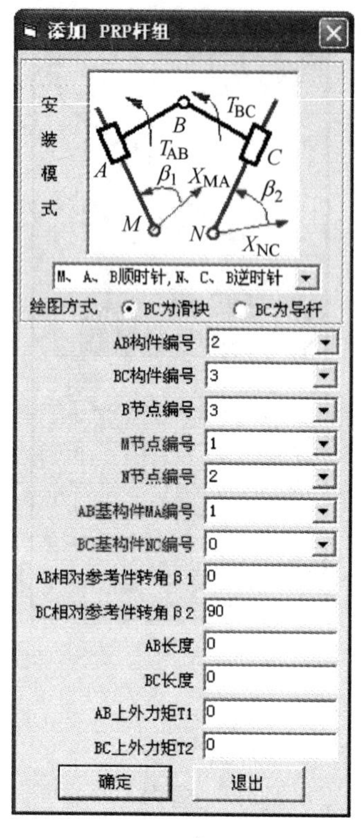


a)

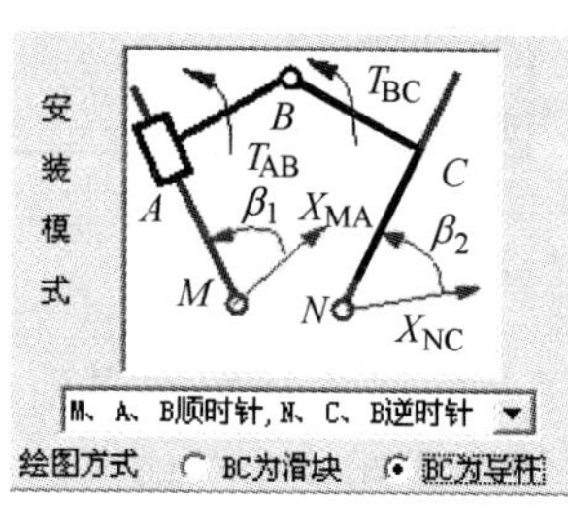


b)

图 8-25

**五、PPR 杆组**

以正弦机构（图 8-26）为例介绍 PPR 杆组对话框的设置，设 $AB=100$，$AC=200$。步骤如下：

1）$A$ 点的坐标是（0，0），$B$ 点的坐标是（100，0），$C$ 点的坐标是（200，0）。

2）单击“连杆”下拉菜单的“添加 PPR 杆组”，打开相应的对话框（图 8-27）。

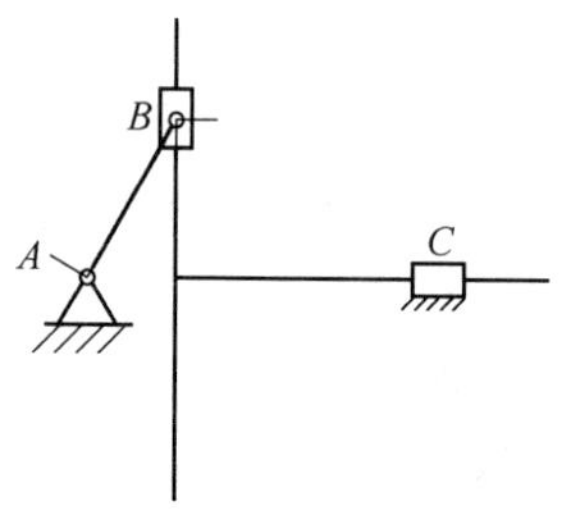


图 8-26

PPR 杆组的双移副构件有四种画法，即“滑块导杆式”（图 8-27a）、“7 字导杆”（图 8-27b）、“T 字导杆”（图 8-27c）和“十字导杆”（图 8-27d）。图 8-26 的正弦机构中双移副构件是“T 字导杆”。

对话框中，“基点 A 编号”、“节点 B 编号”和“参考构件 j0 编号”是必填项，其中“基点 A”指外部移动副经过的点，“参考构件 j0 编号”是与双移副构件构成外部移动副的构件编号，选择 0 号构件，“节点 B”是外部移动副节点编号。其他保持默认值，然后单击“确定”就完成了图 8-26 所示机构。

**六、构造高级机构**

当机构的基本杆组最高级别为Ⅲ级或Ⅲ级以上时，称该机构为高级机构。由于Ⅲ级以上杆组的构件数和运动副数多，所以基本类型远比Ⅱ级杆组多，不利于对机构进行编程计算。MAD 采用虚拟原动件和约束构件法将含高级杆组的机构转化为Ⅱ级机构。

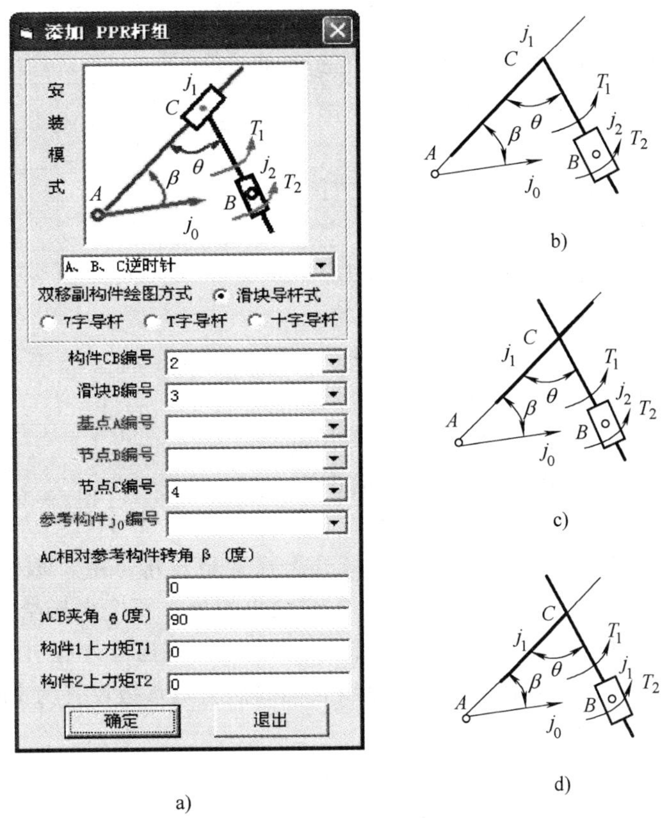


图　8-27

构造高级机构步骤略。

**七、混合法构造机构**

在本章第二节中，介绍了机构可以拆分为原动件、机架、基本杆组，或者说机构是由基本杆组依次连接到原动件和机架上组成的。这一原理基于原动件和机架相连这一假设。实际上有许多机构并非这样，原动件是由两个活动构件组成的。因此不能直接应用平面机构组成原理来构造由非连架杆作原动件组成的机构。MAD 用原动件、虚拟原动件、约束构件、杆组等元件来拼装机构，可以构造由非连架杆作原动件组成的机构，称为混合法构造机构。构造机构步骤略。

## 第四节　MAD 在课程设计中的应用

MAD 程序中规定转角、角速度、角加速度、力矩等逆时针方向为正，顺时针方向为负。

以图 8-28 所示的牛头刨床机构为例。已知主动件 $AB$ 逆时针匀速转动，角速度 $\omega=2\text{rad/s}$，$AB=90\text{mm}$，$AC=350\text{mm}$，$CD=580\text{mm}$，$DE=174\text{mm}$，$x_F=250\text{mm}$，$y_F=570\text{mm}$，$x_5=200\text{mm}$，$y_5=50\text{mm}$，$y_P=80\text{mm}$，$x_P=700\text{mm}$，导杆 $CD$ 质心 $S_2$ 位于 $CD$ 中点，质量 22kg，绕质心转动惯量 $1.2\times10^6\text{kg}\cdot\text{m}^2$，刨头质心在 $S_5$，质量为 80kg，切削阻力 $P=9000\text{N}$，在切削前后各有一段 $0.1H$ 的空刀距离，$H$ 为刨头行程。

**一、构造机构**

机构是由机架、主动件 $AB$、两个Ⅱ级杆组 RPR 和 RRP 组成的（图 8-29a）。根据本章第三节的内容可以构造出图 8-29b 所示机构，$C$ 点坐标为（0，0）。

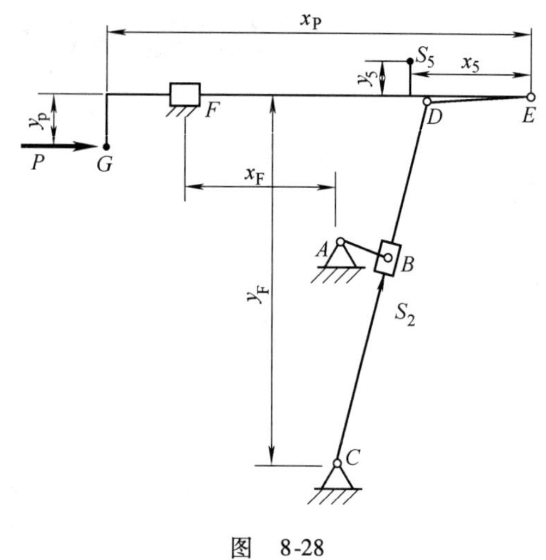

图 8-28

根据给定的质心位置和刀头位置数据，打开图 8-10 所示对话框，分别在构件 $CD$ 和 $EF$ 上添加节点 $S_2$、$S_5$ 和 $G$，并在对话框中填入相应的质量和转动惯量，完成后的机构如图 8-29c 所示。图中连线 $ES_5$、$S_5G$ 和 $GE$ 是系统自动产生的，MAD 中构件上每添加一个节点，该节点就与构件上已有的两个节点画连线，表示该节点所在的构件。为了画出和图 8-28 相同的图形，分别在过 $S_5$ 和 $G$ 点垂直于 $EF$ 的垂足添加两个节点，并用工具栏上“两节点连线”将节点到垂足连接，用“取消连线”擦除连线 $ES_5$、$S_5G$ 和 $GE$。导杆 $EF$ 是自动画出来的，本例画出的导杆长度大于给定的数据 $x_P$，可打开“编辑机构”对话框（图 8-30），在对话框下方的“机构构成过程”栏内，选中“添加导杆式 RRP 杆组 4、5”，然后在对话框中部将自动绘制轨道参数设置为 1，单击确定，这样就构成了图 8-28 所示机构。

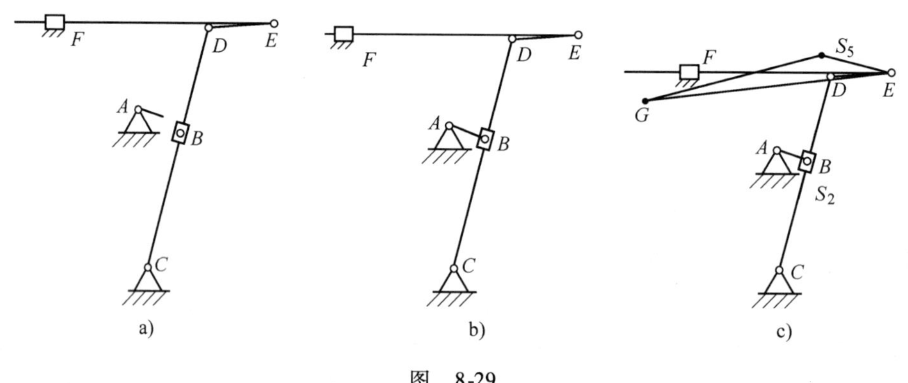

图 8-29

## 二、原动件特殊位置的计算

牛头刨床在运转过程中，只有工作形成的中间一段有切削力，图 8-31 所示为刨刀 $G$ 在不同位置时对应 $E$ 点的位置。因载荷不等于常数，需要求出切削时对应原动件 $AB$ 的转角。

MAD 在工具菜单栏下提供了一个“原动件转换”工具，可用该工具求出刨头 $EF$ 在不同位置时对应原动件的位置。

单击菜单栏“工具”/“原动件转换”，打开图 8-32a 所示“原动件转换”对话框。为了方便填入数据，可单击菜单栏“显示”/节点编号（构件编号和局部坐标）。该对话框可以按给定的两构件的相对转角、角速度、角加速度或两点之间的相对距离、速度和加速度，计算主动件对应的位置、（角）速度、（角）加速度。因为这里不需要进行速度加速度分析，（角）速度和（角）加速度保持默认值。

1. 右极限位置

图 8-32a 所示是刨头在右极限位置时填入的数据。此时 *AB* 构件（编号 1）垂直于 *CD* 构件（编号 2），根据机构图上显示的构件坐标系，*AB* 相对 *CD* 顺时针转动，所以“转角”框内填入 -90°，单击计算。然后将参考构件改为机架编号 0，这时“转角”框内将更新为构件 1 相对机架 0 的转角 -14.90°；选择根据两点距离，这时“数据”框前的标签自动更换为图 8-32b，第一节点和第二节点分别选择 *E*、*F* 点的编号，此时“两点距离”数据框内自动更新为当前 *EF* 距离 572.883。

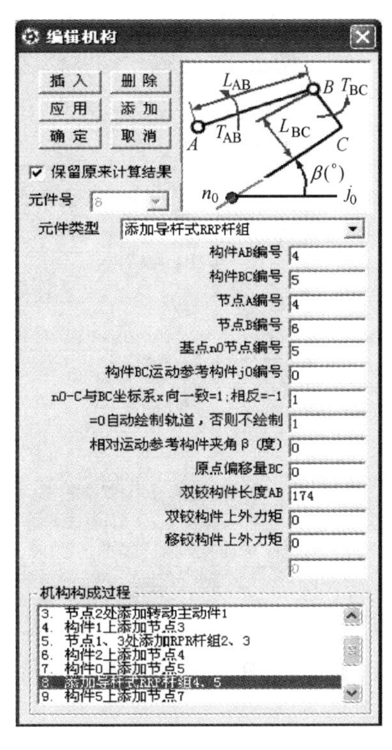

图　8-30

曲柄转角 $\theta_1 = -14.90°$，$E_1F = 572.883\text{mm}$。

2. 左极限位置

在图 8-32a 中“转角”填入 90°，用与右极限位置相同的方法可得：

曲柄转角 $\theta_4 = -194.90°$，$E_4F = 274.597\text{mm}$。

3. 行程

根据 1、2 刨头行程 $H = E_1F - E_4F = (572.883 - 274.597)\ \text{mm} = 298.286\text{mm}$

4. 刨削起始位置

由图 8-31 可知，$E_2F = E_1F - 0.1H = (572.883 - 0.1 \times 298.286)\ \text{mm} = 543.054\text{mm}$，将图 8-32b 中“两点距离”数据框内填入 543.054，由于刨头在该位置时对应曲柄有工作行程和空程两个位置，因此需要在“初值”框内设置成工作行程时的近似转角，这里设置成 20°，单击“计算”。然后选择“根据构件转角”选项，“构件编号”选择 *AB* 的编号 1，参考构件选择机架 0，从“转角”数据框内即可读出原动件转角 $\theta_2 = 25.179°$。

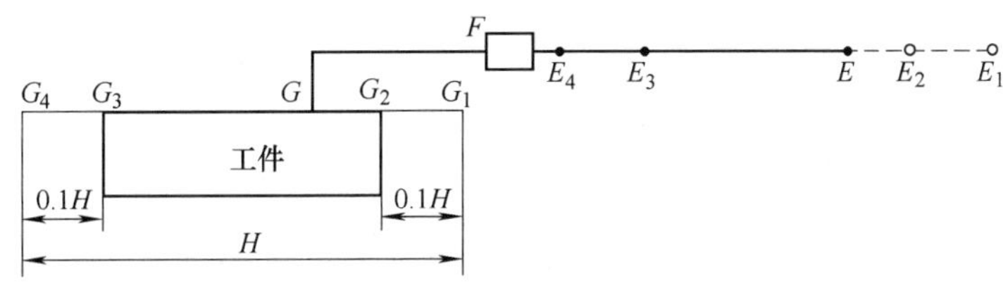

图　8-31

5. 刨削结束位置

由图 8-31 可知，$E_3F = E_1F - 0.9H = (572.883 - 0.9 \times 298.286)\ \text{mm} = 304.426\text{mm}$，在图 8-32b 中“两点距离”数据框内填入 304.426，与刨削起始位置相同的方法可得曲柄转角 $\theta_3 = 155.181°$或对应曲柄转角 $\theta_3 = 155.181° - 360° = -204.819°$。

## 三、计算

单击菜单栏“设置”/“设置单位”，打开相应对话框，将长度设置成毫米。

由于刨削力不等于常数，计算时需要分段计算：

$$P = \begin{cases} 0 & -204° \leqslant \theta \leqslant 25° \quad \text{分 35 等分，计算 36 个节点，间隔 6.5429°} \\ 9000 & 25.179° \leqslant \theta \leqslant 155.181° \quad \text{分 20 等分，计算 21 个节点，间隔 6.5°} \end{cases}$$

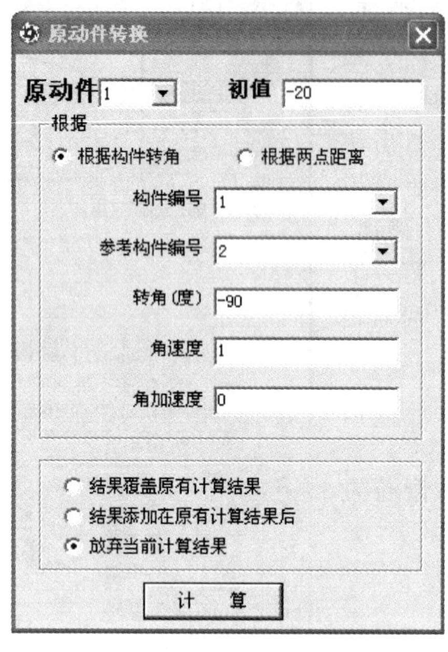


a)

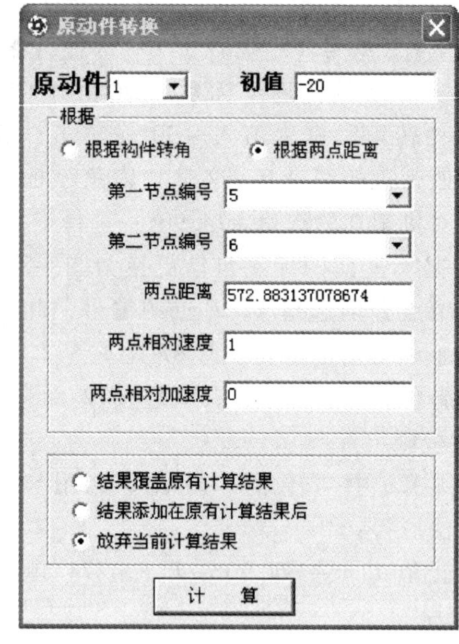


b)

图 8-32

1. 没有刨削力时的计算

单击工具栏上计算按钮，打开“分析计算控制”对话框（图8-33），将“循环计算总步数”改为36，“主动件起始步运动参数”设置为－204、步长增量6.5429、角速度2。单击“完成分析计算”按钮，这样就完成了没有刨削力时机构的运动分析和力分析计算。

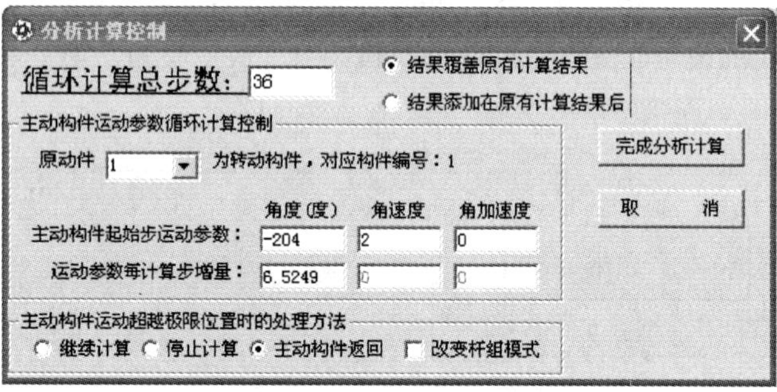


图 8-33 分析计算对话框

2. 有刨削力时的计算

打开“编辑机构”对话框（图8-30），在“机构构成过程”框内选中“在构件5上添加节点11”（刨头受力点 $G$，机构的构成过程不同，构件号和节点号可能不同），然后在中下部标签为“节点x向分力fx”的数据框内填入刨削力9000，并勾选“保留原来计算结果”，单击“确定”完成数据的修改。

重新打开“分析计算控制”对话框（图8-33），将“循环计算总步数”改为21，“主动件起始步运动参数”设置为25.179、步长增量6.5、角速度2，并选中“结果添加在原来计算结果后”，最后单击“完成分析计算”按钮，就完成了有刨削力时机构的运动分析和力分析计算。

## 四、计算结果处理

可以通过 EXCEL 表格输出计算结果，也可以将数据绘制成曲线输出。

1. 数据输出

单击菜单栏“结果”，下拉菜单如图 8-34 所示。可以输出各节点坐标、速度、加速度、构件转动参数（指转角、角速度、角加速度）、运动副反力、作用在主动构件上的平衡力等数据。根据需要可对表格进行编辑整理，删除不必要的数据，可将表格插入 Word 文档或直接打印输出。

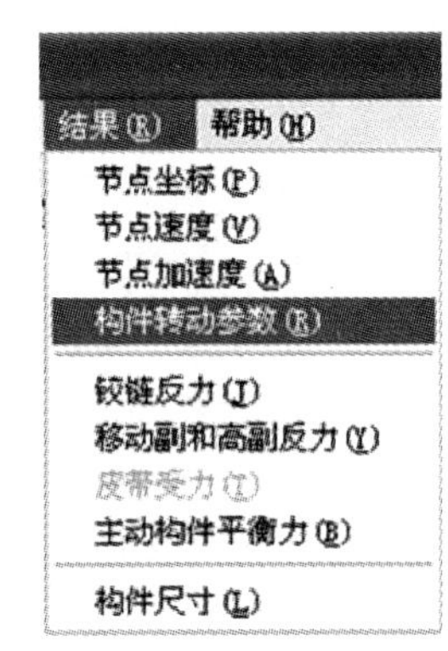


图　8-34

2. 绘制成曲线

单击工具栏上按钮，打开“绘制线图”面板（图 8-35）。该面板分上、中、下三部分：上部为曲线区，中部为坐标系物理量设置区，下部为控制区。曲线的水平轴和铅垂轴物理量可以是运动量，也可以是运动副反力或平衡力等，通过物理量下拉列表框选择。选择好横轴和纵轴后单击“添加曲线”按钮即绘制出相应的曲线。图 8-35 中的曲线是刨头速度和加速度随曲柄转角的变化规律曲线，选择中部的曲线号下拉框中不同曲线，所选曲线将以最佳方式显示在曲线区，坐标系也将作相应的变化。按“保存曲线”按钮，可将曲线输出到指定文件夹扩展名为“bmp”的位图文件。图 8-36 所示是输出的曲柄上平衡力矩随曲柄转角的变化曲线，从图上可以看出，由于刨削力突变，平衡力矩也有突变。

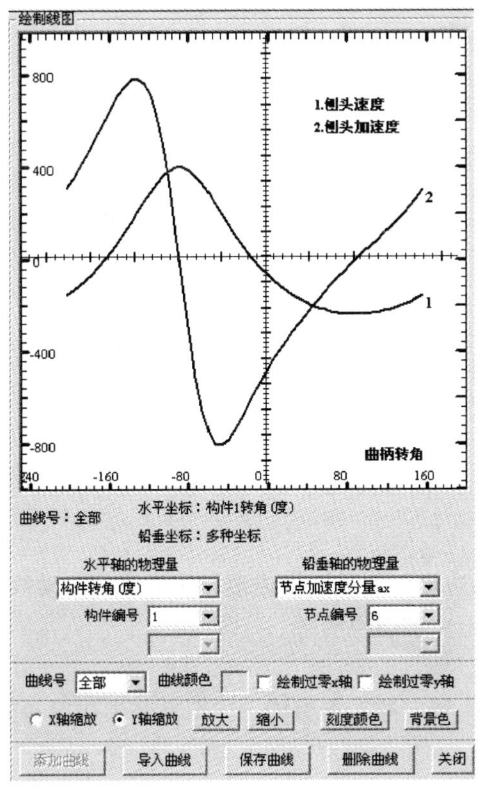


图　8-35

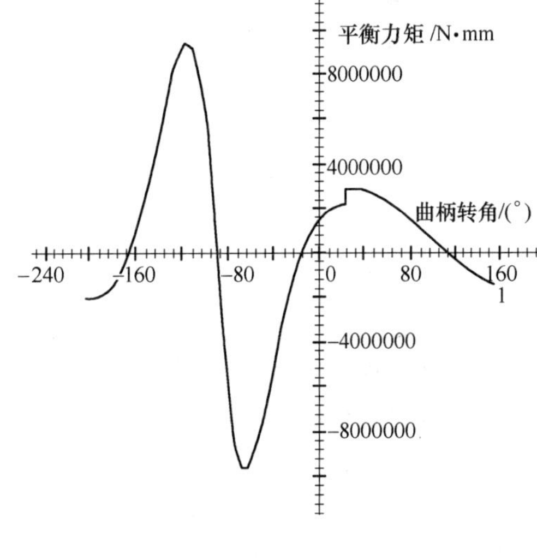


图　8-36

# 第九章　机械原理课程设计题选

## 第一节　插 床 机 构

### 一、机构简介与设计数据

1. 机构简介

插床是一种用于工件内表面切削加工的机床。插床主要由齿轮机构、导杆机构和凸轮机构等组成，如图 9-1a 所示。电动机经过减速装置（图中只画出齿轮 $z_1$、$z_2$）使曲柄 1 转动，再通过导杆机构 1—2—3—4—5—6，使装有刀具的滑块沿导路 $y$-$y$ 作往复运动，以实现刀具的切削运动。刀具与工作台之间的进给运动，是由固结于轴 $O_2$ 上的凸轮驱动摆动从动件 $O_4D$ 和其他有关机构（图中未画出）来完成的。为了缩短空回行程时间，提高生产率，要求刀具有急回运动。图 9-1b 所示为阻力线图。

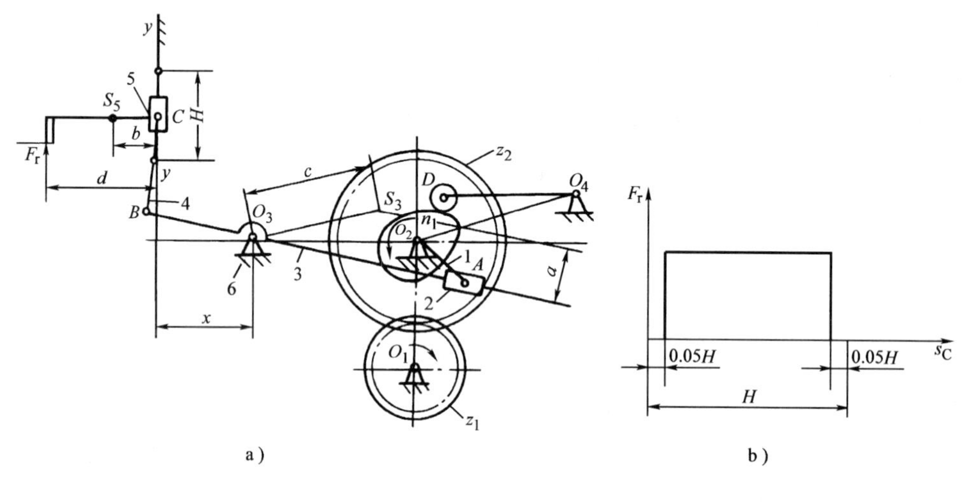


a)　　　　b)

图　9-1

2. 设计数据

设计数据见表 9-1。

### 二、设计内容

1. 导杆机构的设计及运动分析

设计导杆机构，作机构 1 ~ 2 个位置的速度多边形和加速度多边形，作滑块的运动线图，以上内容与后面动态静力分析一起画在 1 号图纸上。整理说明书。

2. 导杆机构的动态静力分析

确定机构一个位置的各运动副反力及应加于曲柄上的平衡力矩。作图部分画在运动分析的图样上。整理说明书。

3. 凸轮机构设计

绘制从动杆的运动线图，画出凸轮实际轮廓曲线。以上内容作在 2 号图纸上。整理说明书。

**表 9-1　设计数据**

| 设计内容 | 导杆机构的设计及运动分析 | | | | | | | | 导杆机构的动态静力分析 | | | | |
|---|---|---|---|---|---|---|---|---|---|---|---|---|---|
| 符号 | $n_1$ | $k$ | $H$ | $l_{BC}/l_{O_3B}$ | $l_{O_2O_3}$ | $a$ | $b$ | $c$ | $G_3$ | $G_5$ | $J_{S_3}$ | $d$ | $F_r$ |
| 单位 | r/min | | mm | | mm | | | | N | | kg·m$^2$ | mm | N |
| 数据 | 60 | 2 | 100 | 1 | 150 | 50 | 50 | 125 | 160 | 320 | 0.14 | 120 | 1000 |

| 设计内容 | 凸轮机构的设计 | | | | | | | | | | 齿轮机构的设计 | | | |
|---|---|---|---|---|---|---|---|---|---|---|---|---|---|---|
| 符号 | $\psi_{max}$ | $l_{O_2O_4}$ | $l_{O_4D}$ | $r_0$ | $r_r$ | $\delta_0$ | $\delta_{01}$ | $\delta_0'$ | $\delta_{02}$ | 从动杆运动规律 | $z_1$ | $z_2$ | $m$ | $\alpha$ |
| 单位 | (°) | mm | | | | (°) | | | | 等加速等减速 | | | mm | (°) |
| 数据 | 15 | 147 | 125 | 61 | 15 | 60 | 10 | 60 | 230 | | 13 | 40 | 8 | 20 |

4. 齿轮机构设计

选择变位系数，计算该对齿轮传动的各部分尺寸，以 2 号图纸绘制齿轮传动的啮合图。整理说明书。

题目所用的资料：变位系数表参见第四章表 4-3 ~ 表 4-8。

## 第二节　牛头刨床刨刀的往复运动机构

### 一、机构简介与设计数据

1. 机构简介

牛头刨床是一种用于平面切削加工的机床。如图 9-2a 所示，刨床工作时，由导杆机构 1—2—3—4—5 带动刨头 5 和刨刀 6 作往复切削运动。工作行程时，刨刀速度要平稳；空回行程时，刨刀要快速退回，即要有急回作用。切削阶段刨刀应近似匀速运动，以提高刨刀的使用寿命和工件的表面加工质量。切削阻力如图 9-2b 所示。

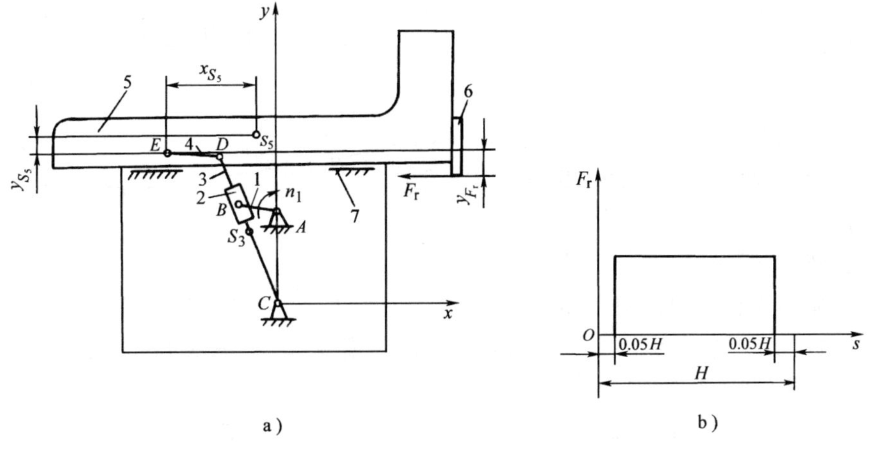


图　9-2

2. 设计数据

设计数据见表 9-2。

**表 9-2 设计数据**

| 设计内容 | 导杆机构的运动分析 | | | | | | | | 导杆机构的动态静力分析 | | | | |
|---|---|---|---|---|---|---|---|---|---|---|---|---|---|
| 符号 | $n_1$ | $l_{AC}$ | $l_{AB}$ | $l_{CD}$ | $l_{DE}$ | $l_{CS_3}$ | $x_{S_5}$ | $y_{S_5}$ | $G_3$ | $G_5$ | $F_r$ | $y_{F_r}$ | $J_{S_3}$ |
| 单位 | r/min | mm | | | | | | | N | | | mm | kg · m² |
| 方案Ⅰ | 60 | 380 | 110 | 540 | $0.25l_{CD}$ | $0.5l_{CD}$ | 240 | 50 | 200 | 700 | 7000 | 80 | 1.1 |
| 方案Ⅱ | 64 | 350 | 90 | 580 | $0.3l_{CD}$ | $0.5l_{CD}$ | 200 | 50 | 220 | 800 | 9000 | 80 | 1.2 |
| 方案Ⅲ | 72 | 430 | 110 | 810 | $0.36l_{CD}$ | $0.5l_{CD}$ | 180 | 40 | 220 | 620 | 8000 | 100 | 1.2 |

### 二、设计内容

1. 对导杆机构进行运动分析

作机构 1 ~ 2 个位置的速度多边形和加速度多边形，作滑块的运动线图，以上内容与后面动态静力分析一起画在 1 号图纸上。整理说明书。

2. 对导杆机构进行动态静力分析

确定机构一个位置的各运动副反力及应加于曲柄上的平衡力矩。作图部分画在运动分析的图样上。整理说明书。

## 第三节 汽车前轮转向机构

### 一、机构简介与设计数据

1. 机构简介

汽车的前轮转向，是通过等腰梯形机构 $ABCD$ 驱使前轮转动来实现的。其中，两前轮分别与两摇杆 $AB$、$CD$ 相连，如图 9-3 所示。当汽车沿直线行驶时（转弯半径 $R=\infty$），左右两轮轴线与机架 $AD$ 成一条直线；当汽车转弯时，要求左右两轮（或摇杆 $AB$ 和 $CD$）转过不同的角度 $\alpha$、$\beta$。理论上希望前轮两轴延长线的交点 $P$ 始终能落在后轮轴的延长线上。这样，整个车身就能绕 $P$ 点转动，使四个轮子都能与地面形成纯滚动，以减少轮胎的磨损。因此，根据不同的转弯半径 $R$（汽车转向行驶时，各车轮运行轨迹中最外侧车轮滚出的圆周半径），就要求左右两轮轴线（$AB$、$CD$）分别转过不同的角度 $\alpha$ 和 $\beta$，其关系如下：

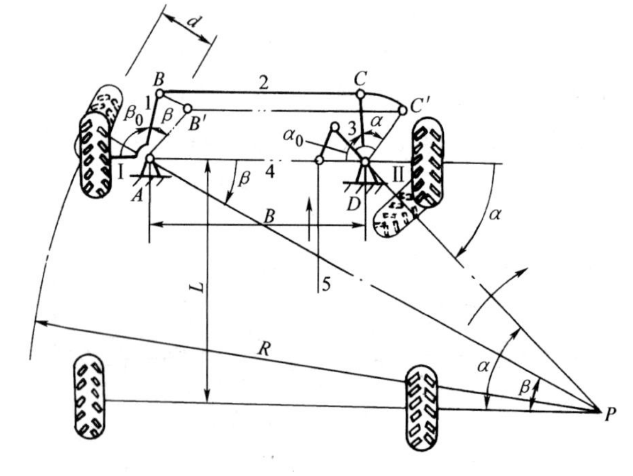


图 9-3

如图 9-3 所示为汽车右拐时

$$\tan\alpha = L/(R-d-B) \qquad \tan\beta = L/(R-d)$$

所以 $\alpha$ 和 $\beta$ 的函数关系为

$$\cot\beta - \cot\alpha = B/L$$

同理，当汽车左拐时，由于对称性，有 $\cot\alpha - \cot\beta = B/L$，故转向机构 $ABCD$ 的设计应尽量满足以上转角要求。

2. 设计数据

设计数据见表 9-3。要求汽车沿直线行驶时，铰链四杆机构左右对称，以保证左右转弯时具有相同的特性。该转向机构为等腰梯形双摇杆机构，设计此铰链四杆机构。

**表 9-3　设计数据**

| 参　数 | | 轴　距 | 轮　距 | 最小转弯半径 | 销轴到车轮中心的距离 |
|---|---|---|---|---|---|
| 符号 | | $L$ | $B$ | $R_{min}$ | $d$ |
| 单位 | | mm | mm | mm | mm |
| 型号 | 途乐 GRX | 2900 | 1605 | 6100 | 400 |
| | 途乐 GL | 2900 | 1555 | 6100 | 400 |
| | 尼桑公爵 | 2800 | 1500 | 5500 | 500 |

**二、设计内容**

1）根据转弯半径 $R_{min}$ 和 $R_{max}=\infty$（直线行驶），求出理论上要求的转角 $\alpha$ 和 $\beta$ 的对应值。要求最少 2 组对应值。

2）按给定两连架杆两对应角位移，且尽可能满足直线行驶时机构左右对称的附加要求，用图解法设计铰链四杆机构 $ABCD$。

3）机构初始位置一般通过经验或实验来决定，一般可在下列数值范围内选取 $\alpha_0=96°\sim103°$，$\beta_0=77°\sim84°$。建议 $\alpha_0$ 取 102°，$\beta_0$ 取 78°。

4）用图解法检验机构在常用转角范围 $\alpha\leqslant20°$时的最小传动角 $\gamma_{min}$。

## 第四节　铰链式颚式破碎机

**一、机构简介与设计数据**

1. 机构简介

颚式破碎机是一种用来破碎矿石的机械，如图 9-4 所示。机器经带传动（图中未画）使曲柄 2 顺时针方向回转，然后通过构件 3、4、5 使动颚板 6 作往复摆动。当动颚板 6 向左摆向固定于机架 1 上的定颚板 7 时，矿石即被轧碎；当动颚板 6 向右摆离定颚板 7 时，被轧碎的矿石即落下。由于机器在工作过程中载荷变化很大，将影响曲柄和电动机的匀速转动。为了减少主轴速度的波动和电动机的容量，在曲柄轴 $O_2$ 的两端各装一个大小和重量完全相同的飞轮，其中一个兼作带轮用。

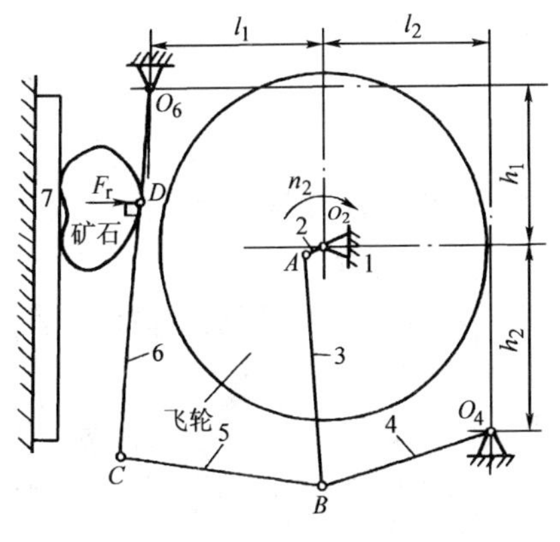

图　9-4

2. 设计数据

设计数据见表 9-4。

表 9-4　设计数据

| 设计内容 | 连杆机构的运动分析 | | | | | | | | | |
|---|---|---|---|---|---|---|---|---|---|---|
| 符号 | $n_2$ | $l_{O_2A}$ | $l_1$ | $l_2$ | $h_1$ | $h_2$ | $l_{AB}$ | $l_{O_4B}$ | $l_{BC}$ | $l_{O_6C}$ |
| 单位 | r/min | mm | | | | | | | | |
| 数据 | 170 | 100 | 1000 | 940 | 850 | 1000 | 1250 | 1000 | 1150 | 1960 |

| 连杆机构的动态静力分析 | | | | | | | | | 飞轮转动惯量的确定 |
|---|---|---|---|---|---|---|---|---|---|
| $l_{O_6D}$ | $G_3$ | $J_{S_3}$ | $G_4$ | $J_{S_4}$ | $G_5$ | $J_{S_5}$ | $G_6$ | $J_{S_6}$ | $\delta$ |
| mm | N | kg · m² | N | kg · m² | N | kg · m² | N | kg · m² | |
| 600 | 5000 | 25.5 | 2000 | 9 | 2000 | 9 | 9000 | 50 | 0.15 |

## 二、设计内容

1. 连杆机构的运动分析

已知：各机构尺寸及质心位置（构件 2 的质心在 $O_2$，其余构件的质心均位于构件的中心），曲柄转速为 $n_2$。

要求：作机构运动简图，机构 1 ~ 2 个位置的速度和加速度多边形。以上内容与后面的动态静力分析一起画在 1 号图纸上。

2. 连杆机构的动态静力分析

已知：各构件重力 $G$ 及对质心轴的转动惯量 $J_S$；工作阻力 $F_r$ 曲线如图 9-5 所示，$F_r$ 的作用点为 $D$，方向垂直于 $O_6C$；运动分析中所得结果。

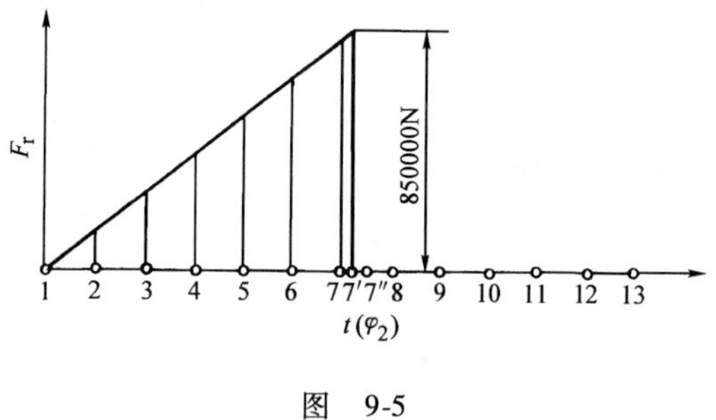


图　9-5

要求：确定机构一个位置的各运动副反作用力及需加在曲柄上的平衡力矩 $M_b$。以上内容和运动分析作在同一张 1 号图纸上。

3. 飞轮设计

已知：机器运转的速度不均匀系数 $\delta$，由动态静力分析所得的平衡力矩 $M_b$ 以及驱动力矩 $M_b$ 为常数。

要求：确定安装在轴 $O_2$ 上的飞轮的转动惯量 $J_F$。以上内容作在 2 号图纸上。

# 第五节　压　　床

## 一、机构简介与设计数据

1. 机构简介

图 9-6 所示为压床机构简图。其中，六杆机构 $ABCDEF$ 为其主体机构，电动机经联轴器带动减速器的三对齿轮 $z_1$—$z_2$、$z_3$—$z_4$、$z_5$—$z_6$ 将转速降低，然后带动曲柄 1 转动，六杆机构使滑块 5 克服阻力 $F_r$ 而运动。为了减小主轴的速度波动，在曲轴 $A$ 上装有飞轮，在曲柄轴的另一端装有供润滑连杆机构各运动副用的油泵凸轮。

2. 设计数据

设计数据见表 9-5。

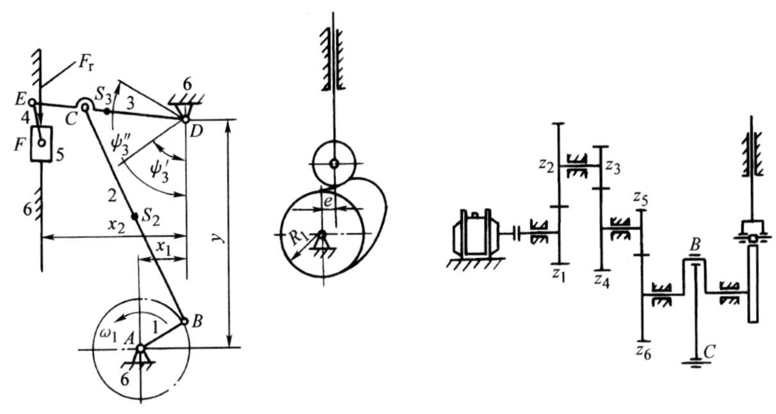


图　9-6

**表 9-5　设计数据**

| 设计内容 | 连杆机构的设计及运动分析 | | | | | | | | | | | 齿轮机构的设计 | | | |
|---|---|---|---|---|---|---|---|---|---|---|---|---|---|---|---|
| 符号 | $x_1$ | $x_2$ | $y$ | $\psi_3'$ | $\psi_3''$ | $H$ | $\frac{CE}{CD}$ | $\frac{EF}{DE}$ | $n_1$ | $\frac{BS_2}{BC}$ | $\frac{DS_3}{DE}$ | $z_5$ | $z_6$ | $\alpha$ | $m$ |
| 单位 | mm | | | (°) | | mm | | | r/min | | | | | (°) | mm |
| 方案Ⅰ | 50 | 140 | 220 | 60 | 120 | 150 | 1/2 | 1/4 | 100 | 1/2 | 1/2 | 11 | 38 | 20 | 5 |
| 方案Ⅱ | 60 | 170 | 260 | 60 | 120 | 180 | 1/2 | 1/4 | 90 | 1/2 | 1/2 | 10 | 35 | 20 | 6 |
| 方案Ⅲ | 70 | 200 | 310 | 60 | 120 | 210 | 1/2 | 1/4 | 90 | 1/2 | 1/2 | 11 | 32 | 20 | 6 |

| 设计内容 | 凸轮机构的设计 | | | | | | 连杆机构的动态静力分析及飞轮转动惯量的确定 | | | | | | |
|---|---|---|---|---|---|---|---|---|---|---|---|---|---|
| 符号 | $h$ | [$\alpha$] | $\delta_0$ | $\delta_{01}$ | $\delta_0'$ | 从动杆运动规律 | $G_2$ | $G_3$ | $G_5$ | $J_{S_2}$ | $J_{S_3}$ | $F_{rmax}$ | $\delta$ |
| 单位 | mm | (°) | | | | | N | | | kg · m² | | N | |
| 方案Ⅰ | 17 | 30 | 55 | 25 | 85 | 余弦 | 660 | 440 | 300 | 0.28 | 0.085 | 4000 | 1/30 |
| 方案Ⅱ | 18 | 30 | 60 | 30 | 80 | 等加速 | 1060 | 720 | 550 | 0.64 | 0.2 | 7000 | 1/30 |
| 方案Ⅲ | 19 | 30 | 65 | 35 | 75 | 正弦 | 1600 | 1040 | 840 | 1.35 | 0.39 | 11000 | 1/30 |

## 二、设计内容

1. 连杆机构的设计及运动分析

已知：中心距 $x_1$、$x_2$、$y$，构件 3 的上下极限角 $\psi_3''$、$\psi_3'$，滑块的冲程 $H$，比值 $CE/CD$、$EF/DE$，各构件质心 $S$ 的位置，曲柄转速 $n_1$。

要求：设计连杆机构，作机构运动简图、机构 1 ~ 2 个位置的速度多边形和加速度多边形、滑块的运动线图。以上内容与后面的动态静力分析一起画在 1 号图纸上。

2. 连杆机构的动态静力分析

已知：各构件的重力 $G$ 及其对质心轴的转动惯量 $J_S$（曲柄 1 和连杆 4 的重力和转动惯量略去不计），阻力线图（图 9-7）以及连杆机构设计和运动分析中所得的结果。

要求：确定机构一个位置的各运动副中的反作用力及加于曲柄上的平衡力矩。作图部分亦画在运动分析的图样上。

3. 飞轮设计

已知：机器运转的速度不均匀系数 $\delta$，由动态静力分析中所得的平衡力矩 $M_b$；驱动力矩 $M_d$ 为常数，飞轮安装在曲柄轴 $A$ 上。

要求：确定飞轮转动惯量 $J_F$。以上内容作在 2 号图纸上。

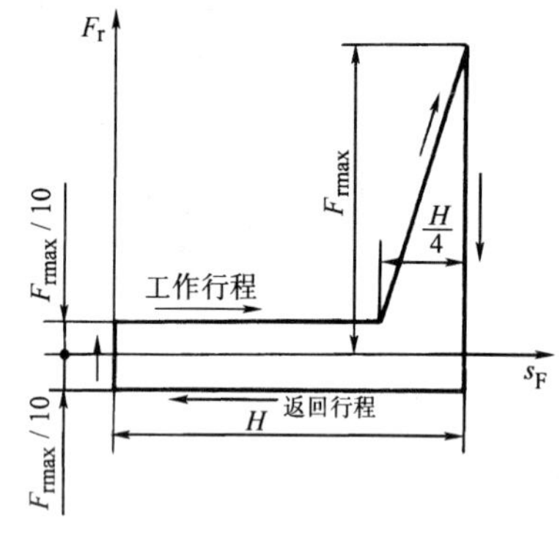


图 9-7

4. 凸轮机构设计

已知：从动件冲程 $H$，许用压力角 $[\alpha]$，推程角 $\delta_0$，远休止角 $\delta_{01}$，回程角 $\delta_0'$，从动件的运动规律见表 9-5，凸轮与曲柄共轴。

要求：按 $[\alpha]$ 确定凸轮机构的基本尺寸，求出理论轮廓曲线外凸曲线的最小曲率半径 $\rho_{min}$，选取滚子半径 $r_r$，绘制凸轮实际轮廓曲线。以上内容作在 2 号图纸上。

5. 齿轮机构的设计

已知：齿数 $z_5$、$z_6$，模数 $m$，分度圆压力角 $\alpha$；齿轮为正常齿制，工作情况为开式传动，齿轮 $z_6$ 与曲柄共轴。

要求：选择两轮变位系数 $x_1$ 和 $x_2$，计算该齿轮传动的各部分尺寸，以 2 号图纸绘制齿轮传动的啮合图。

## 第六节　织机开口机构

### 一、设计题目

织物由经纱和纬纱紧密交织而成。最简单的织物是平纹组织，其经纬纱的交织情况如图 9-8b 所示。它是将经纱按照单双数分成 $A$、$B$ 两组，分别穿在综绒 $A$ 和 $B$ 的综丝眼 $a$ 和 $b$ 中（图 9-8a）。当两个综绒一个在上、一个在下时，两组经纱上下分开，形成梭口。综绒在行程末端作较长时间的停歇，此时，梭子带着纬纱穿过梭口，然后综绒上下交替，梭子带着纬

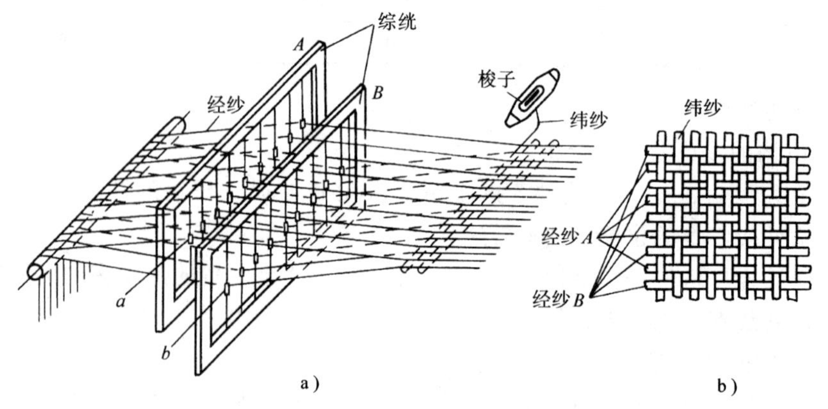


a)　　b)

图 9-8

纱又从梭口穿回。就这样综绕上下交替、梭子来回穿梭，实现经纬交织，形成织物。

两个综绕各由一个开口机构带动作铅垂上下运动（行程末端有较长时间的停歇）。两个开口机构的结构相同，仅安装相位不同，它们根据织物的经纬纱交织规律使两个综绕交替作铅垂升降。本题就是设计这个开口机构。

**二、原始数据及设计要求**

1）综绕（图 9-9 双点画线所示）上 $KK'$ 的距离 $L_{KK'}=1600\text{mm}$；综绕的升降行程 $H=100\text{mm}$；综绕的位移规律 $s_K$—$\varphi_1$ 如图 9-10a 所示，升降和回程对应输入轴 $O_1$ 的转角各为 120°，两次停歇时间对应输入轴的转角均为 60°；综绕半行程（即到行程的中点处，也称平综位置）对应输入轴 $O_1$ 的转角为 60°。综绕升降行程对应轴 $O_3$ 的摆角 $\varphi_3$ 约为 40°。

2）为避免综绕歪斜而使其楔住，要求机构在综绕两侧的 $K$ 和 $K'$ 处同时推动其升降，以减小侧向推力并尽可能使 $K$ 和 $K'$ 处的位移 $s_K$ 和 $s_{K'}$ 接近相等，其最大差值

$$\Delta s_{\max}=(s_K-s_{K'})_{\max}<0.1\text{mm}$$

3）轴 $O_3$ 和轴 $O_4$ 间距离 $L_{O_3O_4}=850\text{mm}$；轴 $O_3$ 和轴 $O_4$ 离地面高度 $s_0=120\text{mm}$；综绕上铰链点 $K$ 和 $K'$ 离 $O_3$ 和 $O_4$ 的偏距 $e=150\text{mm}$；综绕行程中点离 $O_3$ 的距离 $h_0=250\text{mm}$；输入轴 $O_1$ 的轴径 $d=40\text{mm}$；传动箱输入轴 $O_1$ 和输出轴 $O_2$ 间中心距 $L_{O_1O_2}=120\text{mm}$；输入轴 $O_1$ 作逆时针方向转动，转速 $n=160\text{r/min}$；综绕升降过程中的最大阻力 $F_c=150\text{N}$，阻力的变化曲线如图 9-10b 所示。综绕（开口机构的滑块）构件总质量 $m=3\text{kg}$，其余构件的质量和运动副中的摩擦力不计。要求综绕运动平稳，机构的传力性能良好。

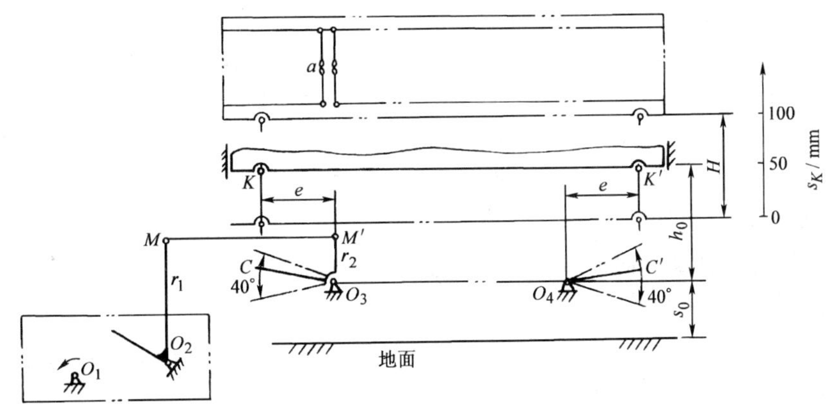


图　9-9

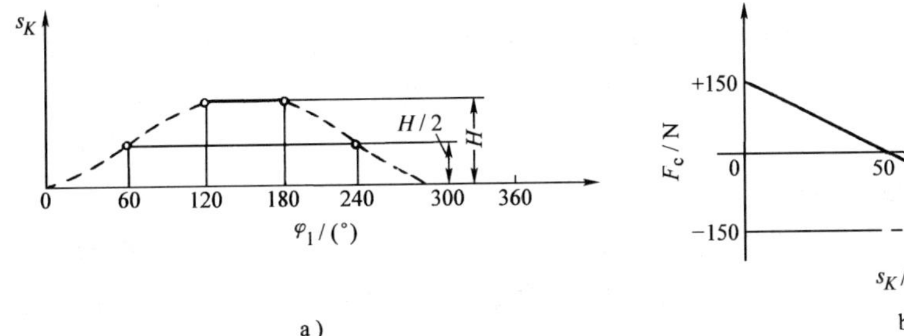


图　9-10

## 三、设计步骤

1）方案设计和选择。

根据题目要求和给定的原始数据，明确所设计机构应能实现的运动形式和要求，构思机构方案。本题要求设计的机构系统，其输入轴 $O_1$ 作单向连续转动，输出构件综绕作往复移动，综绕在行程的两端要有较长时间（大于梭子穿越梭口所需时间）的停歇。对于这样的运动要求，由于还受到空间位置的限制，难以用一个基本机构来实现，常常是用几个机构组合起来，“分工合作”来实现上述运动功能。如图 9-9 所示，首先将构件绕 $O_3$ 轴的转动转换为综绕上 $K$ 点的直线移动，这可用曲柄滑块机构或齿轮齿条机构或凸轮机构来实现；其次，$K$ 在行程两端的停歇可在轴 $O_1$ 与 $O_2$ 间设置凸轮机构或槽轮机构或经过变异的导杆机构等，将连续转动变成间歇运动；绕 $O_2$、$O_3$ 转动的两构件之间的转角要求，可以用连杆机构或齿轮机构等来实现。

由于推动综绕时要求在 $K$ 和 $K'$ 两处着力，并消除综绕受到的侧向力的影响，所以可用两个相同的机构，作对称布置并同步动作。对于 $O_3$、$O_4$ 轴间的同步运动，应该采用在有限转角内能实现定传动比 $i=+1$ 或 $-1$ 的机构（如近似实现给定传动比的连杆机构，精确实现给定传动比的齿轮、链和带传动机构等）。

根据上述要求组成多种机构方案以后，由设计者结合题目的具体要求分析所用机构的可行性、优缺点，然后决定选用哪一个方案。选择方案时，特别要注意：

① 机构的运动空间是否在允许的尺寸范围内。

② 机构运动链应短，机构应简单，安装调试方便，维护简单。

③ 机构运转平稳，噪声小，寿命长。

本题可用下述机构组成其中一个方案：用盘形凸轮机构控制综绕在行程两端停歇（凸轮为输入轴）；通过曲柄滑块机构实现综绕的往复行程；曲柄摆角的大小由凸轮机构从动件通过铰链四杆机构传送。推动综绕的两个对称安装的曲柄滑块机构之间，则用 $i=-1$ 的铰链四杆机构将两个曲柄连接起来，作近似同步运动。下面以此机构系统为例，介绍机构设计思路。

2）设计曲柄滑块机构。

由给定的行程长度确定曲柄和连杆的长度及曲柄的起、止位置。

3）设计铰链连杆机构 $O_2MM'O_3$。

由选定的凸轮从动件行程角（$O_2M$ 转角）和曲柄 $O_3M'$ 转角，用实现连架杆一对对应角位移（或两对对应位置）的命题设计四连杆机构。

4）设计凸轮机构。

先选定综绕运动规律 $s_K—\varphi_1$，如图 9-10a 所示。通过已确定尺寸的曲柄滑块机构和四杆机构 $O_2MM'O_3$，求得凸轮从动件 $O_2M$ 和凸轮转角 $\varphi_1$ 的关系（位移曲线）；再选择凸轮锁合方式，确定凸轮基圆半径，用解析法确定凸轮理论轮廓曲线和实际轮廓曲线。最后，校验压力角和轮廓曲线最小曲率半径。这里推荐滚子半径 $r_r=20$mm，从动摆杆臂长 $l=0.8a$，$a$ 为 $O_1O_2$ 之间的距离。

5）设计同步运动铰链四杆机构。

若用插值节点法（精确点法）作近似综合，则先按切贝歇夫插值法选取合适数量的插值节点，用解析法确定各杆尺寸，分析因采用近似设计方法带来的 $\Delta s_{max}$ 是否小于许用值，验算机构工作区内的传动角，最后选择一组适宜的尺寸。

6）确定各机构之间的串联相位角（安装角）。

7）对机构系统进行运动分析和动态静力分析，确定各运动副间反作用力和应施加于凸轮轴上的力矩。若用图解法，可只作一个位置的分析，具体位置由教师指定。

8）整理和编写说明书。

**四、完成的工作量**

本题目应完成：

1）2 号图样两张。内容包括：机构运动简图；凸轮机构或连杆机构用图解法设计时的作图（保留作图辅助线）；图解法作运动分析和力分析；若用计算机辅助设计计算，则用图解法校核机构一个位置的位置图、传动角、运动分析和力分析的结果。

2）编写设计说明书一份。内容包括：设计题目、原始数据和设计要求、方案讨论和选择、设计计算过程、数据的选取、设计结果及评价。用计算机辅助设计计算时，应列出计算程序框图、标识符说明表、打印程序和计算结果。

## 第七节　专用机床的刀具进给机构和工作台转位机构

**一、设计题目**

设计四工位专用机床的刀具进给机构和工作台转位机构。工作台有Ⅰ、Ⅱ、Ⅲ、Ⅳ四个工作位置（图 9-11），工位Ⅰ是装卸工件，Ⅱ是钻孔，Ⅲ是扩孔，Ⅳ是铰孔。主轴箱上装有三把刀具，对应于工位Ⅱ的位置装钻头，Ⅲ的位置装扩孔钻，Ⅳ的位置装铰刀。刀具由专用电动机带动绕其自身的轴线转动。主轴箱每向左移送进一次，在四个工位上分别完成相应的装卸工件、钻孔、扩孔、铰孔工作。当主轴箱右移（退回）到刀具离开工件后，工作台回转 90°，然后主轴箱再次左移。这时，对其中每一个工件来说，都进入了下一个工位的加工。依次循环四次，一个工件就完成了装、钻、扩、铰、卸等工序。由于主轴箱往复一次，在四个工位上同时进行工作，所以每次就有一个工件完成上述全部工序。

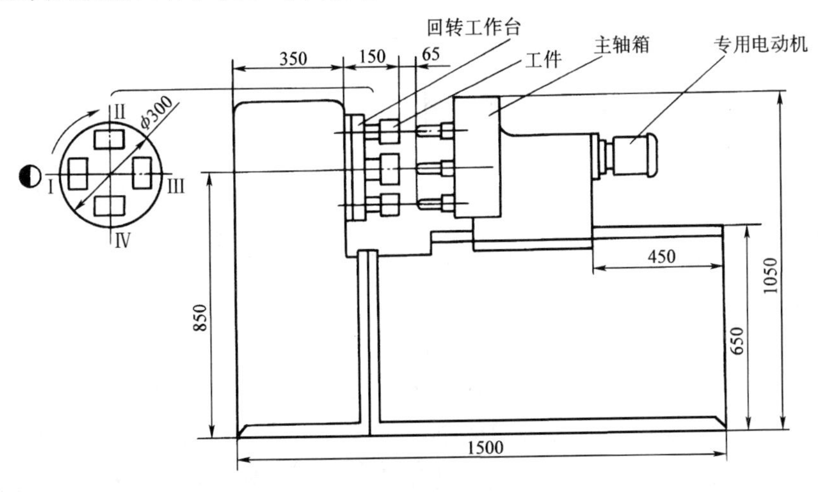


图　9-11

**二、原始数据及设计要求**

1）刀具顶部离开工件表面 65mm（图 9-12），快速移动送进 60mm 接近工件后，匀速送进 60mm（前 5mm 为刀具接近工件时的切入量，工件孔深 45mm，后 10mm 为刀具切出量），然后快速返回。回程和工作行程的平均速比(行程速比系数) $k=2$。

2）刀具匀速进给速度为2mm/s，工件装、卸时间不超过10s。

3）生产率为每小时约74件。

4）机构系统应装入机体内，机床外形尺寸如图9-11所示。

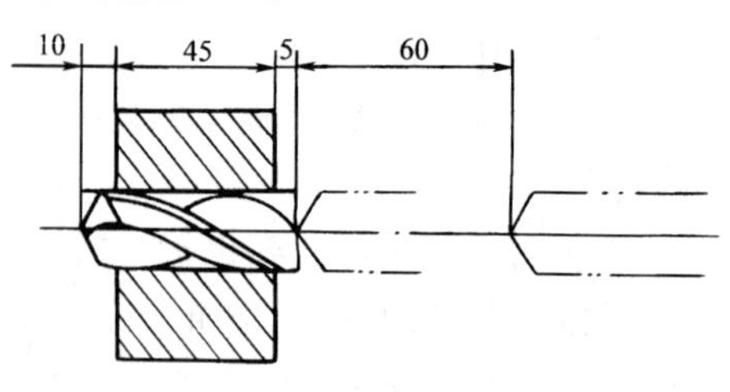


图 9-12

## 三、方案设计与选择

回转工作台单向间歇运动，每次转动90°；主轴箱往复移动各120mm，在工作行程中有快进和慢进两段，回程为快退（急回行程）。

实现工作台单向间歇运动的机构有棘轮、槽轮、凸轮和不完全齿轮机构等，此外还可采用某些组合机构；实现主轴往复急回运动的机构有连杆机构和凸轮机构。两套机构均由一个电动机带动，故工作台转位机构和主轴箱往复运动机构按动作时间顺序分支并列，组合成一个机构系统。图9-13、图9-14和图9-15所示为其中的三个方案。图9-13和图9-14中，工作台回转机构为槽轮机构，图9-15中为不完全齿轮机构。其余方案可由学生自己构思。

| 刀具（主轴箱） | 工作行程 | | 空回行程 |
|---|---|---|---|
| | 刀具在工件外 | 刀具在工件内 | 刀具在工件外 |
| 工作台 | 转位 | 静止 | 转位 |

02　　70　　凸轮转角/（°）　　240　　340 360

a）

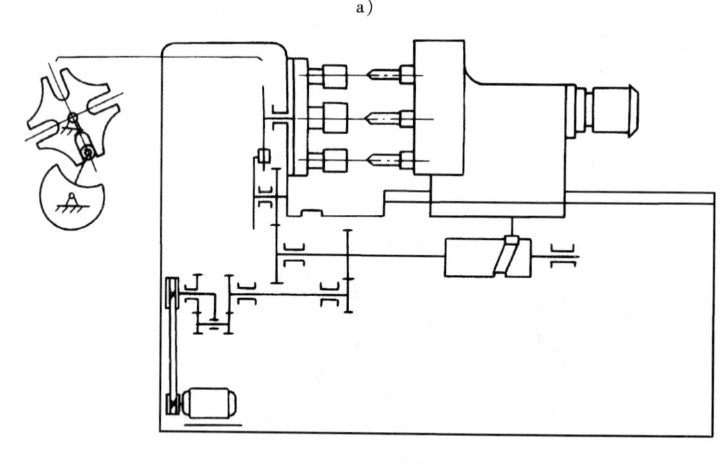

b）

图 9-13

a）运动循环图　b）方案之一

选择方案时，特别要注意以下几个方面：

1）工作台回转以后是否有可靠的定位功能；主轴箱往复运动行程在120mm以上时，所选机构是否能在给定空间内完成该运动要求。

2）机构的运动和动力性能、精度在满足要求的前提下，传动链是否尽可能短，且制造、安装简便。

3）加工对象的尺寸变更后，是否有可能方便地进行调整和改装。

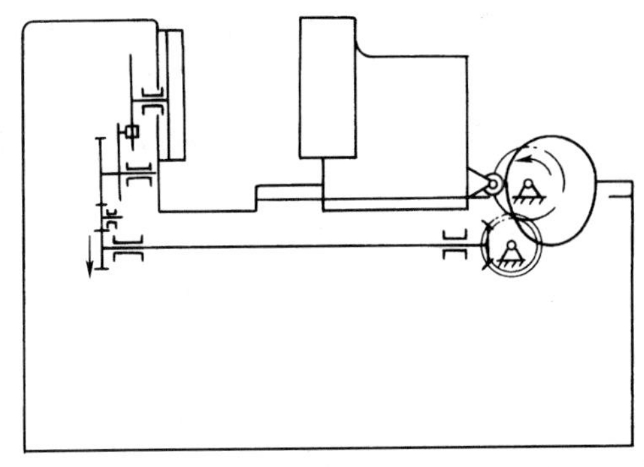
图　9-14

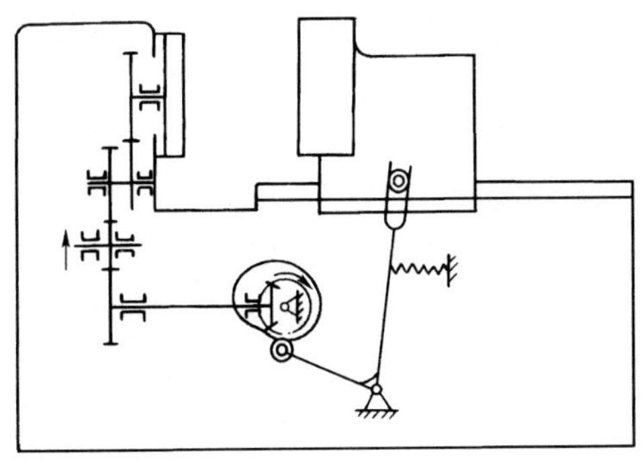
图　9-15

**四、设计步骤**

1）方案设计。

根据设计题目提出的要求构思和选择方案，如上节所述。

2）确定行程时间。

根据生产率要求及刀具匀速进给的要求和 $k$ 值，确定工作行程和回程时间。

3）选择电动机及总传动比。

确定执行机构（工作台回转机构和主轴箱往复运动机构）主动件的转速，选择电动机及其转速，确定电动机到执行机构的总传动比及各级传动比，并选择相应各级机构的类型。

4）拟定机构运动循环图。

按选定的方案，拟定机构的运动循环图。

5）机构设计。

设计工作台转位机构及其定位装置，设计主轴箱往复运动机构。

6）机构运动分析。

用图解法或解析法对执行机构进行运动分析。

7）整理和编写设计说明书。

**五、完成的工作量**

本题目应完成：

1）2 号或 3 号图样四张。内容包括：最后确定的机构方案及运动循环图，如图 9-13a 所示；设计工作台回转机构和主轴箱往复运动机构（保留作图辅助线）；用图解法或解析法对工作台回转机构或主轴箱往复运动机构进行运动分析，绘出从动件的位移、速度、加速度曲线图。若用图解法，则可由方案相同的几个同学合作完成整个运动线图；若用计算机辅助分析，则应附计算机程序及打印结果。

2）编写设计说明书一份。内容包括：设计题目、原始数据和设计要求、方案设计及选择、机构设计的有关参数选择、设计和计算结果及其评价等。

## 第八节　平压印刷机

**一、工作原理及工艺动作过程**

平压印刷机是一种简易印刷机，适合于印刷各种 8 开以下的印刷品。其工作原理：将油墨刷在固定的平面铅字版上，然后将装夹了白纸的平板印头与其紧密接触而完成一次印刷。其工作过程犹如盖图章，平压印刷机中的“图章”是不动的，纸张贴近时完成印刷。

平压印刷机需实现三个动作：装有白纸的印头往复摆动，油辊在固定铅字版上上下滚动，油盘转动使油辊上油墨均匀。

**二、原始数据及设计要求**

1）实现印头、油辊、油盘运动的机构由一个电动机带动，通过传动系统使其具有1600～1800次/h的印刷能力。

2）电动机功率 $P=0.75\text{kW}$、转速 $n_D=910\text{r/min}$，电动机可放在机架的左侧或底部。

3）印头摆角为70°，印头返回行程和工作行程的平均速度之比 $k=1.118$。

4）油辊摆杆自垂直位置运动至铅字版下端的摆角为110°。

5）油盘直径为400mm，油辊的起始位置就在油盘边缘。

6）要求机构的传动性能良好，结构紧凑，易于制造。

**三、设计方案提示**

1）印头机构可采用曲柄摇杆机构、摆动从动件凸轮机构等，要求具有急回特性，并在印刷的极位有短暂停歇。

2）油辊机构可采用固定凸轮变长摆动从动件机构（以铅字版及油盘面作为凸轮形状）。

3）油盘运动机构可采用间歇运动机构。

4）这三个机构要考虑如何进行联动。

**四、设计任务**

1）根据工艺动作要求拟定运动循环图。

2）进行印头、油辊、油盘机构及其相互连接传动的选型。

3）机械运动方案的评定和选择。

4）按选定的电动机及执行机构运动参数拟定机械传动方案。

5）画出机械运动方案简图。

6）对传动机构和执行机构进行运动尺寸计算。

## 第九节　蜂窝煤成形机

**一、工作原理及工艺动作过程**

冲压式蜂窝煤成形机是我国城镇蜂窝煤（通常又称煤饼，在圆柱形饼状煤中冲出若干通孔）生产厂的主要生产设备。它将粉煤加入转盘上的模筒内，经冲头冲压成蜂窝煤。

为了实现蜂窝煤冲压成形，冲压式蜂窝煤成形机必须完成五个动作：

1）粉煤加料。

2）冲头将蜂窝煤压制成形。

3）清除冲头和出煤盘的积屑的扫屑运动。

4）将在模筒内冲压后的蜂窝煤脱模。

5）将冲压成形的蜂窝煤输送装箱。

**二、原始数据及设计要求**

1）蜂窝煤成形机的生产能力：30次/min。

2）驱动电动机：Y180L—8、功率 $P=11\text{kW}$、转速 $n_D=710\text{r/min}$。

3）冲压成形时的生产阻力达到 $10^5\text{N}$。

4）为了改善蜂窝煤冲压成形的质量，希望在冲压后有一短暂的保压时间。

5）由于冲头要产生较大压力，希望冲压机构具有增力功能，以增大有效力作用，减小原动机的功率。

**三、设计方案提示**

冲压式蜂窝煤成形机应考虑三个机构的选型和设计：冲压和脱模机构、扫屑机构和模筒转盘间歇运动机构。

冲压和脱模机构可采用对心曲柄滑块机构、偏置曲柄滑块机构、六杆冲压机构；扫屑机构可采用附加滑块摇杆机构、固定移动凸轮—移动从动件机构；模筒转盘间歇运动机构可采用槽轮机构、不完全齿轮机构、凸轮式间歇运动机构。

为了减小机器的速度波动和选择较小功率的驱动电动机，可以附加飞轮。

**四、设计任务**

1）按工艺动作要求拟定运动循环图。

2）进行冲压和脱模机构、扫屑机构、模筒转盘间歇运动机构的选型。

3）进行机械运动方案的评定和选择。

4）进行飞轮设计。

5）按选定的电动机和执行机构运动参数拟定机械传动方案。

6）画出机械运动方案简图。

7）对传动机构和执行机构进行运动尺寸计算。

## 第十节 汽车风窗刮水器机构

**一、机构简介与设计数据**

1. 机构简介

汽车风窗刮水器是用于汽车刮水刷片的驱动装置。如图 9-16a 所示，风窗刮水器工作时，由电动机带动齿轮装置 1—2，传至曲柄摇杆装置 2′—3—4。电动机单向连续转动，刷片杆 4 作左右往复摆动，要求左右摆动的平均速度相同。其中，刮水刷的工作阻力矩如图

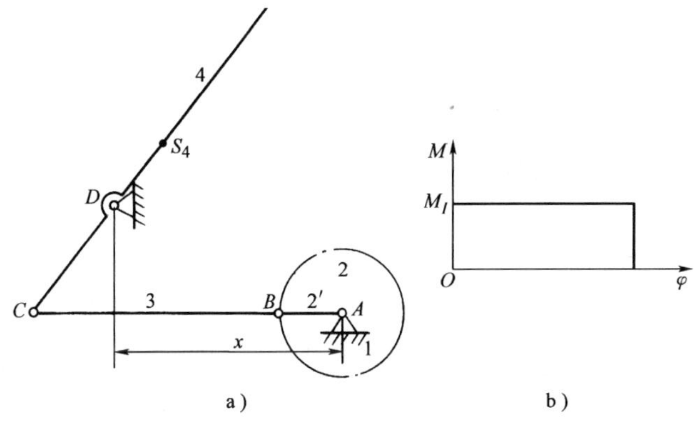


图 9-16

9-16b所示。

2. 设计数据

设计数据见表9-6。

表 9-6 设计数据

| 设计内容 | 曲柄摇杆机构设计及运动分析 | | | | | | 曲柄摇杆机构动态静力分析 | | |
|---|---|---|---|---|---|---|---|---|---|
| 符号 | $n_1$ | $k$ | $\varphi$ | $l_{AB}$ | $x$ | $l_{DS_4}$ | $G_4$ | $J_{S_4}$ | $M_1$ |
| 单位 | r/min | | (°) | mm | mm | mm | N | kg · m$^2$ | N · mm |
| 数据 | 30 | 1 | 120 | 60 | 180 | 100 | 15 | 0.01 | 500 |

## 二、设计内容

1. 对曲柄摇杆机构进行运动分析

作机构 1 ~ 2 个位置的速度多边形和加速度多边形，以上内容与后面的动态静力分析一起画在 1 号图纸上，整理计算说明书。

2. 对曲柄摇杆机构进行动态静力分析

确定机构一个位置的各运动副反力及应加于曲柄上的平衡力矩。作图部分画在运动分析的图样上，整理计算说明书。

# 参 考 文 献

[1] 孙桓，陈作模．机械原理［M］．北京：高等教育出版社，1997.
[2] 曲继方．机械原理课程设计［M］．北京：机械工业出版社，1989.
[3] 姜琪．机械运动方案设计及机构设计［M］．北京：高等教育出版社，1991.
[4] 黄锡恺，郑文纬．机械原理［M］．北京：高等教育出版社，1989.
[5] 邹慧君．机械原理课程设计手册［M］．北京：高等教育出版社，1998.
[6] 申永胜．机械原理［M］．北京：清华大学出版社，1999.
[7] 王春燕，陆凤仪．机械原理［M］．北京：机械工业出版社，2001.
[8] 罗洪田．机械原理课程设计［M］．北京：高等教育出版社，1986.
[9] 孟彩芳．机械原理电算与设计［M］．天津：天津大学出版社，2000.
[10] 张春林，曲继方，等．机械创新设计［M］．北京：机械工业出版社，1999.
[11] БЯЧ A 济诺维也夫，等．机组动力学基础［M］．干东英，译．北京：科学出版社，1976.
[12] 朱景梓．渐开线齿轮变位系数的选择［M］．北京：人民教育出版社，1982.
[13] 周明溥，等．机械原理课程设计［M］．上海：上海科学技术文献出版社，1987.
[14] 黄靖远，等．机械设计学［M］．北京：机械工业出版社，1999.

# 《机械原理课程设计》第2版

陆凤仪　主编

## 读者信息反馈表

尊敬的老师：

您好！感谢您多年来对机械工业出版社的支持和厚爱！为了进一步提高我社教材的出版质量，更好地为我国高等教育发展服务，欢迎您对我社的教材多提宝贵意见和建议。另外，如果您在教学中选用了本书，欢迎您对本书提出修改建议和意见。

机械工业出版社教材服务网网址：http：//www. cmpedu. com。

**一、基本信息**

姓名：_________　性别：____　职称：___________　职务：___________________

邮编：_______　地址：_____________________________________________

任教课程：________________　电话：_______—_______（H）___________（O）

电子邮件：______________________________________　手机：____________

**二、您对本书的意见和建议**

（欢迎您指出本书的疏误之处）

**三、您对我们的其他意见和建议**

**请与我们联系：**

100037　机械工业出版社·高等教育分社　刘小慧　收

Tel：010-88379712，88379715，68994030（Fax）

E-mail：lxh_730@126. com